[书中实例效果展示]

Photoshop CS4
常用功能查询
与范例手册 （多媒体光盘版）

创锐设计 编 著

科学出版社

内 容 简 介

　　Photoshop 是一款专业的图像处理软件，被广泛应用于平面设计、网页设计、影视动画以及三维效果制作等多个领域。传统的 Photoshop 教程一般按照软件菜单顺序介绍软件功能，或是通过讲解若干实例来使读者体会软件的操作方法。而单就"现学现用"这个目标而言，没有哪种形式比"功能查询"更实际。对于初学者而言，根据图书的目录或索引，结合自己的实际需求查用软件功能，虽然未必能够深入理解软件，但足可应付眼前之需；对于已具备一定软件功底的中级读者来讲，功能查询书更具参考性质，可便捷地随手取阅、查漏补缺。本书在吸收国外优秀工具书便于查询和归类详尽的优秀编写理念的基础上，更进一步突出实用性，为每一功能都配上一个实战小案例，不仅便于读者理解软件的功能效果，更可反转学习流程，按照要实现的效果倒推是由什么功能加以实现的。

　　全书共分为 13 个部分，按照 Photoshop 软件界面上的工具分布方式，以及菜单归类分为必备工具、菜单命令解析、基本功能、颜色和色调功能、绘画功能、修饰和变换功能、排版功能、3D 功能、图像分析和自动处理功能、视频和动画功能、Web 功能、Photoshop 快捷方式和 Photoshop CS4 的新增功能等。并将软件功能与实际应用直接挂钩，先定义用途再列举实例，读者边学边做，效果可事半功倍。所选实例经过精心挑选，包含了各种类型的商业案例，渗透了设计理念、创意思想和 Photoshop CS4 操作技巧，实用性强、易于获得成就感。

　　为了便于读者学习，随书附赠一张超值 DVD 光盘，内容包括书中所有实例的素材文件和最终效果文件，以及播放时间长达 8 小时 30 分钟的多媒体教学视频，可帮助读者更轻松地掌握知识点，实现全面和实用的多媒体教学。

　　本书适合 Photoshop 软件的初级读者自学，也可作为平面设计、网页设计和影视动画等专业人士的查询工具书使用。

图书在版编目（CIP）数据

Photoshop CS4 常用功能查询与范例手册/创锐设计编
著.—北京：科学出版社，2009
ISBN 978-7-03-026057-4

Ⅰ. P… Ⅱ. 创… Ⅲ. 图形软件，Photoshop CS4—技术
手册 Ⅳ. TP391.41-62

中国版本图书馆 CIP 数据核字（2009）第 211928 号

责任编辑：杨　倩　李晶璞/责任校对：杨慧芳
责任印刷：新世纪书局　　/封面设计：锋尚影艺

科 学 出 版 社 出版

北京东黄城根北街 16 号
邮政编码：100717
http://www.sciencep.com

中国科学出版集团新世纪书局策划
北京彩和坊印刷有限公司印刷
中国科学出版集团新世纪书局发行　　各地新华书店经销

*

2010 年 4 月 第 一 版　　　　开本：大 16 开
2010 年 4 月第一次印刷　　　　印张：24.25
印数：1—4 000　　　　　　　　字数：590 000

定价：79.80 元（含 1DVD 价格）
（如有印装质量问题，我社负责调换）

前　言

　　Photoshop是一款专业的图像处理软件，其具有功能强大、插件丰富、兼容性好等很多优点，被广泛应用于平面设计、网页设计、影视动画制作以及三维效果制作等多个领域。如果能够掌握Photoshop的使用方法，无论是自己处理图像问题，还是作为一项技能应用于工作岗位，都很有实际意义。

　　传统的Photoshop教程一般按照软件菜单顺序介绍软件功能，或者是通过讲解若干实例来使读者体会软件的操作方法。而单就"现学现用"这个目标而言，没有哪种形式比"功能查询"更实际。对于初学者来讲，根据图书的目录或索引，结合自己的实际需求查用软件功能，虽然未必能够深入理解软件，但足可应付眼前之需；对于已具备一定软件功底的中级读者来讲，功能查询书更具参考性质，可便捷地随手取阅、查漏补缺。欧美流行的"A~Z查询手册"以及日本的"索引事典"就都属此类功能查询书。本书在吸收国外优秀功能查询工具书便于查询和归类详尽的优秀编写理念基础上，更进一步突出了实用性，为每一功能都配以一个实战小案例，不仅便于读者理解软件的功能效果，更可反转学习流程，按照要实现的效果倒推是由什么功能加以实现的。这种"正反均可学、活学能活用"的讲解模式，更能满足读者快速、高效的学习需求。

本书内容特点

　　1. **案例驱动的学习模式**。书中将软件功能与实际应用直接挂钩，先定义用途再列举实例，读者边学边做，效果事半功倍。所选实例均经过精心挑选，包含了各种类型的商业案例，并在其中渗透了设计理念、创意思想和Photoshop CS4操作技巧，实用性强，在学习过程中易于获得成就感。

　　2. **排版紧凑、功能版块分区明显**。全书采用三栏版式，结构紧凑、内容丰富。摒弃传统的章节标题形式，而采用更实用的功能索引，并将对应的软件版本号、快捷方式等单独提炼出来，使读者无论基于哪个版本的软件学习，都可以对号入座、迅速上手。

　　3. **内容规范、提示全面**。书中不仅综合整理、设计编排了Photoshop软件的功能，而且还设置了Tips（提示）来对需要重点突出的知识点或技巧进行详细讲述，或是对前面未提及的知识点进行解释说明。

　　4. **全程多媒体教学**。随书光盘中除包含书中所有实例的素材文件和源文件外，还包含书中所有实例的多媒体教学演示视频，让读者可以直观地学习软件操作。光盘的具体使用方法参见"多媒体光盘使用说明"。

作者团队

　　本书由创锐设计组织编写，参与书中资料收集、稿件编写、实例制作和整稿处理的有王昌刚、罗韬、余福容、袁莉、曾杰、周淳、何睿翔、陈世超、黄彬昌、赵永华、高金凤、王太林、赵士城、孟艳斌、吴胜茂、盘如润、尹涛、万西平、肖聪、王国权、程强、张明、杜毅、段洁、陈伟、李娇、徐刚、黄涛和肖钱等人。

读者服务

　　如果读者在使用本书时遇到问题，可以通过电子邮件与我们取得联系，邮箱地址为：1149360507@qq.com。此外，也可加本书服务专用QQ：1149360507与我们取得联系。由于作者水平有限，疏漏之处在所难免，恳请广大读者批评指正。

P_{reface}

编者
2010年2月

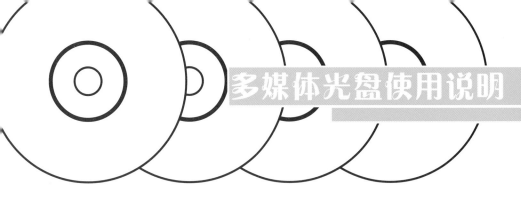

多媒体光盘使用说明

>> 多媒体教学光盘的内容

本书配套的多媒体教学光盘内容包括素材文件、最终文件和视频教程，素材文件为书中操作实例的原始文件，最终文件为制作完成后的最终效果PSD文件，视频教程为实例操作步骤的配音视频演示录像，播放时间长达8小时30分钟。课程设置对应书中各章节的内容安排，读者可以先阅读图书再浏览光盘，也可以直接通过光盘学习使用Photoshop CS4的方法。

>> 光盘使用方法

1. 将本书的配套光盘放入光驱后会自动运行多媒体程序，并进入光盘的主界面，如图1所示。如果光盘没有自动运行，只需在"我的电脑"中双击DVD光驱的盘符进入配套光盘，然后双击"start.exe"文件即可。

图1 光盘主界面

2. 光盘主界面上方的导航菜单中包括"多媒体视频教学"、"浏览光盘"和"使用说明"等项目，如图1所示。单击"多媒体视频教学"按钮，可显示"目录浏览区"和"视频播放区"，如图2所示。"目录浏览区"是书中所有视频教程的目录，"视频播放区"是播放视频文件的窗口。在"目录浏览区"的左侧有以章序号顺序排列的按钮，单击按钮，将在下方显示以节标题和实例名称命名的该章所有视频文件的链接。单击链接，对应的视频文件将在"视频播放区"中播放。

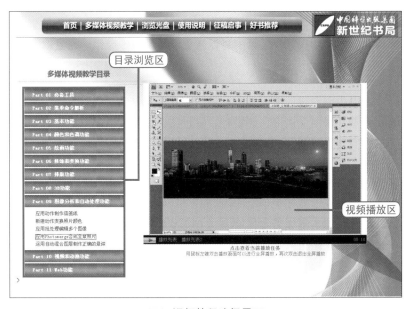

图2 视频教程选择界面

3. 单击"视频播放区"中控制条上的按钮可以控制视频的播放，如暂停、快进；双击播放画面可以全屏幕播放视频，如图3所示；再次双击全屏幕播放的视频可以回到如图2所示的播放模式。

注意：在视频教程目录中，有个别标题的视频链接以白色文字显示，表示单击这些链接会通过浏览器对视频进行播放。播放完毕后，可通过单击浏览器工具条上的"后退"按钮，返回到光盘播放主界面中。

图3 全屏幕播放的视频教程

4. 通过单击导航菜单（见图4）中不同的项目按钮，可浏览光盘中的其他内容。

首页 | 多媒体视频教学 | 浏览光盘 | 使用说明 | 征稿启事 | 好书推荐

图4 导航菜单

光盘内容浏览区

● 单击"浏览光盘"按钮，进入光盘根目录，双击"源文件"文件夹，可看到以章序号命名的文件夹，如图5所示，双击所需章号，即可查看该章所有实例的PSD最终效果文件。查看实例素材的方法与此相似，只需进入"素材"文件夹。

图5 查看实例文件

● 单击"使用说明"按钮，可以查看使用光盘的设备要求及使用方法。
● 单击"征稿启事"按钮，有合作意向的作者可与我社取得联系。

目录 Contents

■　钢笔工具　P	■　污点修复画笔工具　J
自由钢笔工具　P	修复画笔工具　J
添加锚点工具	修补工具　J
删除锚点工具	红眼工具　J
转换点工具	
■　画笔工具　B	■　T　横排文字工具　T
铅笔工具　B	直排文字工具　T
颜色替换工具　B	横排文字蒙版工具　T
	直排文字蒙版工具　T
■　橡皮擦工具　E	■　快速选择工具　W
背景橡皮擦工具　E	魔棒工具　W
魔术橡皮擦工具　E	
■　矩形工具　U	■　渐变工具　G
圆角矩形工具　U	油漆桶工具　G
椭圆工具　U	■　仿制图章工具　S
多边形工具　U	图案图章工具　S
直线工具　U	■　减淡工具　O
■　自定形状工具　U	加深工具　O
	海绵工具　O

Part 03　基本功能　94

Part 04　颜色和色调功能　126

Part 05　绘画功能　155

Part 06　修饰和变换功能　188

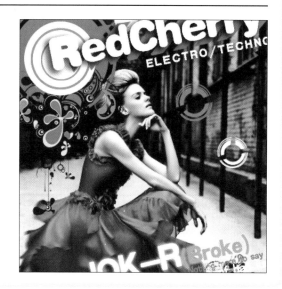

Part 01
必备工具

在Photoshop的工具栏中提供了用于编辑图像的所有工具，这些工具按其功能可以分为基础应用类工具、图像修饰类工具、图形绘制类工具和3D及辅助类工具。应用不同的工具能够在图像上编辑出不同的效果。

基础应用类工具包括选框工具、套索工具、选择工具和裁剪工具等18个工具，应用这些工具，能够对图像进行一些最基本的操作；图像修饰类工具主要用于对图像中的瑕疵或是小缺点进行修饰，包括修补工具、仿制图章工具、橡皮擦工具和画笔工具等22个工具，如下❶所示，常用于人像的修饰，如下❷所示；图形绘制类工具则包括钢笔工具、矩形工具、横排文字工具等17个工具，如下❸所示，应用图形绘制类工具能够绘制出各种不同形状的图形，如下❹所示；3D及辅助类工具主要用于3D图像的制作、编辑，并对图像进行一些辅助操作。

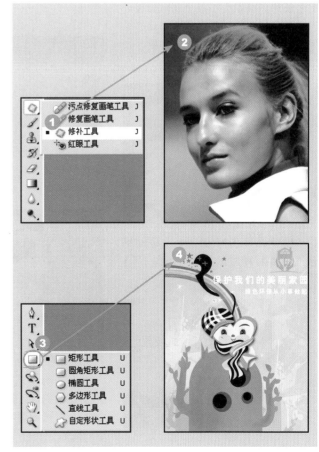

01 基础应用类

在工具箱中有6个工具归属于Photoshop的基础应用类，在Photoshop CS4中将基础应用类的工具进行了集中放置，若工具按钮上带有◢符号，右击工具按钮或是长按工具按钮，可以弹出功能相近的隐藏工具选项。展开的隐藏工具如下图所示。

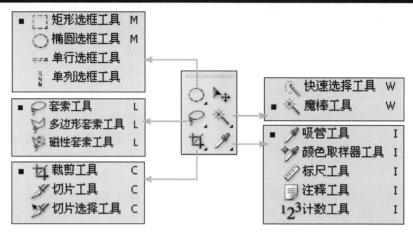

- ▪ [ ] 矩形选框工具　M
- ○ 椭圆选框工具　M
- ▪▪▪ 单行选框工具
- ▐ 单列选框工具

- ▪ ○ 套索工具　L
- ▽ 多边形套索工具　L
- ▷ 磁性套索工具　L

- ▪ 快速选择工具　W
- ▪ ※ 魔棒工具　W

- ▪ ▨ 吸管工具　I
- ▨ 颜色取样器工具　I
- ▨ 标尺工具　I
- ▤ 注释工具　I
- 1₂³ 计数工具　I

- ▪ ⊔ 裁剪工具　C
- ↗ 切片工具　C
- ↗ 切片选择工具　C

移动工具 ▸⊹

菜单：-
快捷键：Z
版本：6.0，7.0，CS，CS2，CS3，CS4
适用于：图像位置

使用"移动"工具可以对图像进行移动。将光标移动至需要移动的图像上，单击图像并向右上方拖曳，如下①所示。

鼠标光标由 ▸⊹ 变为 ▸，移动到合适位置后释放鼠标即可，如下②所示。

增加和从选区中减去

使用选框类工具时，在选项栏中可以对选区进行增减的操作，设置从选区中添加或从选区中减去。

- ① 新选区
- ② 添加到选区
- ③ 从选区减去
- ④ 与选区交叉

矩形选框工具 ▢

菜单：-
快捷键：M
版本：6.0，7.0，CS，CS2，CS3，CS4
适用于：选区

使用"矩形选框"工具可以绘制矩形的选区。单击并向对角方向拖曳绘制矩形选区，如下①所示。

当光标变成 ＋ 时，可以在图像中创建新的选区，拖曳出矩形后释放鼠标，即可创建矩形的选区，如右上②所示。

若单击"添加到选区"按钮，光标在已创建的选区上将变成＋，继续绘制选区，则可以将绘制的选区与原有选区进行添加，如下③所示。

释放鼠标后，即可看到新绘制的选区与先前绘制的选区进行了合并，如下 ④ 所示。

椭圆选框工具

菜单：-
快捷键：M
版本：6.0，7.0，CS，CS2，CS3，CS4
适用于：选区

与"矩形选框"工具类似，通过单击并向斜向拖曳鼠标，根据拖曳起点与终点位置创建椭圆选区，如下 ① 所示。

释放鼠标即可创建椭圆选区。按住Shift键的同时拖曳，可以创建正圆形的选区，如下 ② 所示。

若是在选项栏中单击"从选区减去"按钮，光标将变成＋，再次拖曳绘制椭圆选区，则可将之后绘制的椭圆选区从之前绘制的椭圆选区中减去，如下 ③ 所示。

释放鼠标后，可以查看从之前椭圆选区中减去后的选区效果，如下 ④ 所示。

若是单击"与选区交叉"按钮，再在图像中进行椭圆选区的绘制，如下 ⑤ 所示。

可以将之后绘制的椭圆选区与之前的选区进行交叉运算，保留两个选区交叉的内容，如下 ⑥ 所示。

单行选框工具

菜单：-
快捷键：-
版本：6.0，7.0，CS，CS2，CS3，CS4
适用于：选区

"单行选框"工具用于设置高度为1px的横向选区。选择该工具后，直接在需要设置的图像中单击鼠标，即可创建单行选区，如下 ① 所示。

单列选框工具

菜单：-
快捷键：-
版本：6.0，7.0，CS，CS2，CS3，CS4
适用于：选区

"单列选框"工具创建的则是以1px为宽度的竖向选区，设置垂直的选区效果如下 ① 所示。

套索类工具选项

选择套索类工具中的"套索"工具或"多边形套索"工具后，可以在选项栏中对选区进行"羽化"或"消除锯齿"设置，如下①、②所示。选择"磁性套索"工具，则可以对进行磁性套索绘制时的宽度、对比度和流动的频率进行控制，如下③所示。另外，还可以通过连接的绘画板以及画笔的绘制压力控制"磁性套索"工具的绘制，如下④所示。

| 羽化: 0 px | ☑ 消除锯齿 | 宽度: 1 px | 对比度: 10% | 频率: 100 | |
| ① | ② | ③ | | | ④ |

套索工具

菜单: -
快捷键: L
版本: 6.0, 7.0, CS, CS2, CS3, CS4
适用于: 选区

用来创建任意形状的不规则的选区。按住鼠标左键不放，在图像中拖曳，拖曳的位置如下①所示，继续拖曳，创建闭合的套索路径，如下②所示。

释放鼠标后，根据绘制的轨迹自动创建为选区，如下③所示。

多边形套索工具

菜单: -
快捷键: L
版本: 6.0, 7.0, CS, CS2, CS3, CS4
适用于: 选区

用于创建存在较多直角边缘的图像选区。单击并移动鼠标，在单击的位置之间自动创建直线的套索路径，如下①所示，将多条直线串联成闭合的路径后，释放鼠标可得到绘制的选区，如下②所示。

磁性套索工具

菜单: -
快捷键: L
版本: 6.0, 7.0, CS, CS2, CS3, CS4
适用于: 选区

适用于快速选择边缘与背景反差较大的图像，反差越大，选取的图像就越精准。将鼠标光标放在图像边缘位置，单击鼠标并沿边缘进行移动，鼠标移动的轨迹将自动创建带有锚点的路径，如下①所示。

拖曳的终点与起点位置重合时，光标变成 ，释放鼠标即可创建闭合的选区，如下②所示。

> **提示**
> 在使用套索类工具设置选区时，若需要从鼠标移动的位置与起点位置进行直接连接创建闭合的选区，可以直接按住Ctrl键。

魔棒工具选项

　　选中"魔棒"工具后，在选项栏中可以设置容差，用于控制宽广范围的颜色/明暗，如下 ① 所示；勾选"消除锯齿"复选框可设置较柔和的选区边缘，如下 ② 所示；勾选"连续"复选框可以创建连续选区和对图层取样进行控制，如下 ③ 所示；用"魔棒"工具对选区进行设置时，还可以通过勾选"对所有图层取样"复选框，将选区的图像范围运用在所有图层的图像上，否则只能在选中的图层中进行图像范围的设置，如下 ④ 所示。

快速选择工具

菜单：-
快捷键：W
版本：6.0，7.0，CS，CS2，CS3，CS4
适用于：选区

　　通过鼠标单击可在需要的区域迅速创建出选区，并以画笔的形式出现。在创建选区时可根据选择对象的范围来调整画笔的大小，从而更有利于准确地选取对象。设置画笔并在需要选取的图像位置进行涂抹，如下 ① 所示。

　　在涂抹的位置若颜色范围类似，则将相近色彩区域进行快速选取，如下 ② 所示位置为快速选取选中的颜色区域。

魔棒工具

菜单：-
快捷键：W
版本：6.0，7.0，CS，CS2，CS3，CS4
适用于：选区

　　使用"魔棒"工具可以对颜色相近的区域进行选取，能够实现快速地替换单一背景。根据容差值的不同设置相似区域的范围，单击即可对区域进行选取。设置"容差"值为20，在如下 ① 所示位置单击后设置的选区效果，如下图所示。

　　设置"容差"值为50，在如下 ② 所示位置单击后设置的选区效果，如下图所示。

　　设置"容差"值为100，在如下 ③ 所示位置单击后设置的选区效果如下图所示。

　　若在选项栏中取消勾选"连续"复选框，则可以对图像中与单击位置的图像相近的区域同时进行选取。在如下 ④ 所示的位置单击鼠标，设置不连续后的选区效果如下 ⑤ 所示。

应用魔棒工具指定复杂的人物选区

　　使用"魔棒"工具可以选取具有相似颜色的图像选区，常用于复杂选区的创建。在本实例中，先应用"魔棒"工具，在图像中连续单击创建人物选区，然后选择"移动"工具，将选区内的图像移至背景图像上，合成漂亮的图像。

素材文件：素材\Part 01\01.jpg、02.jpg、03.jpg　　　　最终文件：源文件\Part 01\指定复杂的人物选区.psd

Before  After

STEP 01 执行"文件＞打开"菜单命令，打开随书光盘\素材\Part 01\01.jpg 文件，如下 ① 所示。

STEP 02 选择"魔棒"工具，设置"容差"为32，在图像上单击，创建选区，如下 ② 所示。

STEP 03 按下Shift键，连续单击创建更大范围的选区，如下 ③ 所示。

STEP 04 选择"快速选择"工具，设置画笔大小为4，在图像上单击，调整选区，如下 ④ 所示。

STEP 05 执行"选择＞修改＞羽化"菜单命令，打开"羽化选区"对话框，在该对话框中设置羽化半径，如下 ⑤ 所示。

STEP 06 应用上一步所设置的半径值，羽化选区，如下 ⑥ 所示。

STEP 07 执行"文件＞打开"菜单命令，打开随书光盘\素材\Part 01\02.jpg 文件，如下 ⑦ 所示。

STEP 08 选择"移动"工具 ，将人物选区移至素材02.jpg图像上，如下⑧所示。

STEP 09 执行"编辑＞变换＞水平翻转"菜单命令，翻转图像，再将图像放大，如下⑨所示。

STEP 10 选择"橡皮擦"工具 ，在人物的边缘涂抹，修整边缘图像，如下⑩所示。

STEP 11 执行"文件＞打开"菜单命令，打开随书光盘\素材\Part 01\03.jpg文件，如下⑪所示。

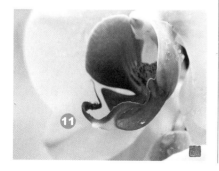

STEP 12 选择"移动"工具 ，将花朵图像移至素材02.jpg图像的右上角，如下⑫所示。

STEP 13 选择"橡皮擦"工具 ，将花朵边缘擦除，如下⑬所示。

STEP 14 执行"图像＞调整＞亮度/对比度"菜单命令，打开"亮度/对比度"对话框，然后在该对话框中设置各项参数，单击"确定"按钮，如下⑭所示。

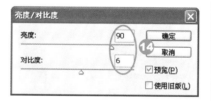

STEP 15 增加图像的亮度和对比度，如下⑮所示。

STEP 16 按下快捷键Ctrl+J，复制一个花朵图像，然后执行"编辑＞变换＞水平翻转"菜单命令，翻转图像，如右上⑯所示。

STEP 17 选择"图层2 副本"图层，将该图层移至"图层1"下方，调整图层顺序，如下⑰所示。

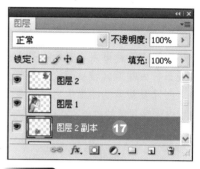

STEP 18 调整图层顺序后，"图层2副本"中的部分图像被遮盖，如下⑱所示。

STEP 19 选择"横排文字"工具 ，在图像上输入文字，如下⑲所示。

STEP 20 继续使用"横排文字"工具 ，在已输入的文字下方再输入段落文字，最后完成后的图像效果如下页⑳所示。

裁剪工具

菜单：-
快捷键：C
版本：6.0，7.0，CS，CS2，CS3，CS4
适用于：图像

使用该工具可以将多余的图像去除或是扩大裁剪区域从而放大画布区域。在需要裁剪的图像中沿对角线方向拖曳设置裁剪的框架，如下**1**所示。

在创建的裁剪框架中，可以通过裁剪框架的角句柄对框架的大小和位置进行调整，如下**2**所示。设置完成后，在选项栏中单击"提交当前裁剪操作"按钮✓，如下**3**所示，裁剪图像完成。

切片工具

菜单：-
快捷键：C
版本：6.0，7.0，CS，CS2，CS3，CS4
适用于：图像

该工具用于图像的切片，广泛应用于网页图像的处理。通过单击并绘制矩形区域的方式设置图像的切片，如下**1**所示。

通过切片对图像进行多区域的划分，顺序根据切片的次序进行排列，如下**2**所示。

切片选择工具

菜单：-
快捷键：C
版本：6.0，7.0，CS，CS2，CS3，CS4
适用于：图像

"切片选择"工具可以对使用"切片"工具切片后的图像进行选择、划

分和对齐的设置。直接单击，即可选中切片的图像，如下**1**所示。

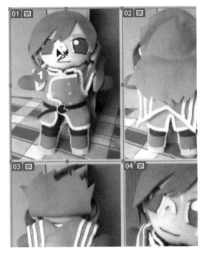

按住Shift键，可以将多个切片同时选中，对选中的切片图像可以调整顺序，如下**2**所示，设置切片的对齐如下**3**所示，排列如下**4**所示。

吸管工具

菜单：-
快捷键：I
版本：6.0，7.0，CS，CS2，CS3，CS4
适用于：图像

通过"吸管"工具可以在"信息"面板中确认构成图像的各个像素的颜色值。选择"吸管"工具后，在图像中单击，可以获取单击点位置的颜色信息，如下页**1**所示。

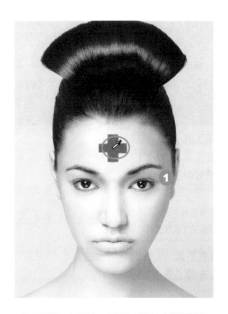

> **提示**
>
> 在使用"吸管"工具选取颜色时，若直接单击，则是将该位置的颜色设置为前景色；若按下Alt键再进行单击，则是将单击位置的颜色设置为背景色。

注释工具

菜单：-
快捷键：I
版本：6.0，7.0，CS，CS2，CS3，CS4
适用于：图像

"注释"工具用于在图像中添加注释或语音提示，方便地提供与图片相关的信息。选择该工具，在图像中单击创建注释点，再双击该点可以打开"注释"面板，在文本框内输入或编辑注释信息，如下①所示。

颜色取样器工具

菜单：-
快捷键：I
版本：6.0，7.0，CS，CS2，CS3，CS4
适用于：图像

"颜色取样器"工具会对构成图像的各像素的颜色进行比较，单击

图像的顺序会依次将对应像素的颜色值显示在"信息"面板中。在如下①所示的位置单击，会在"信息"面板中显示该点的颜色信息，如下②所示。

运用"颜色取样器"工具连续在图像中单击，将创建多个颜色取样点。若按下Alt键，再将光标移动至取样点上时会自动变为✂，如下③所示，此时，若单击鼠标，则会删除所创建的取样点。

> **提示**
>
> 在使用"颜色取样器"工具创建颜色取样点时，最多可以创建4个颜色取样点。如果已有4个颜色取样点，再在图像中单击，则会弹出警示对话框。

标尺工具

菜单：-
快捷键：I
版本：6.0，7.0，CS，CS2，CS3，CS4
适用于：图像

"标尺"工具可以精确地算出图像的长度和角度信息。当测量两点之间的路径时，单击工具箱中的"标尺"工具，然后单击图像中要测量的起点位置，再拖曳鼠标光标至要测量的终点，会在图像中显示一条直线，如下①所示。

计数工具

菜单：-
快捷键：I
版本：6.0，7.0，CS，CS2，CS3，CS4
适用于：图像

借助"计数"工具可以精确地计算科学图像中的对象或特征，它无需执行手动计算，也不必依赖于图像之间变化的可视评估，直接在图像上单击即可开始计数，如下①所示。同时，也可以在其选项栏中对标记大小和标签大小进行设置，如下②所示。

02 图像修饰类

在Photoshop的工具箱中包括8个图像修饰类工具，同时将这8个图像修饰类工具进行了集中放置。如果在工具按钮右下角带有■符号，则可以通过右击该工具按钮或长按该工具按钮，弹出功能相近的隐藏工具选项。图像修饰类工具展开的隐藏工具如下图所示。

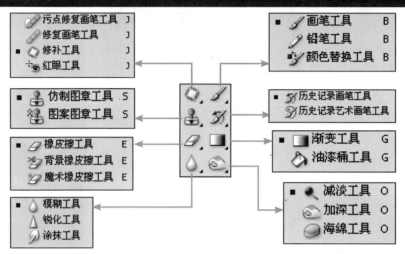

污点修复画笔工具

菜单：-
快捷键：J
版本：6.0，7.0，CS，CS2，CS3，CS4
适用于：图像

"污点修复画笔"工具可以快速去除图像中的污点和杂点。单击"污点修复画笔"工具，将画笔笔触调整至合适大小，再在图像中单击，可以将图像中的污点去除，如下①所示。

使用"污点修复画笔"工具，可自动从修饰区域的周围取样，并将样

本像素的纹理、光照、透明度和阴影等与所修复的像素相匹配。选择"污点修复画笔"工具，然后在图像中连续单击，可以去除图像中的所有污点或杂点，如下②所示。

修复画笔工具

菜单：-
快捷键：J
版本：6.0，7.0，CS，CS2，CS3，CS4
适用于：图像

"修复画笔"工具可以利用图像或图案中的样本像素来绘制并校正图

像中的瑕疵。选择"修复画笔"工具，按下Alt键在图像中单击取样，如下①所示。

获得取样点后，在图像中的瑕疵处单击，将图像中的污点或瑕疵去除，如下②所示。

> ▶提示
>
> 选择"修复画笔"工具后，可以在其选项栏的"模式"下拉列表中，选择不同的混合模式进行修复操作。

修补工具

菜单: -
快捷键: J
版本: 6.0, 7.0, CS, CS2, CS3, CS4
适用于: 图像

"修补"工具用来修补图像中的污点或多余的图像, 即使用图像中的其他区域或图像中的像素来修补当前所选择的区域。按住鼠标左键不放在图像中拖曳, 拖曳的位置如下 ① 所示, 继续拖曳创建闭合的路径, 如下 ② 所示。

释放鼠标后, 根据绘制的轨迹自动创建为选区, 如下 ③ 所示。

将选区内的图像单击并拖曳至图像中的其他位置上, 如下 ④ 所示, 拖曳到合适位置后, 再次释放鼠标即可修复图像, 如下 ⑤ 所示。

在"修补"工具选项栏中, 可以对修补选项进行设置, 如下 ⑥ 所示。

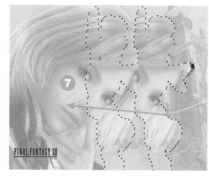

当选中"源"单选按钮时, 先选择要修补的区域, 然后将它拖到取样的区域, 如下 ⑦ 所示。

> **提示**
>
> 选择"修补"工具创建选区后, 单击选项栏中的"使用图案"按钮, 激活图案选项, 此时单击右侧的下三角箭头, 选择需要的图案, 再单击"使用图案"按钮, 即可在选区内填充图案。

当选中"目标"单选按钮时, 选择取样的区域, 然后将取样区域拖动到需要修补的区域, 可以复制图像, 如下 ⑧ 所示。

红眼工具

菜单: -
快捷键: J
版本: 6.0, 7.0, CS, CS2, CS3, CS4
适用于: 红眼图像

"红眼"工具用于去除图像中的特殊反光区域, 如使用闪光灯拍摄人物照片时, 在人像中出现的红眼等。选择"红眼"工具, 然后在其选项栏中设置"瞳孔大小"和"变暗量", 如下 ① 所示, 再返回操作窗口中, 在人物的红眼位置单击, 如下 ② 所示, 即可将所拍摄的红眼去除, 如下 ③ 所示。

瞳孔① 小: 100% 变暗量: 100%

应用修补工具美化皮肤

图像修饰类工具主要用于对图像中的各种小瑕疵进行修饰。在本实例中，应用"修补"工具对人物脸上的小斑点进行修补，使皮肤变得更加光洁。

素材文件：素材\Part 01\04.jpg　　　　最终文件：源文件\Part 01\美化皮肤.psd

Before

After

STEP 01 执行"文件>打开"菜单命令，打开随书光盘\素材\Part 01\04.jpg 文件，如下 ❶ 所示。

STEP 02 选择"修补"工具 ⊙，沿着人物脸上的小瑕疵拖曳鼠标，如下 ❷ 所示。

STEP 03 当拖曳的起点位置和终点位置重合时，自动生成选区，如下 ❸ 所示。

STEP 04 单击并将选区的图像拖曳至没有斑点的位置上，如下 ❹ 所示。

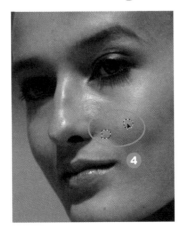

STEP 05 释放鼠标，修补图像，如下 ❺ 所示。

STEP 06 继续选择"修补"工具 ⊙，修补脸上其他部分的斑点，修补后的图像如下 ❻ 所示。

STEP 07 选择"快速选择"工具，连续单击创建选区，如下 ⑦ 所示。

STEP 08 执行"选择>修改>羽化"菜单命令，打开"羽化选区"对话框，在该对话框中设置羽化半径，然后单击"确定"按钮，如下 ⑧ 所示。

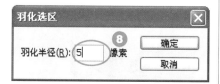

STEP 09 执行上一步操作后，羽化选区，如下 ⑨ 所示。

STEP 10 执行"滤镜>杂色>蒙尘与划痕"菜单命令，打开"蒙尘与划痕"对话框，在该对话框中设置"半径"为3像素，然后单击"确定"按钮，如右上 ⑩ 所示。

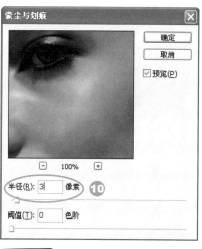

STEP 11 应用所设置的滤镜参数处理图像，如下 ⑪ 所示。

STEP 12 执行"滤镜>杂色>去斑"菜单命令，去除选区内的斑点，如下 ⑫ 所示。

STEP 13 执行"选择>取消选择"菜单命令，取消选区，如下 ⑬ 所示。

STEP 14 执行"图像>调整>亮度/对比度"菜单命令，打开"亮度/对比度"对话框，在该对话框中设置各项参数，然后单击"确定"按钮，如下 ⑭ 所示。

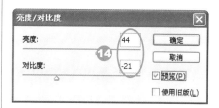

STEP 15 执行上一步操作后，应用所设置的参数，提高图像的整体亮度，如下 ⑮ 所示。

STEP 16 选择"锐化"工具 △，设置"曝光度"为40%，在眼睛上涂抹，锐化眼睛，如下 16 所示。

STEP 17 选择"磁性套索"工具 ⽤，沿着人物的左眼拖曳创建选区，如下 17 所示。

STEP 18 按下Shift键，继续拖曳，创建选区，如下 18 所示。

STEP 19 执行"选择＞修改＞羽化"菜单命令，打开"羽化选区"对话框，在该对话框中设置羽化半径，然后单击"确定"按钮，如下 19 所示。

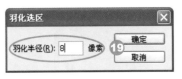

STEP 20 执行上一步操作后，羽化所创建的眼部选区，如下 20 所示。

STEP 21 执行"图像＞调整＞亮度/对比度"菜单命令，打开"亮度/对比度"对话框，在该对话框中设置各项参数，然后单击"确定"按钮，如下 21 所示。

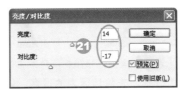

STEP 22 设置完成后，应用所设置的参数，提高眼部区域的亮度，如下 22 所示。

STEP 23 执行"图像＞调整＞色阶"菜单命令，打开"色阶"对话框，在该对话框中设置各项参数，如下 23 所示。

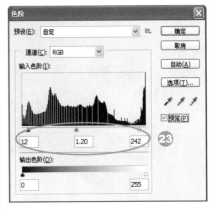

STEP 24 在"通道"下拉列表中选择"红"选项，单击并拖曳色阶滑块，然后单击"确定"按钮，如下 24 所示。

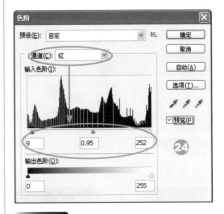

STEP 25 执行上一步操作后，应用所设置的色阶参数，调整图像亮度，如下 25 所示。

仿制图章工具选项

　　选中"仿制图章"工具后，在其选项栏中的"模式"下拉列表中可以选择仿制图像的模式，如下 **1** 所示；"不透明度"文本框则用于设置图像的不透明度，如下 **2** 所示，不透明度值越大，所仿制的图像效果越明显；在设置"仿制图章"工具绘画的压力大小时，可以在"流量"文本框中输入数值，如下 **3** 所示，流量值越大，画出的颜色越深；在"取样"下拉列表中包括当前图层、当前和下方图层以及所有图层三个选项，用于选择取样图层，当选择不同的图层时，可以得到不同的取样效果，如下 **4** 所示。

仿制图章工具

菜单：-
快捷键：S
版本：6.0，7.0，CS，CS2，CS3，CS4
适用于：图像

　　应用"仿制图章"工具，可以将特定的图像区域如同盖章一样复制到指定区域。在按下 Alt 键的同时，单击要复制的部分，鼠标光标变为 ⊕ 形状，如下 **1** 所示，将鼠标光标放置在复制图像的区域，持续拖动鼠标，将在该区域内出现复制的图像，如下 **2** 所示。

> **提示**
>
> 在复制图像的过程中，可以按下快捷键 Ctrl+[或Ctrl+]，适当调整画笔大小，以获得精确的图像效果。

图案图章工具

菜单：-
快捷键：S
版本：6.0，7.0，CS，CS2，CS3，CS4
适用于：选区或图像

　　"图案图章"工具用于将特定区域内的图像定义为图案纹理，然后再通过拖曳鼠标填充图案。单击"矩形选框"工具在图像上创建选区，如下 **1** 所示，执行"编辑＞定义"菜单命令，弹出"图案名称"对话框，如下 **2** 所示。

　　定义图案后，选择"图案图章"工具，在选项栏中单击"图案"下拉按钮，然后在下拉列表中选择定义的图案，如下 **3** 所示。

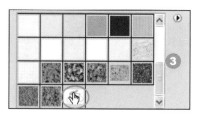

　　在选择"图案图章"工具的状态下，将鼠标指针移动到图像上，并拖曳鼠标，如下 **4** 所示，连续拖曳图像，将所选择的图案应用于更多的图像效果，如下 **5** 所示。

　　选择"图案图章"工具，并在其选项栏中勾选"印象派效果"复选框，可以将印象派效果应用到图案中，如下 **6** 所示。

橡皮擦工具选项

选择"橡皮擦"工具后，可以在其选项栏中对画笔模式进行选择，包括画笔、铅笔和块，如下 所示；在设置模式后再分别对"不透明度"和"流量"进行设置，如下 ②、③ 所示；此外，若单击"喷枪"按钮，则可以得到画笔工具的喷枪效果，如下 ④ 所示；如果勾选"抹到历史记录"复选框，则在进行图像的擦除时，系统将不以前景色或透明区域替换被擦除的区域，而是以"历史记录"面板中选择的图像覆盖当前被擦除的区域，如下 ⑤ 所示。

橡皮擦工具 ✐

菜单：-
快捷键：E
版本：6.0，7.0，CS，CS2，CS3，CS4
适用于：图像

"橡皮擦"工具用于擦除图像或某一图层中的对象图层中的图像。应用"橡皮擦"工具擦除图像后，被擦除的区域显示为背景色。单击"橡皮擦"工具，在图像中单击，如下 ① 所示。

继续在图像中连续单击并拖曳，此时，被单击并拖曳的区域将显示为默认的白色背景，如下 ② 所示。

背景橡皮擦工具 ✎

菜单：-
快捷键：E
版本：6.0，7.0，CS，CS2，CS3，CS4
适用于：图像

"背景橡皮擦"工具可以将图层中的图像擦除，擦除区域内的图像将被透明区域替代。单击该工具，然后在其选项栏中单击"取样：连续"按钮，在图像中涂抹，如下 ① 所示为涂抹后的图像效果。

单击"取样：一次"按钮 ✎，涂抹擦除的图像效果如下 ② 所示。

单击"取样：背景色板"按钮 ✎，涂抹擦除的图像效果，如下 ③ 所示。

魔术橡皮擦工具 ✐

菜单：-
快捷键：E
版本：6.0，7.0，CS，CS2，CS3，CS4
适用于：图像

利用"魔术橡皮擦"工具可以擦除图像中颜色相同的区域，快速实现较大区域的图像的擦除操作。单击"魔术橡皮擦"工具，设置"容差"值为20，然后在选区内单击，如下 ① 所示为单击后的图像效果。

调整"容差"值为50，如下  所示为单击擦除后的图像效果。

调整"容差"值为80，如右上  所示为单击擦除后的图像效果。

单击"魔术橡皮擦"工具，勾选"消除锯齿"复选框，可以使擦除的图像边缘平滑。如右上 4 所示为直接擦除图像的效果，如右上 5 所示为勾选"消除锯齿"复选框擦除图像的效果。

应用魔术橡皮擦工具快速替换背景

　　利用"魔术橡皮擦"工具可以将图像中具有相似颜色的区域擦除。在本实例中，选择"魔术橡皮擦"工具，设置合适的容差值，在人物的背景图像上连续单击，擦除单一的背景图像，实现背景的替换操作。

　　素材文件：素材\Part 01\05.jpg、06.jpg　　　　　　最终文件：源文件\Part 01\快速替换背景.psd

Before  After

STEP 01 执行"文件＞打开"菜单命令，打开随书光盘\素材\Part 01\05.jpg 文件，如下 1 所示。

STEP 02 选择"魔术橡皮擦"工具 ，在其选项栏中设置"容差"为 20，勾选"消除锯齿"和"连续"复选框，如下 2 所示。

容差：20　☑消除锯齿　☑连续　2 所有图层取样

STEP 03 返回图像中，在右侧的背景区域单击，擦除图像，擦除后的图像效果如下 3 所示。

STEP 04 按下快捷键Ctrl+[或 Ctrl+]，调整画笔大小，在背景区域上连续单击，单击后的图像效果如右上 4 所示。

STEP 05 执行"文件＞打开"菜单命令，打开随书光盘\素材\Part 02\06.jpg 文件，如下 5 所示。

STEP 06 选择"移动"工具，再单击并拖曳，将人物移动到06.jpg背景图像中，如下 6 所示。

STEP 07 按下快捷键Ctrl+T，将光标移动至编辑框右下角的位置，当其变为双向箭头时拖曳鼠标，如下 7 所示。

STEP 08 拖曳至合适大小后，按下Enter键，应用调整后的大小，如下 8 所示。

STEP 09 单击"橡皮擦"工具，在该工具选项栏中设置"不透明度"和"流量"参数，如下 9 所示，然后在图像上单击并拖曳，如下 10 所示。

STEP 10 持续拖动鼠标，将人物边缘多余的图像擦除，最后得到如下 11 所示的效果。

模糊工具

菜单：-

快捷键：-

版本：6.0，7.0，CS，CS2，CS3，CS4

适用于：选区或图像

　　"模糊"工具用于在图像中的特定区域内进行涂抹并模糊图像。单击"模糊"工具，即可对区域进行模糊处理。设置"强度"为20，然后在图像中涂抹，如下 1 所示为涂抹后的图像效果。

　　调整"强度"为80，然后在图像中单击并涂抹，涂抹后的图像效果如下 2 所示。

锐化工具

菜单：-

快捷键：-

版本：6.0，7.0，CS，CS2，CS3，CS4

适用于：选项或图像

　　"锐化"工具用于使模糊的图像变清晰，操作方法与"模糊"工具相同。单击该工具后，在其选项栏上设置"强度"为10%，如下 1 所示，再在图像中涂抹，锐化图像，如下 2 所示。

　　设置"强度"为80%，如下 3 所示，单击并涂抹图像，涂抹后得到如下 4 所示的锐化效果。

涂抹工具

菜单：-

快捷键：-

版本：6.0，7.0，CS，CS2，CS3，CS4

适用于：选区或图像

　　"涂抹"工具用于在指定的区域内进行涂抹，以扭曲图像的边缘。当图像中不同颜色间的边界生硬时，使用涂抹工具可使图像的边缘变得柔和，如下 1 所示。

提示

在应用"涂抹"工具涂抹对象时，勾选"手指绘画"复选框，可以制作出类似于用手指蘸着前景色在图像中进行绘画的涂抹效果。

画笔工具选项

　　选中"画笔"工具后，在该工具选项栏中可以对画笔形状进行选择，单击"画笔"右侧的下三角箭头，然后在弹出的下拉列表中选择合适的画笔类型，如下 **1** 所示；选项栏中的"不透明度"用于控制画笔的显易程度，画笔的不透明度越小，透明效果越显示，如下 **2** 所示；"流量"用于设置画笔绘制的压力大小，设置的值越大，画笔绘画出的颜色越深，如下 **3** 所示；单击"喷枪"按钮，将启动喷枪功能，在绘制图像时，绘制的线条因停留而呈现出逐渐变粗的图像效果，如下 **4** 所示。

画笔:	模式: 正常 　 不透明度: 100% ▶ 流量: 100% ▶

1　　　　　　　　　　**2**　　　**3**　　**4**

画笔工具 🖊

菜单: -
快捷键: B
版本: 6.0，7.0，CS，CS2，CS3，CS4
适用于: 图案

　　应用"画笔"工具，可以使用当前设置的前景色，在图像上绘制各种不同的笔触效果。首先设置前景色与背景色，如下 **1** 所示，单击"画笔"工具，选择枫叶图案🍁，在图像中单击，绘制图形，如下 **2** 所示。

　　连续在图像中拖曳鼠标，可以创建更多连续的绘画效果，如下 **3** 所示。

铅笔工具 🖊

菜单: -
快捷键: B
版本: 6.0，7.0，CS，CS2，CS3，CS4
适用于: 图案

　　"铅笔"工具的使用方法与"画笔"工具类似，唯一不同的是，使用"铅笔"工具创建的是硬边直线。选择"铅笔"工具，在图像的合适位置单击，如下 **1** 所示。

　　缩小画笔大小，更改图像不透明度值为30%，再继续在图像中连续单击，绘制出更多的图案，如下 **2** 所示。

> **提示**
> 在"画笔"选项栏中，单击"画笔"右侧的下拉按钮，然后将光标放在显示出的画笔上，就会显示光标所在位置的画笔名称。

颜色替换工具 🖊

菜单: -
快捷键: B
版本: 6.0，7.0，CS，CS2，CS3，CS4
适用于: 色彩

　　使用"颜色替换"工具，能够简化图像中的特定颜色信息，即用于颜色的校正操作。单击"颜色替换"工具，在要替换颜色的位置单击并拖曳，如下 **1** 所示，此时该位置处的颜色将被设置的前景色替代。

　　在选项栏中单击"取样: 连续"按钮，在图像中继续拖动，对图像进行颜色的替换，如下 **2** 所示。

历史记录画笔工具

菜单：-
快捷键：Y
版本：6.0，7.0，CS，CS2，CS3，CS4
适用于：图像

"历史记录画笔"工具是通过重新创建指定的原数据来绘制。将"历史记录画笔"工具与"历史记录"面板结合使用，可以快速达到还原部分图像的效果。如下 1 所示为原图像效果，如下 2 所示为调整颜色后的图像效果。

单击"历史记录画笔"工具，在图像中单击并拖曳，如下 3 所示。

调整画笔大小，继续在图像上拖曳鼠标，还原背景颜色，如下 4 所示。

历史记录艺术画笔工具

菜单：-
快捷键：Y
版本：6.0，7.0，CS，CS2，CS3，CS4
适用于：图像

"历史记录艺术画笔"工具可以在保持图像原亮度值的基础上对图像进行艺术化处理。单击"历史记录艺术画笔"工具，然后在图像上单击，扭曲图像，如下 1 所示。

应用"历史记录艺术画笔"工具扭曲图像时，可以选择不同的样式进行扭曲操作，如下 2 所示为"松散卷曲"样式效果。

更改涂抹样式，将其设置为"绷紧卷曲"样式，单击并拖曳图像，得到如下 3 所示的图像效果。

单击"历史记录艺术画笔"工具，在其选项栏中可以对涂抹的区域进行设置，设置的笔触区域值越小，适用范围越窄，如右上 4 所示是区域值为0时涂抹的图像效果。

更改区域大小，将其值设置为60，再涂抹对象，得到如下 5 所示的图像效果。

"历史记录艺术画笔"工具与其他工具类似，同样可以对容差值进行设置。单击"历史记录艺术画笔"工具，设置容差值为5，在图像中涂抹，如下 6 所示。

调整容差值为25，如下 7 所示为单击并拖曳后的图像效果。

调整容差值为80，如下页 8 所示为单击并拖曳后的图像效果。

⑧

提示

在"历史记录"面板中单击"创建新快照"按钮,创建一个新快照,它可以被灵活地应用于需要执行多步操作的较为复杂的图像处理过程中,同时可以编辑必要的操作步骤。即使删除所有操作步骤,快照仍旧会存在。

应用历史记录艺术画笔工具制作油画效果

使用Photoshop中的"历史记录艺术画笔"工具,可以在图像上制作各种变形效果。在本实例中,选择"历史记录艺术画笔"工具,在图像上涂抹,在保持原图像亮度的基础上对图像进行艺术处理,制作油画效果。

素材文件:素材\Part 01\07.jpg   最终文件:源文件\Part 01\制作油画效果.psd

Before   After

STEP 01 执行"文件>打开"菜单命令,打开随书光盘\素材\Part 01\07.jpg文件,如下 ① 所示。

STEP 02 选择"历史记录艺术画笔"工具,设置画笔大小为10,"样式"为"轻涂","区域"为60px,"容差"为0%,如右上 ② 所示,在图像上单击并拖曳,如右上 ③ 所示。

样式: 轻涂 ② 区域: 60 px 容差: 0%

STEP 03 在选项栏中更改画笔大小为20,继续在图像上涂抹对象,如下 ④ 所示。

STEP 04 涂抹完苹果图像后,再应用相应的参数继续涂抹背景图像,涂抹后的图像效果如下 ⑤ 所示。

STEP 05 在选项栏中将"样式"更改为"绷紧中",继续单击并拖曳鼠标,涂抹器具和桌面,如下 ⑥ 所示。

STEP 06 执行"图像>调整>色相/饱和度"菜单命令,打开"色相/饱和度"对话框,并设置各项参数,如下 ⑦ 所示。

STEP 07 设置完成后,单击"确定"按钮,应用调整后的色相/饱和度参数,效果如下 ⑧ 所示。

提示
"历史记录艺术画笔"工具可以对此前加入的画笔绘图特效中的特定部位进行还原。

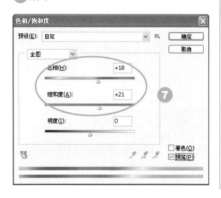

渐变工具选项

使用渐变工具时,在工具选项栏中可以对渐变样式进行选择,设置不同的渐变效果。

① 线性渐变　② 径向渐变
③ 角度渐变　④ 对称渐变
⑤ 菱形渐变

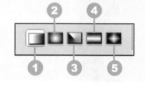

油漆桶工具

菜单: -
快捷键: G
版本: 6.0, 7.0, CS, CS2, CS3, CS4
适用于: 图像或选区

"油漆桶"工具主要用于图像或选区的纯色填充。单击"油漆桶"工具,然后在该工具选项栏中设置不透明度为37%,再在图像中单击填充颜色,如下 ① 所示。

渐变工具

菜单: -
快捷键: G
版本: 6.0, 7.0, CS, CS2, CS3, CS4
适用于: 图像或选区

使用"渐变"工具可以在图像或选区内填充渐变效果。单击"渐变"工具,在选项栏中选择其中一种预设渐变,如下 ① 所示。

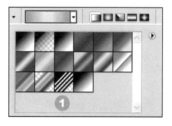

单击"线性渐变"按钮,在图像上从内向外拖曳,如下 ② 所示。

释放鼠标,得到橙黄色径向渐变效果,如下 ③ 所示。

单击"径向渐变"按钮,在图像上从内向外拖曳,如下 ④ 所示。

释放鼠标，可以查看填充径向渐变后的图像效果，如下 **5** 所示。

单击"渐变"工具，再单击其选项栏中的"渐变编辑器"按钮 ，将打开"渐变编辑器"对话框，如下 **6** 所示。

在"渐变编辑器"对话框中，同样可以在预设列表中选择系统所提供的"预设"渐变效果，如下 **7** 所示。

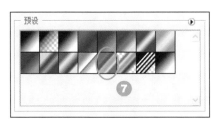

单击其中一种预设渐变后，会在其下方显示该渐变效果的名称以及颜色渐变条，如右上 **8** 所示。

可以任意拖曳颜色滑块所在的位置，若双击某一颜色滑块，则会打开"选择色标颜色"对话框，如下 **9** 所示。

在"选择色标颜色"对话框中设置要更改的颜色，如下 **10** 所示。

设置完成后，单击"确定"按钮即可返回"渐变编辑器"对话框。此时，单击的颜色滑块将显示为所设置的颜色，如下 **11** 所示。

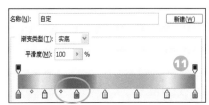

设置完颜色后，可以选择其中的蓝色渐变滑块，按下Delete键，将该颜色滑块删除，如下 **12** 所示。

删除后，在颜色块中的颜色值就会减少，再选择黄色滑块，如下 **13** 所示，拖曳鼠标调整滑块所在位置，如下 **14** 所示。

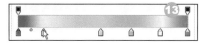

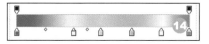

继续使用同样的方法，对其他颜色滑块进行位置的调整，调整后的滑块位置如下 **15** 所示。

调整完成后，单击"新建"按钮，即可将制作出来的渐变效果创建为一个预设渐变，并放置在"预设"列表中，如下 **16** 所示。关闭对话框，然后单击"渐变"工具，选择新创建的渐变，最后在图像上拖曳绘制出渐变效果，如下 **17** 所示。

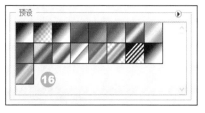

加深/减淡工具选项

选择加深/减淡工具后，将显示该工具选项栏，在其中可以选择加深/减淡的范围，如下 **1** 所示，包括阴影、高光、中间值三个选项；同时，也可以利用"曝光度"选项来设置用于"加深"工具或"减淡"工具的曝光量，如下 **2** 所示；如果在加深或减淡图像时，勾选"保护色调"复选框，如下 **3** 所示，则在对图像进行加深或减淡的过程中将保留原图像中的色调效果。

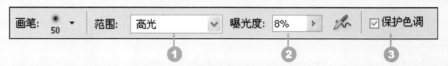

减淡工具

菜单：-
快捷键：O
版本：6.0，7.0，CS，CS2，CS3，CS4
适用于：选区

使用"减淡"工具，可以对部分区域中的图像进行减淡操作。单击"减淡"工具，设置"曝光度"为10%，在图像上拖曳鼠标，如下 **1** 所示。

更改"曝光度"为60%，在图像上拖曳鼠标，减淡图像，效果如下 **2** 所示。

加深工具

菜单：-
快捷键：O
版本：6.0，7.0，CS，CS2，CS3，CS4
适用于：选区

"加深"工具与"减淡"工具的功能恰恰相反，使用"加深"工具可以对图像进行加深操作，表现出图像的阴影效果。使用"加深"工具，选择"阴影"范围，在图像中拖曳涂抹对象，如下 **1** 所示。

选择"中间调"范围，继续在图像中单击并拖曳以加深图像，如下 **2** 所示。

海绵工具

菜单：-
快捷键：O
版本：6.0，7.0，CS，CS2，CS3，CS4
适用于：选区

"海绵"工具主要用于精确地增加或减少图像的饱和度，在特定的区域内拖动，会根据图像的特点来改变其颜色饱和度和亮度。在选项栏中选择"降低饱和度"模式，在图像中涂抹，如下 **1** 所示。

在选项栏中选择"饱和"模式，在图像中涂抹，可以增加涂抹区域的饱和度，如下 **2** 所示。

03 图形绘制类

在Photoshop的工具箱中包括4个图形绘制类工具，这4个图形绘制类工具集中放置在工具箱的中间位置，单击此类工具右下角的◢符号，则可以打开该工具中的隐藏工具。图形绘制类工具展开后的隐藏工具如下图所示。

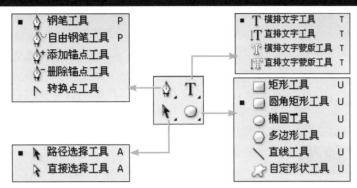

钢笔工具选项

单击"形状图层"按钮，如下 ❶ 所示，则运用"钢笔"工具创建路径时，将使用前景色或选项栏中设置的"样式"填充区域，并同时生成矢量蒙版；单击"路径"按钮，如下 ❷ 所示，运用"钢笔"工具创建路径时，只生成路径，并在"路径"面板中显示创建的工作路径；单击"填充像素"按钮，如下 ❸ 所示，则在图像中拖曳绘制，将会以前景色填充区域，且只有在选择矩形、圆角矩形以及椭圆等形状工具后，此按钮才可用；在绘制路径时，勾选"自动添加/删除"复选框，如下 ❹ 所示，当光标放在绘制的路径上时将变为 ⬥，此时单击鼠标可以添加锚点，当光标变为 ⬥ 时，单击删除锚点。

钢笔工具 ✎

菜单：-
快捷键：P
版本：6.0, 7.0, CS, CS2, CS3, CS4
适用于：形状或路径

"钢笔"工具用来绘制复杂或不规则的形状或曲线。选择"钢笔"工具，单击"路径"按钮，然后在图像上单击创建路径起始点，如下 ❶ 所示。

在图像中的合适位置单击并拖曳，创建第二个锚点和曲线，如下 ❷ 所示。

按下Alt键，单击第二个锚点位置，转换曲线，如下 ❸ 所示。

再单击并拖曳鼠标创建第三个锚点和曲线，如下 ❹ 所示。

> **提示**
> 在绘制直线路径时，按下Shift键单击鼠标，可以沿45°增量方向绘制直线。

使用同样的方法，继续绘制更多的锚点及曲线，当最后一个锚点与起始锚点重合后，所绘制的路径将自动生成一个封闭的工作路径，如下页 ❺ 所示。

自由钢笔工具

菜单：-
快捷键：P
版本：6.0，7.0，CS，CS2，CS3，CS4
适用于：路径

"自由钢笔"工具与"钢笔"工具功能相同，也是用来创建各种不同形状的图像，不同的是，使用"自由钢笔"工具在图像中拖动，可直接形成路径，并由系统在路径上添加锚点。按住鼠标左键不放在图像中拖曳，拖曳的位置如下❶所示，继续拖曳，拖曳的方向如下❷所示。

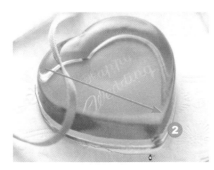

当拖曳的终点位置与起点位置重合时，释放鼠标，创建封闭的工作路径，如右上❸所示。

如果在创建路径时，勾选"磁性的"复选框，"自由钢笔"工具会转变为"磁性钢笔"工具，然后沿着图形边界绘制路径，如下❹所示，继续沿着心形拖曳，如下❺所示。

当起点锚点与终点重合时，创建为一个封闭的工作路径，如下❻所示。

添加锚点工具

菜单：-
快捷键：-
版本：6.0，7.0，CS，CS2，CS3，CS4
适用于：路径

"添加锚点"工具用于在现有的路径上添加锚点。选择该工具后，将光标移至路径上，此时在光标旁会显示一个加号，如下❶所示，单击鼠标即可在路径上添加锚点，如下❷所示。

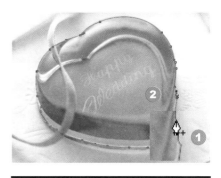

删除锚点工具

菜单：-
快捷键：-
版本：6.0，7.0，CS，CS2，CS3，CS4
适用于：路径

"删除锚点"工具用于删除路径上已有的锚点。选择该工具后，将光标移至路径中的锚点上，此时在光标旁会显示一个减号，如下❶所示，单击鼠标即可删除锚点，如下❷所示。

转换点工具

菜单：-
快捷键：-
版本：6.0，7.0，CS，CS2，CS3，CS4
适用于：路径

"转换点"工具用于调整绘制完成的路径。将光标放在要更改的锚点上单击，可以转换锚点的类型。选择该工具后，在路径上单击，如下①所示，再拖曳鼠标，调整曲线，如下②所示。

提示
在绘制路径时，按下Ctrl键向相反的方向拖曳方向点，可以创建平滑的曲线，向同一方向拖曳方向点可以创建S形曲线。

继续单击并拖曳，调整其他路径形状，最终效果如下③所示。

路径选择工具

菜单：-
快捷键：-
版本：6.0，7.0，CS，CS2，CS3，CS4
适用于：路径

使用"路径选择"工具在路径上单击，可以选择或移动整个路径。单击"路径选择"工具，在图像中创建的路径上单击，如下①所示，此时将路径选中。

向左拖曳可以调整路径位置，如下②所示。

提示
在调整路径上的锚点时，按下Ctrl键并拖曳锚点，可以快速调整路径上的锚点位置。

直接选择工具

菜单：-
快捷键：-
版本：6.0，7.0，CS，CS2，CS3，CS4
适用于：路径

"直接选择"工具用于选择路径并编辑路径形状。选择该工具，在路径上单击可以选中路径中的所有锚点，如下①所示。

选择路径锚点后，再分别拖曳路径上的锚点和曲线，可以对路径的形状进行调整，如下②所示，调整后的路径形状如下③所示。

应用图像绘制工具制作公益海报

Photoshop具有高效的图像操控功能，可以绘制各种不同形状的图案。在本实例中，先应用混合模式合成背景，然后选择"钢笔"工具绘制各式各样的图案，完成一个公益海报的制作。

素材文件：素材\Part 01\08.jpg、09.psd、10.psd 最终文件：源文件\Part 01\制作公益海报.psd

Before

After

STEP 01 执行"文件>新建"菜单命令，打开"新建"对话框，在该对话框中设置新建的文件大小等参数，再单击"确定"按钮，如下 ① 所示。

STEP 02 新建一个宽度为 8 厘米，高度为 10 厘米的空白图像，如下 ② 所示。

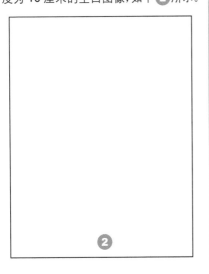

STEP 03 单击"拾色器"图标，打开"拾色器（前景色）"对话框，然后在该对话框中设置前景颜色，单击"确定"按钮，如下 ③ 所示。

STEP 04 新建"图层1"图层，选择"油漆桶"工具，在图像上单击，填充颜色，如下 ④ 所示。

STEP 05 执行"文件>打开"菜单命令，打开随书光盘\素材\Part 01\08.jpg 文件，选择"魔棒"工具，在白色区域单击，创建选区，如下 ⑤ 所示。

STEP 06 执行"选择>反向"菜单命令，反选选区，如下 ⑥ 所示。

STEP 07 选择"移动"工具 ，将选区内的图案移动至黄色背景上，如下  所示。

STEP 08 选择"图层2"图层，将混合模式设置为"滤色"，"不透明度"设置为50%，设置后的图像如下  所示。

STEP 09 按下快捷键Ctrl+J，复制两个"图层2"图层，并更改"图层2副本2"的不透明度，如下  所示。

STEP 10 选择"移动"工具 ，分别调整两个图层中图像的位置，如下  所示。

STEP 11 选择"钢笔"工具 ，单击并拖曳鼠标，绘制直线和曲线路径，如下  所示。

STEP 12 继续绘制路径，当绘制的起点位置和终点位置重合时，自动生成一个封闭的工作路径，如下  所示。

STEP 13 按下快捷键Ctrl+Enter，将工作路径转换为选区对象，如下  所示。

STEP 14 新建"图层3"图层，设置前景色为R43、G164、B235，选择"油漆桶"工具 ，在选区内单击，填充颜色，如下  所示。

STEP 15 选择"加深"工具 ，设置"曝光度"为40%，在图像上涂抹，加深部分图像，如下  所示。

STEP 16 按下快捷键Ctrl+J，复制一个图像，再适当缩放复制图像的大小，如下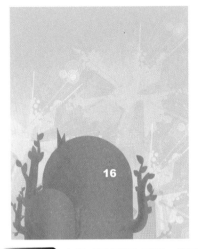所示。

STEP 17 选择"图层3"图层，将图层混合模式设置为"颜色加深"，"不透明度"设置为90%，如下所示。

STEP 18 选择"图层3 副本"图层，将其拖曳至"图层3"图层下方，拖曳后的图像如下所示。

STEP 19 再按下快捷键Ctrl+J，再复制得到"图层3 副本2"图层，如下所示。

STEP 20 选择"移动"工具，将图像移至黄色背景图像的右侧，如下所示。

STEP 21 选择"钢笔"工具，在图像的右上角绘制圆弧路径，如下所示。

STEP 22 切换至"路径"面板，选取创建的路径，单击"将路径作为选区载入"按钮，如下所示。

STEP 23 新建"图层4"图层，设置前景色为R219、G5、B11，按下快捷键Alt+Delete，对选区进行前景填充，如下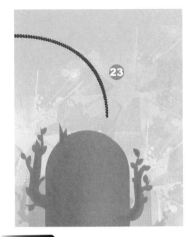所示。

STEP 24 选择"加深"工具，设置"曝光度"为40%，在圆弧边缘涂抹，加深图像，如下所示。

STEP 25 选择"减淡"工具，设置"曝光度"为25%，在圆弧的中间涂抹，减淡图像，如下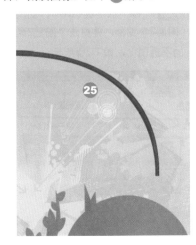所示。

STEP 26 继续使用同样的方法，再绘制几条不同颜色的圆弧图像，如下所示。

STEP 27 新建"图层8"图层，设置前景色为R78、G152、B189，选择"椭圆"工具 ◎，按下Shift键绘制正圆，如下所示。

STEP 28 选择"图层8"图层，将图层混合模式设置为"颜色加深"，设置后的图像如下所示。

STEP 29 按下快捷键Ctrl+J，复制两个正圆，再分别调整其大小和位置，如下所示。

STEP 30 新建"图层9"图层，设置前景色为黑色，按下Shift键，绘制黑色正圆，并复制黑圆，再分别调整其大小和位置，如下所示。

STEP 31 选择"钢笔"工具 ◊，在图像上绘制一个不规则的路径，如下所示。

STEP 32 切换至"路径"面板，单击"将路径作为选区载入"按钮 ◎，如下所示。

STEP 33 将绘制的工作路径转换为选区，如下所示。

STEP 34 新建"图层10"图层，设置前景色为白色，选择"油漆桶"工具 ◊，在选区内单击填充白色，如下所示。

STEP 35 选择"加深"工具 ，在图像的左侧涂抹，加深图像，如下 所示。

STEP 36 选择"钢笔"工具 ，再绘制其他的图案，绘制后的图像如下 所示。

STEP 37 新建"图层14"图层，设置前景色为R226、G0、B7，选择"画笔"工具 ，在图像上绘制十字图案，如下 所示。

STEP 38 新建"图层15"图层，选择星星画笔，调整画笔大小，绘制不同大小的星星图案，如下 所示。

STEP 39 执行"文件>打开"菜单命令，打开随书光盘\素材\Part 01\09.psd文件，并将图像移至背景图像上，如下 所示。

STEP 40 双击"图层17"图层，打开"图层样式"对话框，在该对话框中设置各项参数，如下 所示，设置完成后为图像添加投影效果，如下 所示。

STEP 41 执行"文件>打开"菜单命令，打开随书光盘\素材\Part 01\10.psd文件，并将图像移至背景图像上，如下 所示。

STEP 42 选择"图层18"图层，将图层混合模式设置为"颜色加深"，设置后的图像如下 所示。

STEP 43 选择"横排文字"工具 ，在图像右上角输入文字，输入文字后的最终效果如下 所示。

文字工具选项

单击文字类工具中的文字工具，将显示文字工具选项栏。在该选项栏中，单击"更改文本方向"按钮，可更改文本方向，如下❶所示；在该选项栏中还可以利用"字体"和"字号"下拉列表更改文本的字型和字号，如下❷、❸所示；单击文字对齐按钮，可以对文字进行左对齐操作、居中对齐和右对齐操作，如下❹、❺、❻所示；单击"创建文字变形"按钮，能够对输入的文字或字母进行任意变形操作，如下❼所示；如果单击"切换字符和段落面板"按钮，则会打开"字符/段落"面板，如下❽所示。

横排文字工具 T

菜单：-
快捷键：T
版本：6.0，7.0，CS，CS2，CS3，CS4
适用于：文本

"横排文字"工具用于在图像中添加水平方向的文字。选择该工具，在图像中单击，创建输入点，如下❶所示。

在确定输入点后，即可开始输入文字，如下❷所示。

直排文字工具 IT

菜单：-
快捷键：T
版本：6.0，7.0，CS，CS2，CS3，CS4
适用于：文本

"直排文字"工具用于输入垂直方向的文字。选择"直排文字"工具，在图像中单击创建文字输入点，如右上❶所示。

> **提示**
> 为了使输入的文字位于图层的最上方，在输入文字之前，可选择"图层"面板中的最上方图层，并使用文字工具，单击图像。

在确定输入点后，即可开始输入垂直方向上的文字，如下❷所示。

使用"直排文字"工具输入文字后，单击文字工具选项栏中的"更改文本方向"按钮，可以将"直排文字"工具转换为"横排文字"工具，如右上❸所示。

横排文字蒙版工具 T

菜单：-
快捷键：T
版本：6.0，7.0，CS，CS2，CS3，CS4
适用于：文本

使用"横排文字蒙版"工具，可以在蒙版状态下编辑文字。选择"横排文字蒙版"工具，在图像中单击，进入蒙版编辑状态，如下❶所示，输入文字，如下❷所示。

输入文字并对其参数进行设置后，单击工具箱内的"移动"工具，退出蒙版编辑状态，得到文字选区，如下 ③ 所示。

单击"拾色器"图标，打开"拾色器（前景色）"对话框，设置前景色为R150、G12、B4，如下 ④ 所示。

使用"油漆桶"工具，在获得的文字选区内单击或按下快捷键Alt+Delete，为文字选区填充颜色，如下 ⑤ 所示。

按下快捷键Ctrl+D，取消选区，如下 ⑥ 所示。

直排文字蒙版工具 T

菜单：-
快捷键：T
版本：6.0，7.0，CS，CS2，CS3，CS4
适用于：文本

使用"直排文字蒙版"工具输入文字的方法与"横排文字蒙版"工具相同，只是使用"直排文字蒙版"工具输入后得到的是垂直方向上的文字选区，如下 ① 所示。

提示

应用"横排文字蒙版"工具和"直排文字蒙版"工具输入文字得到的文字选区，为了更便于文字形状或颜色等的编辑，最好是在创建选区后再新建一图层，然后在该图层中编辑文字。

应用文字工具制作杂志内页

　　在进行图形图像设计时，为了使整个图像变得完整，可以在图像上添加文字。在本实例中，将花朵等素材图像移至人物图像中，选择"横排文字"工具，在图像上输入文字并添加描边样式，制作杂志内页。

素材文件：素材 \Part 01\11.jpg、12.psd、13.psd、14.psd　最终文件：源文件 \Part 01\ 制作杂志内页 .psd

Before

After

STEP 01 执行"文件>打开"菜单命令，打开随书光盘\素材\Part 01\11.jpg 文件，如下 1 所示。

STEP 02 单击"拾色器"图标，打开"拾色器（前景色）"对话框，在该对话框中设置颜色，如下 2 所示。

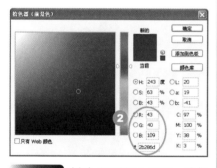

STEP 03 新建"图层1"图层，选择"矩形"工具，在图像下方单击并拖曳，绘制矩形，如下 3 所示。

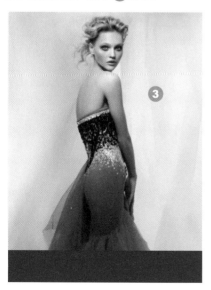

STEP 04 新建"图层2"图层，设置前景色为R233、G221、B75，在图像中继续绘制一个黄色矩形条，如下 4 所示。

STEP 05 选择"图层3"图层，将图层混合模式设置为"颜色"，"不透明度"设置为67%，效果如下 5 所示。

STEP 06 选择"橡皮擦"工具，设置"流量"和"不透明度"都为20%，在矩形上涂抹，擦除图像，如下 6 所示。

STEP 07 新建"图层3"图层，选择"矩形"工具，在图像上单击并拖曳，绘制白色矩形，如下 7 所示。

STEP 08 选择"椭圆选框"工具，按下Shift键单击并拖曳绘制正圆选区，如下 8 所示。

STEP 09 新建"图层4"图层，设置前景色为白色，按下快捷键Alt+Delete，填充选区，如下 9 所示。

STEP 10 执行"选择>修改>收缩"菜单命令，打开"收缩选区"对话框，在该对话框中设置各项参数，如下 **10** 所示。设置完成后，收缩圆形选区，如下 **11** 所示。

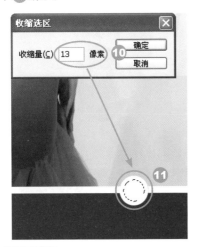

STEP 11 按下Delete键，删除选区内的图像，如下 **12** 所示。

STEP 12 选择"横排文字"工具 T，在圆中心位置输入文字，如下 **13** 所示。

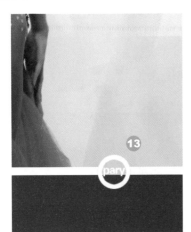

STEP 13 执行"图层>栅格化>文字"菜单命令，再执行"编辑>变换>变形"菜单命令，变形文字，效果如下 **14** 所示。

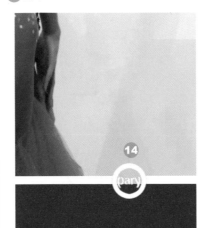

STEP 14 选择"多边形套索"工具 ☑，在图像上连续单击，创建选区，如下 **15** 所示。

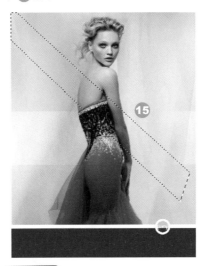

STEP 15 选择"渐变"工具 □，单击"渐变编辑器"图标，打开"渐变编辑器"对话框，在该对话框中选择从白色到透明的渐变，然后单击"确定"按钮，如下 **16** 所示。

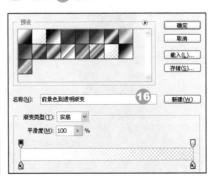

STEP 16 新建"图层5"图层，单击"线性渐变"按钮 □，然后从左上角向右下角拖曳，填充渐变图像，如下 **17** 所示。

STEP 17 选择"橡皮擦"工具 ☑，设置"流量"和"不透明度"都为15%，然后在图像上涂抹，擦除图像，如下 **18** 所示。

STEP 18 按下快捷键Ctrl+J，复制两个图案，分别调整它们的大小和位置，如下 **19** 所示。

STEP 19 新建"图层6"图层,设置前景色为R224、G29、B45,选择"椭圆"工具,按下Shift键单击并拖曳,绘制正圆,如下⑳所示。

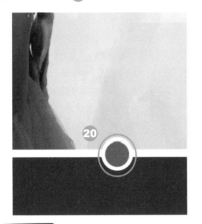

STEP 20 选择"图层6"图层,将该图层移至文字所在图层的下方,如下㉑所示。

STEP 21 执行"文件>打开"菜单命令,打开随书光盘\素材\Part 01\12.psd文件,选择"移动"工具 ⊕,将花朵素材移至人物图像中,如下㉒所示。

STEP 22 按下快捷键Ctrl+J,复制两个花朵图像,再分别调整两个花朵图像的大小和位置,如下㉓所示。

STEP 23 选择"图层7"图层,将图层混合模式设置为"强光";选择"图层7 副本2"图层,将图层混合模式设置为"颜色加深",效果如下㉔所示。

STEP 24 执行"文件>打开"菜单命令,打开随书光盘\素材\Part 01\13.psd文件,并将其移至人物图像中,如下㉕所示。

STEP 25 执行"文件>打开"菜单命令,打开随书光盘\素材\Part 01\14.psd文件,并将其移至人物图像中,如下㉖所示。

STEP 26 按下快捷键Ctrl+J,复制图像,再执行"编辑>变换>水平翻转"菜单命令,翻转图像,如下㉗所示。

STEP 27 选择"移动"工具 ⊕,向右移动复制的图像,如下㉘所示。

STEP 28 选择"横排文字"工具 T，打开"字符"面板，在该面板中设置文字属性，如下 29 所示，再输入文字，如下 30 所示。

STEP 29 双击文字图层，打开"图层样式"对话框，在该对话框中勾选"投影"复选框，并设置各项参数，如下 31 所示。

STEP 30 勾选"描边"复选框，并设置各项参数，然后单击"确定"按钮，如下 32 所示。

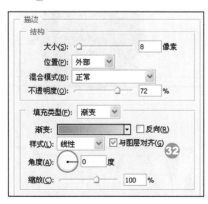

STEP 31 为文字添加上"投影"和"描边"样式，如下 33 所示。

STEP 32 选择"横排文字"工具 T，在已输入文字的下方继续输入文字，如下 34 所示。

STEP 33 右击文字的图层样式，在弹出的快捷菜单中选择"拷贝图层样式"命令，然后在新输入的文字图层上粘贴所复制的图层样式，再双击图层，打开"图层样式"对话框，更改"描边"参数，如下 35 所示。

STEP 34 更改完成后，应用重新设置的参数，添加上图层样式，如下 36 所示。

STEP 35 选择"横排文字"工具 T，在已输入文字的下方再次输入文字，如下 37 所示。

STEP 36 在新输入的文字图层上粘贴复制的图层样式，再双击图层，打开"图层样式"对话框，重新设置"描边"参数，如下 38 所示。

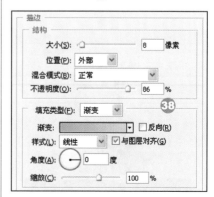

STEP 37 设置完成后，为文字重新应用新的图层样式，如下 39 所示。

STEP 38 选择"横排文字"工具 T，在墨点中输入文字，再执行"编辑＞变形＞旋转"菜单命令，旋转输入的文字，如下 40 所示。

STEP 39 选择"横排文字"工具 T，在墨点上输入更多的文字，输入后的图像如右上 41 所示。

STEP 40 选择"直排文字"工具 T，在右上角输入文字，如下 42 所示。

STEP 41 双击文字图层，打开"图层样式"对话框，在该对话框中设置各项参数，如下 43 所示。

STEP 42 设置完成后，为文字添加上投影样式。继续选择"横排文字"工具 T，在图像的底端输入其他的文字，如下 44 所示。

STEP 43 选择"图层8"图层，将该图层的混合模式设置为"颜色加深"，最终效果如下 45 所示。

形状类工具选项

单击形状类工具后，会显示相应的工具选项栏，在该工具选项栏中可以通过图形工具按钮显示矩形、圆角矩形、圆形、多边形、线段、自定义图形等图形的形态，如下 ➊ 所示；在"模式"下拉列表中可以选择图形的混合模式，如下 ➋ 所示；"不透明度"选项用于控制图形的不透明度，不透明度越大，图形越清楚，如下 ➌ 所示。

矩形工具 ▣

菜单：-
快捷键：U
版本：6.0，7.0，CS，CS2，CS3，CS4
适用于：图像

　　"矩形"工具用于绘制矩形形状的图像。单击"矩形"工具，然后将光标移至开始绘制的位置单击并拖曳，如下 ① 所示，拖曳至一定大小后，释放鼠标，绘制矩形，如下 ② 所示。

　　利用"矩形"工具不仅可以绘制各种不同大小的矩形图形，还可以在选择"矩形"工具后，单击自定义形状右侧的下三角箭头，在弹出的"矩形选项"面板中选择不同的选项来绘制各种不同形状和大小的图形。

　　单击自定义形状右侧的下三角箭头，再选中"不受约束"单选按钮，如下 ③ 所示。

　　在图像中需要绘制图像的位置单击，即可快速绘制一个正方形，如右上 ④ 所示。

　　选中"固定大小"单选按钮，激活右侧的文本框，在文本框内输入数值，如下 ⑤ 所示，在图像上拖曳将绘制固定大小的矩形，如下 ⑥ 所示。

　　选中"比例"单选按钮，激活右侧的文本框，在文本框内输入比例值，如下 ⑦ 所示，然后在图像上拖曳将绘制固定比例的矩形，如下 ⑧ 所示。

圆角矩形工具 ▢

菜单：-
快捷键：U
版本：6.0，7.0，CS，CS2，CS3，CS4
适用于：图像

　　使用"圆角矩形"工具，可以绘制矩形或圆角形状的图形。单击"圆角矩形"工具，在其选项栏中单击"形状图层"按钮，设置"半径"为3，然后在图像上拖曳，如右上 ① 所示。

　　拖曳至合适大小后，释放鼠标，绘制圆角矩形，如下 ② 所示。

　　将"半径"值设置为150px，单击"从选区中减去"按钮 ▣，继续在图像上拖曳，如下 ③ 所示。

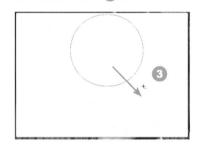

　　拖曳至比原绘制圆角矩形稍小一些时，释放鼠标，绘制圆角矩形边框，如下 ④ 所示。

　　打开"图层"面板，将混合模式设置为"叠加"，如下 ⑤ 所示，设置后的图像如下页 ⑥ 所示。

提示

使用"圆角矩形"工具绘制图形时，"半径"文本框用于控制绘制的圆角矩形的圆角弧度，输入的值越大，矩形的4个角越圆滑，当输入的"半径"值为0时，绘制出来的图形为矩形。

椭圆工具 ⬭

菜单：-
快捷键：U
版本：6.0，7.0，CS，CS2，CS3，CS4
适用于：图像

　　"椭圆"工具和"椭圆选框"工具功能类似，都能够绘制椭圆形状，只是"椭圆"工具除了可以绘制图形外，还能绘制路径。通过单击并拖曳鼠标，根据拖曳起点与终点位置创建椭圆图形，如下 **1** 所示。

　　按住Shift键的同时拖曳，可以创建正圆形的选区，如下 **2** 所示。

多边形工具 ⬡

菜单：-
快捷键：U
版本：6.0，7.0，CS，CS2，CS3，CS4
适用于：图像

　　应用"多边形"工具能够绘制不同边数的形状。选择"多边形"工具，单击"形状图层"按钮，设置"边数"为5，单击并拖曳，如下 **1** 所示。

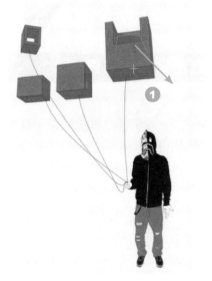

　　释放鼠标，绘制出白色五边形图像，如下 **2** 所示。

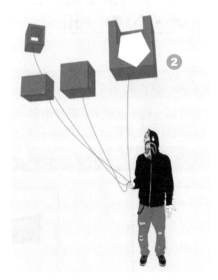

　　单击"自定形状"工具右侧的下三角箭头，将打开"多边形选项"面板，在该面板中可以对多边形选项进行设置，如右上 **3** 所示。

多边形选项

半径： **3**
☐ 平滑拐角
☐ 星形
缩进边依据：
☐ 平滑缩进

　　勾选"平滑拐角"复选框，在图像上拖曳绘制图形时，可以平滑多边形的拐角，如下 **4** 所示。

　　勾选"星形"复选框，在绘制图像时将对多边形的边进行缩进以形成星形，如下 **5** 所示。

直线工具

菜单：-
快捷键：U
版本：6.0，7.0，CS，CS2，CS3，CS4
适用于：图像

"直线"工具用于在图像窗口中绘制线条。在"直线"工具选项栏中需要对所绘制的直线的粗细程度进行设置。设置"粗细"为1px，按下Shift键在图像上拖曳即可绘制直线，如下 ❶ 所示。

将"粗细"设置为5px，绘制线条，如右上 ❷ 所示。

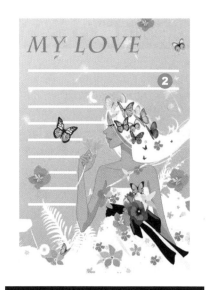

自定形状工具

菜单：-
快捷键：U
版本：6.0，7.0，CS，CS2，CS3，CS4
适用于：图像

利用"自定形状"工具能够绘制各种不规则的形状。单击该工具，再单击选项栏形状右侧的下三角按钮，在弹出的面板中提供了多种系统自带的形状，如下 ❶ 所示。

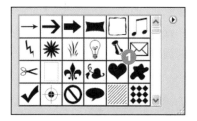

选择其中一种形状，在图像上拖曳可以绘制出个性化的图形，如下 ❷ 所示。

绘制图像后，将绘制的图形的"不透明度"设置为50%，显示出图像的透视效果，如下 ❸ 所示。

应用形状工具制作笔记本广告

在Photoshop中提供了各种不同的形状工具，应用这些工具能够绘制不同形状的图案。在本实例中，应用"钢笔"工具和"自定形状"工具，在图像上绘制曲线和音符图案，使原本单一的图像变得丰富多彩。

素材文件：素材\Part 01\15.jpg、16.jpg　　　最终文件：源文件\Part 01\制作笔记本广告.psd

Before

After

STEP 01 执行"文件＞打开"菜单命令，打开随书光盘\素材\Part 01\15.jpg 文件，如下 ① 所示。

STEP 02 选择"钢笔"工具 ，拖曳鼠标绘制曲线形状的工作路径，如下 ② 所示。

STEP 03 按下快捷键Ctrl+Enter，将路径转换为选区，如下 ③ 所示。

STEP 04 单击"拾色器"图标，打开"拾色器（前景色）"对话框，并设置颜色，如下 ④ 所示。

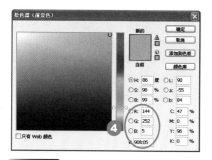

STEP 05 新建"图层1"图层，选择"油漆桶"工具 ，在选区内单击，填充所设置的前景色，如右上 ⑤ 所示。

STEP 06 执行"滤镜＞模糊＞高斯模糊"菜单命令，在打开的对话框中设置各项参数，如下 ⑥ 所示，然后单击"确定"按钮，如下 ⑦ 所示。

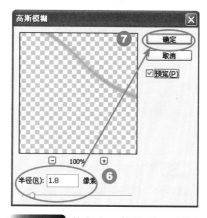

STEP 07 执行上一操作后，对选区内的图像应用高斯模糊效果，如下 ⑧ 所示。

STEP 08 选择"橡皮擦"工具 ，选择"柔角"画笔，再将人像及笔记本上的线条擦除，修整图像，如下 ⑨ 所示。

STEP 09 使用同样的方法，绘制另外三个不同颜色的曲线图形，颜色分别为R14、G185、B237，R234、G13、B241，R1、G88、B253，效果如下 ⑩ 所示。

STEP 10 选择"自定形状"工具 ，单击"形状"右侧的三角箭头，在弹出的形状列表中选择八分音符 ，如下 ⑪ 所示。

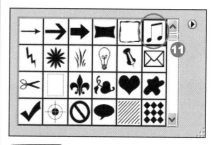

STEP 11 新建"图层6"图层，将前景色设置为黑色，在图像上拖曳，绘制黑色音符，如下 ⑫ 所示。

STEP 12 继续单击并拖曳鼠标，绘制更多不同大小的音符，如下 ⑬ 所示。

STEP 13 新建"图层7"图层，再次应用"自定形状"工具 🔲，绘制一个稍大的音符图像，如下 **14** 所示。

STEP 14 选择"橡皮擦"工具 🖊，选择"尖角9像素"画笔 ⋮，然后在图像中拖曳，擦除图像，如下 **15** 所示。

STEP 15 按下快捷键 Ctrl+J，复制多个"图层 7"图层，再分别调整每个图层中的图像大小和位置，如下 **16** 所示。

STEP 16 执行"文件＞打开"菜单命令，打开随书光盘\素材\Part 01\16.jpg 文件，选择"魔棒"工具 🖌，在白色区域单击，创建选区，如下 **17** 所示。

STEP 17 执行"选择＞反向"菜单命令，反选选区，如下 **18** 所示。

STEP 18 选择"移动"工具 ▶⊹，将选区内的花朵图像移至人物图像中，如下 **19** 所示。

STEP 19 按下快捷键Ctrl+J，复制多个花朵图像，并分别调整它们的大小和位置，如右上 **20** 所示。

STEP 20 选择"横排文字"工具 T，在选项栏中设置文字属性，单击并在图像右下角输入文字，如下 **21** 所示。

STEP 21 单击"创建变形文字"按钮 ⊥，弹出"变形文字"对话框，选择"旗帜"样式，如下 **22** 所示，并在对话框下方设置各项参数，然后单击"确定"按钮，如下 **23** 所示。

STEP 22 执行上一操作后，应用变形文字效果，如下 **24** 所示。

04　3D及辅助类

　　在Photoshop的工具箱中，除了上面所讲的几类工具外，还添加了3D辅助工具。3D工具是Photoshop CS4新增加的一项工具，单击此类工具右下角的 ◢ 符号，则可以打开该工具中的隐藏工具。3D及辅助类工具展开后的隐藏工具如下图所示。

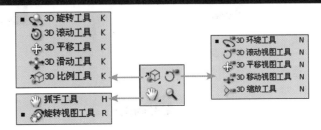

3D工具选项

单击3D类工具显示3D类工具选项栏，在该选项栏左侧罗列了3D工具按钮，如下①所示，用于3D工具之间的快速转换；在"位置"下拉列表中提供了多种不同的视图显示方式，方便从各个方位查看3D图像，如下②所示；手动调整3D图像位置后，单击"新建视图"按钮能够将其创建为视图，如下③所示；"方向"文本框包括3D图像在X、Y、Z轴上的具体位置，利用"方向"文本框可以对图像的具体位置进行调整，直接在文本框中输入数值即可，如下④所示。

3D旋转工具

菜单：-
快捷键：K
版本：CS4
适用于：3D图像

"3D旋转"工具用于旋转3D图像。上下拖动可将模型围绕其X轴旋转；左右拖动可将模型围绕其Y轴旋转。打开3D图像，选择"3D旋转"工具，向右轻微拖曳，如下①所示。

当拖曳到一定位置后，释放鼠标，即可完成3D图像的旋转操作，如下②所示。

提示
初次使用3D工具时，如不清楚各工具的具体操作方法，可以单击"信息"面板右上角的扩展按钮，在弹出的面板菜单中选择"面板选项"命令，再选择"工具提示"选项，此时将光标移动至图像窗口中，即可在"信息"面板中查看工具细节。

3D滚动工具

菜单：-
快捷键：K
版本：CS4
适用于：3D图像

"3D滚动"工具与"3D旋转"工具功能类似，同样可以实现图像的滚动旋转。单击"3D滚动"工具，然后单击选择3D图像，如下①所示。

向右轻微拖曳鼠标，滚动图像，如下②所示。

拖曳满意后，释放鼠标，得到滚动后的图像效果，如下③所示。

3D平移工具

菜单：-
快捷键：K
版本：CS4
适用于：3D图像

"3D平移"工具用于在水平或垂直方向上平移3D图像。左右拖动可沿水平方向移动模型；上下拖动可沿垂直方向移动模型。单击并向上拖曳图像，如下①所示。

提示
按住Alt键的同时拖曳图像，可以使图像沿着X/Z方向移动。

向上拖曳至满意位置后，释放鼠标，完成图像的平移操作，如下②所示。

3D滑动工具

菜单: -
快捷键: K
版本: 6.0, 7.0, CS, CS2, CS3, CS4
适用于: 3D图像

应用"3D滑动"工具,可以在水平或垂直方向上滑动3D图像。左右拖动可沿水平方向移动模型;上下拖动可将模型移近或移远。单击并向上拖曳瓶子图像,如下①所示。

拖曳后,释放鼠标即可将瓶子移至图像的上部,如下②所示。

3D比例工具

菜单: -
快捷键: K
版本: CS4
适用于: 图像

"3D比例"工具用于放大或缩小3D图像。单击该工具后,上下拖动可将模型放大或缩小。选中3D图像,然后选择"3D比例"工具,向内拖曳,如下①所示。

拖曳后释放鼠标,对图像进行缩小操作,如下②所示。

如果单击并向外拖曳,可以将酒瓶图像放大,如下③所示。

3D环绕工具

菜单: -
快捷键: N
版本: CS4
适用于: 3D图像

"3D环绕"工具用于沿X或Y方向环绕移动3D相机,并同时查看环绕图像效果。选择3D图像中的图像,向左下方适当拖曳3D图像,如下①所示。

拖曳后释放鼠标,此时将人物侧面转换为背面,如下②所示。

3D滚动视图工具

菜单: -
快捷键: N
版本: CS4
适用于: 3D图像

"3D滚动视图"工具属于平移视图工具,应用此工具在图像中拖曳以使图像沿X或Y方向移动,按下Shift键将向单一方向平移,按下Ctrl键进行拖移可沿X或Z方向平移。选择3D图像,向右拖曳滚动3D图像,如下①所示。

3D平移视图工具

菜单: -
快捷键: N
版本: CS4
适用于: 3D图像

"3D平移视图"工具可以在水平方向上移动3D相机,按下Shift键将限制为单一方向移动,按住Ctrl键的同时进行拖移可沿Z/X方向移动。单击选择3D图像并向右拖曳,左移3D图像,如下①所示。

单击并向左拖曳,则会右移图像,如下②所示。

3D移动视图工具

菜单：-
快捷键：N
版本：CS4
适用于：3D图像

"3D移动视图"工具能够在图像中滚动3D相机。单击并在图像上向左拖曳，如下 **1** 所示。

释放鼠标，图像将向右移动，如下 **2** 所示。

提示

应用3D相机工具调整图像位置时，拖曳的方向与得到的图像效果相反。如果向右拖曳鼠标，则得到的3D图像会向左方移动，而向左拖曳鼠标，则是将图像向右拖曳。

3D缩放工具

菜单：-
快捷键：N
版本：CS4
适用于：3D图像

"3D缩放"工具与"3D比例"工具功能类似，也可以实现图像的放大或缩小操作。单击并向内拖曳鼠标，放大图像，如下 **1** 所示。

"3D缩放"工具既然可以放大或缩小图像，上面向内拖曳是放大图像，下面如果单击并向外拖曳，则会缩小图像，效果如下 **2** 所示。

抓手工具

菜单：-
快捷键：H
版本：6.0，7.0，CS，CS2，CS3，CS4
适用于：图像

将图像放大到图像窗口无法完全显示时，使用"抓手"工具拖曳图像，可查看图像的具体细节部分。如下 **1** 所示为100%显示图像效果，此时在图像中无法查看各部分的细节。

此时，单击"抓手"工具，将光标移动至图像上，然后在图像中按下鼠标不放，当光标变为形时，向左拖曳，如下 **2** 所示。

在画面中不断向不同的位置拖曳，可以查看图像中的不同部分，如下 **3** 所示。

旋转视图工具

菜单：-
快捷键：R
版本：CS4
适用于：图像

利用"旋转视图"工具，能够任意角度地旋转图像窗口中的图像。单击"旋转视图"工具，在图像上单击，将显示旋转图标，如下页 **1** 所示。

在出现旋转图标后，向右拖曳，如下 ② 所示。

拖曳后，释放鼠标即可对图像的方向进行旋转，如下 ③ 所示。

应用"旋转视图"工具旋转图像时，单击"旋转视图"工具，在其选项栏中的"旋转角度"文本框中输入旋转角度，如右上 ④ 所示。此时，在视图中的图像将自动按所设置的角度旋转，如右上 ⑤ 所示。

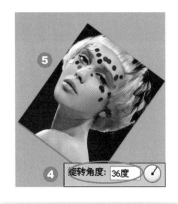

旋转角度：36度

提示

拖曳"旋转角度"文本框右侧的圆形中的线条，也能够对图像进行任意角度的旋转。

旋转视图是为了更方便地对图像进行编辑，在完成图像编辑后，单击选项栏中的"复位视图"按钮 **复位视图**，将旋转后的图像恢复到原视图效果，如下 ⑥ 所示。

缩放工具 🔍

菜单：-
快捷键：Z
版本：6.0，7.0，CS，CS2，CS3，CS4
适用于：图像

"缩放"工具用于放大或缩小图像，常常被用来查看图像局部区域。选择"缩放"工具，再单击或向外拖曳鼠标，如下 ① 所示。

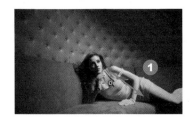

释放鼠标即可放大图像，如右上 ② 所示。

"缩放"工具在图像窗口中为放大工具图标 🔍 时，按下Alt键则显示为缩小工具图标 🔍，此时单击即可缩小图像，如下 ③ 所示。

单击"缩放"工具，可以看到该工具选项栏中包括实际像素、适合屏幕、填充屏幕和打印尺寸4个按钮，如下 ④ 所示，单击"实际像素"按钮，图像会以实际大小显示在图像窗口中，如下 ⑤ 所示。

| 实际像素 | 适合屏幕 | 填充屏幕 | 打印尺寸 | ④ |

单击"适合屏幕"按钮，则会以屏幕大小对图像进行显示，如下 ⑥ 所示。

单击"填充屏幕"按钮，会以图像大小填充屏幕区域，如下 ⑦ 所示。

Part 02
菜单命令
解析

认识Photoshop的必备工具后，对Photoshop的基本操作就有了初步的了解。在Photoshop的菜单栏中列出了用于编辑或处理图像的所有菜单命令，应用这些菜单命令，可以更有效地对图像进行各种不同的编辑操作。

在菜单栏中包括"文件"、"编辑"、"图像"、"图层"、"选择"、"滤镜"、"分析"、3D、"视图"、"窗口"、"帮助"11个菜单命令。每个菜单命令下还包括多个相关联的子菜单命令，如"文件"菜单用于对文件进行一些基本的编辑，所以该菜单命令下，还包括"新建"、"打开"、"关闭"等子菜单命令，如下❶所示，应用这些命令可以打开各种不同类型的图像，如下❷所示。应用菜单栏中的菜单命令，可以对图像进行各种不同的操作，在图像中编辑出来的效果也会随着使用的命令的不同而产生相应的变化，如下❸、❹、❺所示。

01 文件菜单

"文件"菜单中包括了Photoshop最基本的菜单命令，如新建文件、打开文件、关闭和保存文件等。打开图像以及保存、打印图像是Photoshop提供的最基本的操作，而这些最基本的操作都被放置在"文件"菜单中。利用"文件"菜单除了可以进行最基本的操作外，还可以使用该菜单下的批处理命令对图像进行批处理操作。

文件的新建

菜单：文件>新建
快捷键：Ctrl+N
版本：6.0，7.0，CS，CS2，CS3，CS4
适用于：文件

通过"新建"命令，可以设置图像的大小、分辨率、背景色等选项。在制作任何一个作品时，都需要新建一个图像文件，方便于图像编辑。新建文件时，执行"文件>新建"菜单命令，如下 ① 所示。

弹出"新建"对话框，对话框设置如下 ② 所示。

在"新建"对话框中的"背景内容"下拉列表用于设置文件的背景图像选项，包括"白色"、"背景色"和"透明"，默认情况下为白色。选择"背景色"选项，则会采用当前工具箱中的背景色作为图像的背景色。如右上 ③ 所示为红色背景新建的图像文件。

选择"透明"选项，则将背景设置为透明区域，如下 ④ 所示。

> **提示**
> 在"新建"对话框中，设置的分辨率越大，新建的文档也就越大，所占的空间相对也就更多。

打开文件

菜单：文件>打开
快捷键：Ctrl+O
版本：6.0，7.0，CS，CS2，CS3，CS4
适用于：文件

"打开"命令用于打开指定的图像文件。执行"文件>打开"菜单命令，如下 ① 所示。

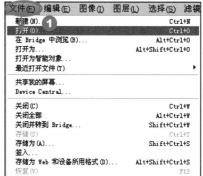

弹出"打开"对话框，在该对话框中选择要打开的图像，如下 ② 所示，单击"打开"按钮，打开图像，如下 ③ 所示。

在Photoshop中，可以打开Photoshop文件格式，也可以打开Illustrator文件格式、电子文档格式等多种不同格式的文件。单击"文件类型"右侧的下拉箭头，显示所有可以打开的文件格式，如下 ④ 所示。

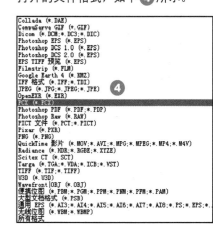

关闭和保存文件

菜单：文件>关闭-文件>存储
快捷键：Ctrl+W - Ctrl+S
版本：6.0，7.0，CS，CS2，CS3，CS4
适用于：文件

应用"存储"命令将对所完成的图像进行保存操作。执行"文件>存储"菜单命令，如下 1 所示。

如果所编辑的图像为JPEG格式的文件，则在执行命令后，打开"JPEG选项"对话框，如下 2 所示。

如果已经对图像进行过保存操作，则可以执行"文件>存储为"菜单命令，如下 3 所示。

打开"存储为"对话框，在该对话框中重新设置所要存储文件的格式和位置，如下 4 所示。

对图像进行保存后，就可以关闭图像文件了。执行"文件>关闭"菜单命令，可将当前所编辑的图像关闭，如下 5 所示；如果执行"文件>关闭全部"菜单命令，则将关闭Photoshop中打开的所有图像文件，如下 6 所示。

单击图像窗口右上角的"关闭"按钮与执行"文件>关闭"菜单命令的效果一样，都可以实现文件的关闭操作。

文件的导入

菜单：文件>导入
快捷键：-
版本：6.0，7.0，CS，CS2，CS3，CS4
适用于：文件

在Photoshop中，可以将各种不同类型的图像文件导入到软件中。执行"文件>导入>注释"菜单命令，如下 1 所示。

打开"载入"对话框，在该对话框中显示了可以导入的所有文件。选择需要导入的图像，单击"载入"按钮，如下 2 所示。

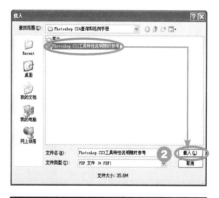

文件的导出

菜单：文件>导出
快捷键：-
版本：6.0，7.0，CS，CS2，CS3，CS4
适用于：文件

在Photoshop中再次对图像进行编辑后，可以将其导出为其他格式的文件，并在其他的软件中打开。执行"文件>导出>路径到Illustrator"菜单命令，如下页 1 所示。

弹出"导出路径"对话框，然后在该对话框中设置保存的文件名、文件类型和目标文件夹，如下 ❷ 所示。设置完成后，单击"确定"按钮即可将图像导出为AI格式的文件。

打开"批处理"对话框，在该对话框中首先在"播放"选项组中选择批处理的动作组；然后在"源"选项组中对源图像文件进行选择，其中包括"覆盖动作中的'打开'命令"、"包括所有子文件夹"、"禁止显示文件打开选项对话框"、"禁止颜色配置文件警告"4个选项，如下 ❷ 所示。

打开"图像处理器"对话框，在该对话框中选择要处理的图像和存储处理的图像的位置，再勾选"存储为TIFF"复选框，激活选项，勾选"LZW压缩"复选框，如下 ❷ 所示。

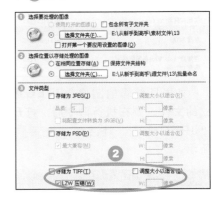

提示

Photoshop是最具代表性的位图工具，Illustrator是矢量图形编辑工具中的佼佼者，两者都是Adobe公司旗下的软件，具有很好的兼容性，既可以在Photoshop中打开Illustrator格式的文件，也可以在Illustrator中打开Photoshop所编辑的图像。

"目标"下拉列表框用于选择目标文件的存储方式，包括"无"、"存储并关闭"和"文件夹"三个选项。选择"无"选项，对处理后的图像文件不做任何操作；选择"存储并关闭"选项，将文件存储在当前位置，并覆盖原来的文件；选择"文件夹"选项，则将处理的文件存储至另一指定位置。

最后，单击"运行"按钮开始图像批量格式的更改。完成后，打开存储图像的文件夹，将光标停留在图像上，可查看更改后的图像格式，如下 ❸ 所示。

文件的批处理

菜单：文件＞自动＞批处理
快捷键：-
版本：6.0，7.0，CS，CS2，CS3，CS4
适用于：文件

在"文件"菜单下的"批处理"命令用于对图像进行批量处理。执行"文件＞自动＞批处理"菜单命令，如右上 ❶ 所示。

文件的批量转换

菜单：文件＞脚本＞图像处理器
快捷键：-
版本：6.0，7.0，CS，CS2，CS3，CS4
适用于：文件

"图像处理器"命令用来批量地对文件的存储位置、格式等进行修改。执行"文件＞脚本＞图像处理器"菜单命令，如右上 ❶ 所示。

02 编辑菜单

"编辑"菜单中提供了与图片合成相关的基本编辑命令。在图像处理过程中，需要利用原图像与其他图像素材对图像进行适当的再加工，而"编辑"菜单提供了与图像编辑相关的各类处理命令，如操作的前进和后退、渐隐、剪切、粘贴等。

操作的前进和后退

菜单：编辑>前进一步-编辑>后退一步
快捷键：Alt+Shift+Z - Shift+Alt+F
版本：6.0，7.0，CS，CS2，CS3，CS4
适用于：操作

在编辑图像时，对操作的前进和后退操作可以通过编辑菜单中"前进一步"和"后退一步"命令来完成。执行"编辑>前进一步"命令，即将操作退回到前一步的图片效果，意味着将取消一步，如下 ① 所示。

执行"编辑>后退一步"菜单命令，则与"前进一步"操作的结果刚好相反，恢复执行"编辑>前进一步"菜单命令之前的图片，如下 ② 所示。

渐隐操作

菜单：编辑>渐隐
快捷键：Ctrl+Shift+F
版本：6.0，7.0，CS，CS2，CS3，CS4
适用于：工具和菜单操作

使用"渐隐"菜单命令，可以在运用"画笔"工具或者"铅笔"工具等绘制图形时，对图像的不透明度和

混合模式进行设置。如下 ① 所示为选择"矩形"工具，绘制白色矩形。

执行"编辑>渐隐矩形工具"菜单命令，如下 ② 所示。

打开"渐隐"对话框，在该对话框中设置不透明度值和模式，如下 ③ 所示。

设置完成后，图像效果如下 ④ 所示。此时，可以看到原来填充的图像颜色的透明度发生了明显的变化。

剪切图像

菜单：编辑>剪切
快捷键：Ctrl+X
版本：6.0，7.0，CS，CS2，CS3，CS4
适用于：选区

执行"编辑>剪切"菜单命令，能够将图像中指定的区域剪切下来，剪切下来的部分将以背景色填充，而剪切下来的图像将被临时保存在剪贴板中。如下 ① 所示，运用"椭圆选框"工具在图像上拖曳，绘制选区。

执行"编辑>剪切"菜单命令，如下 ② 所示，或者按下快捷键Ctrl+X，剪切选区中的对象，剪切后的图像效果如下 ③ 所示。

拷贝和粘贴图像

菜单：编辑>拷贝-编辑>粘贴
快捷键：Ctrl+C-Ctrl+V
版本：6.0，7.0，CS，CS2，CS3，CS4
适用于：选区

"拷贝"命令能够将选区中的图像复制到剪贴板中。在图像上创建选区后，执行"编辑>拷贝"菜单命令，如下 ① 所示，此时在图像上无任何变化。

拷贝图像后，执行"编辑>粘贴"菜单命令，如下 ② 所示。

将拷贝的图像粘贴到原位，选择"移动"工具向下拖曳图像，即可查看拷贝并粘贴的图像，如下 ③ 所示。

定义画笔预设

菜单：编辑定义画笔预设
快捷键：-
版本：6.0，7.0，CS，CS2，CS3，CS4
适用于：绘画

应用"定义画笔预设"菜单命令，可以将选区的图片定义为画笔。在定义画笔后，选择"画笔"工具后，该画笔将被存入"画笔"列表中，并可以选择该画笔进行图形的绘制。首选运用选区工具将要定义的画笔预设定义为选区，如下 ① 所示。

执行"编辑>定义画笔预设"菜单命令，打开"画笔名称"对话框，然后在该对话框中设置画笔名称，如下 ② 所示，单击"确定"按钮。

完成画笔预设定义后，选择"画笔"工具，然后在"画笔"工具选项栏中单击画笔后的下拉箭头，此时在"画笔"列表最底端可以看到所定义的画笔，如下 ③ 所示。

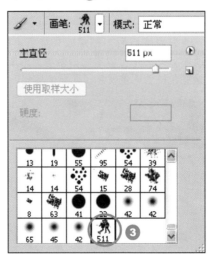

在"画笔"列表中选择画笔，然后在图像上单击，即可绘制图案，如下 ④ 所示。

定义图案和形状

菜单：编辑>定义图案-编辑>定义自定形状
快捷键：-
版本：6.0，7.0，CS，CS2，CS3，CS4
适用于：形状

"定义图案"菜单命令用于将选定区域图像定义为一个图案，在图像上应用定义的图案进行绘制。定义图案的方法与定义画笔预设的方法类似。执行"编辑>定义图案"菜单命令，打开"图案名称"对话框，然后在该对话框中设置图案名称，如下 ① 所示。

定义好后，在"图案"列表中可以看到所定义的图案，如下 ② 所示。定义的图案可以用于填充或绘制操作。

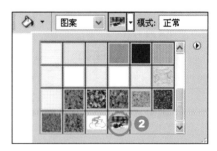

利用图形工具或"钢笔"工具制作出的图形图像，可以应用"定义自定形状"菜单命令将其自定义为图形，选择图形工具后，该图形会显示在图形库中。执行"编辑>定义自定形状"菜单命令，打开"形状名称"对话框，然后在该对话框中输入图形名称，如下页 ③ 所示，再单击"确定"按钮。

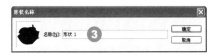

执行命令后，该形状被放置在图形预置库中，如下 4 所示。

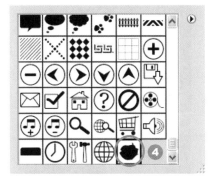

首选项设置

菜单：编辑>首选项
快捷键：-
版本：6.0，7.0，CS，CS2，CS3，CS4
适用于：软件设置

"首选项"菜单命令用于调整Photoshop环境设置的相关选项。执行"编辑>首选项"菜单命令，打开"首选项"对话框，如下 1 所示。在"首选项"对话框中提供了9个子菜单，可以通过分别单击左侧的选项卡，在右侧对该选项进行参数设置。

在"首选项"对话框中，单击左侧的"透明度与色域"选项卡，如下 2 所示。

打开"透明度与色域"的各项参数设置。"网格大小"选项用于设置显示透明区域的网格大小，包括无、小、中、大4个选项。如下 3 所示为选择"无"选项时的图像效果，如下 4 所示为选择"中"选项时的图像效果。

在"网格颜色"下拉列表框中可以选择网格颜色。单击下拉箭头，则可以查看系统提供的网格颜色列表，如下 5 所示。

选择"紫色"选项，网格将应用该颜色效果，如下 6 所示。

在"首选项"对话框中，单击左侧的"参考线、网格和切片"选项卡，如下 7 所示。

显示"参考线、网格和切片"的各个参数选项，如下 8 所示。

单击"颜色"右侧的下拉箭头，弹出预设的参考线颜色列表，如下 9 所示。

如果对默认的颜色不满意，则可以单击右侧的颜色块，打开"选择参考线颜色"对话框，在该对话框中可以根据个人需要重新设置参考线颜色，如下 10 所示。

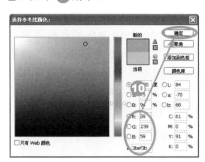

在图像上创建参考线后，所创建的参考线将变为所设置的颜色，如下 ⑪ 所示。

同理，对于网格，也可以设置不同的网格颜色，如下 ⑫ 所示为中度蓝色网格效果，如右上 ⑬ 所示为黄色网格效果。

在网格参数设置中，可以对"网格线间隔"进行设置，默认设置为25mm，如下 ⑭ 所示。

用户也可以根据需要重新设置该参数,设置的数值越大,间隔线的距离越大。如下 ⑮ 所示为 80 像素时的网格效果。

单击"样式"右侧的下拉箭头,选择网格样式,包括直线、虚线和网点三种不同的网格样式,分别如下 ⑯、⑰、⑱ 所示。

03　图像菜单

"图像"菜单中的命令主要是用于数码照片的处理操作的命令。使用"图像"菜单中的命令，可以改变原图像的颜色模式或者图像尺寸，并可以裁切需要的图像，对图像构图进行调整。另外，用户还可以利用"编辑"菜单中的命令，将照片变为自己需要的颜色等。快速将照片调整为最佳尺寸，并按照需要的方向进行旋转，对于照片和图像的打印显得尤为重要。

模式转换

菜单: 图像>模式
快捷键: -
版本: 6.0, 7.0, CS, CS2, CS3, CS4
适用于: 模式

Photoshop中包括多种不同的颜色模式，根据编辑或输出的需要，可以将图像转换为不同的颜色模式。在Photoshop中打开图像，如右上 ❶ 所示。

执行"图像>模式"菜单命令，将弹出一组颜色模式子菜单，如右上 ❷ 所示。在某些菜单前还有勾号，表示当前打开的图像颜色模式为该颜色模式。

如果上面打开的图像为RGB颜色模式的图像，此时执行"图像>模式>灰度"菜单命令，如下页 ❸ 所示。

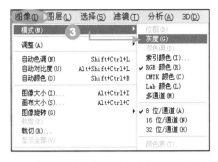

①

打开提示对话框，在该对话框中单击"扔掉"按钮，如下 ④ 所示，即可将图像转换为灰度模式图像，如下 ⑤ 所示。

信息

是否要扔掉颜色信息？

要控制转换，请使用"图像">"调整">"黑白"。

扔掉 ④ 取消

☐ 不再显示

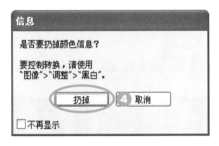

Photoshop中的"调整"命令分为了5个部分，分别对图像进行不同效果的设置。如下 ② 所示为原图像效果。

②

⑤

提示

在Photoshop中，若要将RGB颜色模式图像转换为双色调模式，首先要将其转换为灰度模式，然后再对其进行双色调模式的转换。

执行"图像>调整>去色"菜单命令，去除图像颜色，如下 ③ 所示。

③

调整命令

菜单：图像>调整
快捷键：-
版本：6.0，7.0，CS，CS2，CS3，CS4
适用于：图像或选区

利用Photoshop提供的"调整"菜单命令可以集中对图像进行颜色的调整。执行"图像>调整"菜单命令，再单击右侧的扩展按钮，弹出下一级子菜单，在该子菜单中包括了大部分调整命令，如右上 ① 所示。

自动调整

菜单：图像>自动色调
图像>自动对比度
图像>自动颜色
快捷键：-
版本：6.0，7.0，CS，CS2，CS3，CS4
适用于：调整图像

应用自动调整命令可以分别对图像的黑场、白场、色调和对比度等进行自动调整。Photoshop CS4中提供了自动色调、自动对比和自动颜色三个自动调整命令。打开一幅最初的图像，如下 ① 所示，运用自动调整命令进行调整。

①

利用"自动色调"菜单命令可以调整图像中的黑场和白场，增强图像中的对比度，但应用此菜单命令调整图像时可能会移动颜色或产生色痕。在默认情况下，"自动色调"菜单命令会在标识图像中的最亮和最暗像素时自动忽略两个极端的像素值。执行"图像>自动色调"菜单命令，调整图像，调整后的效果如下 ② 所示。

②

"自动对比度"菜单命令用于自动调整图像对比度，由于此菜单命令不会单独调查通道，所以在应用它调整图像时不会引入或消除图像中的色痕，而是剪切图像中的阴影和高光值，然后将图像中剩余部分的最亮和最暗映射到纯白和纯黑，从而使图像中的高光部分看起来更亮，阴影部分看起来更暗。执行"图像>自动对比度"菜单命令，自动对图像的对比度进行调整，调整后的图像如下 ③ 所示。

"自动颜色"菜单命令是通过搜索图像来标识阴影、中间调和高光，从而调整图像的对比度和颜色。在默认情况下，"自动颜色"菜单命令使用RGB128灰色作为目标色，来中和图像中的中间调，并将阴影和高光降低0.5%。执行"图像>自动颜色"菜单命令，调整颜色后的图像如下 ④ 所示。

设置图像大小

菜单：图像>图像大小
快捷键：Alt+Ctrl+I
版本：6.0，7.0，CS，CS2，CS3，CS4
适用于：图像大小

"图像大小"菜单命令用于调整图像的尺寸和分辨率。执行"图像>图像大小"菜单命令，打开"图像大小"对话框，如下 ① 所示。

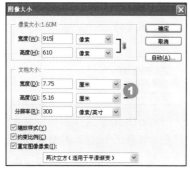

在"像素大小"选项组内，通过设置"宽度"和"高度"参数，显示整体观念尺寸；"文档大小"选项组中的"宽度"和"高度"同样可对图像大小进行更改，只是它是以被输出的图像尺寸为基准。

勾选"约束比例"复选框，在更改图像时，图像的宽度和高度会被固定，若只输入宽度值，则图像的高度也会根据原图像的比例自动改变，如下 ② 所示。单击"确定"按钮，更改后的图像如下 ③ 所示。

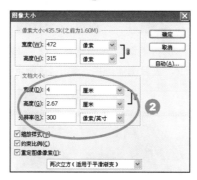

如果取消勾选"约束比例"复选框，则与原图像的宽度和高度比例无关，图像的尺寸将会按照输入的值发生改变，如下 ④ 所示。单击"确定"按钮后，更改的图像效果如下 ⑤ 所示。

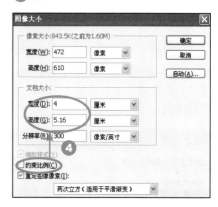

单击"自动"按钮，将弹出"自动分辨率"对话框，在该对话框中设置"挂网"为80，再选择合适的品质，然后单击"确定"按钮，如下 ⑥ 所示。

返回"图像大小"对话框，此时在该对话框内将自动对图像的分辨率进行调整，如下页 ⑦ 所示。

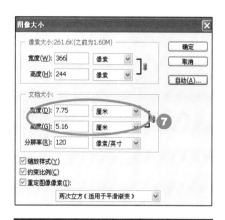

设置画布大小

菜单：图像＞画布大小
快捷键：Alt+Ctrl+C
版本：6.0，7.0，CS，CS2，CS3，CS4
适用于：画布大小调整

"画布大小"菜单命令与"图像大小"菜单命令的功能类似，只是"画布大小"菜单命令是对制作图像的区域进行调整。如果扩大图像的区域，则加大的部分就会应用背景色来填充空白区域。执行"图像＞画布大小"菜单命令，打开"画布大小"对话框，如下 1 所示。

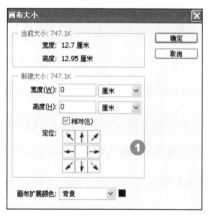

在该对话框中的"新建大小"选项组中的"宽度"和"高度"文本框内输入新建图像的宽度和高度值。图像的位置通过选择"定位"选项的基准点进行设置。如右上 2 所示，单击左上端的锚点，原图像就会位于左上端，其他的空白区域会显示为背景色，如右上 3 所示。

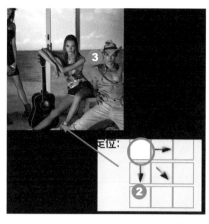

单击中间的锚点，如下 4 所示，原图像则会位于中间，如下 5 所示。

旋转图像

菜单：图像＞图像旋转
快捷键：-
版本：6.0，7.0，CS，CS2，CS3，CS4
适用于：图像

应用"图像"菜单下的"图像旋转"菜单命令可以对整个图像进行旋转。在"图像＞图像旋转"菜单命令的下一级子菜单中包括多种不同的旋转角度，如下 1 所示。

```
180 度(1)
90 度(顺时针)(9)
90 度(逆时针)(0)    1
任意角度(A)...

水平翻转画布(H)
垂直翻转画布(V)
```

在旋转图像时，执行"图像＞图像旋转＞180度"菜单命令，则对图像进行180°旋转，如右上 2 所示为原图像，如右上 3 所示为旋转后的图像。

选择不同的角度，旋转后得到的图像方向也会根据角度而调整，如下 4 、 5 所示分别为选择90度（顺时针）和90度（逆时针）菜单命令得到的图像。

提示

按下快捷键Ctrl+T，然后在选项栏中直接输入旋转角度，可以实现当前图像的旋转操作。

除了可以利用系统提供的角度对图像进行旋转外，也可以利用"任意角度"命令直接设置旋转角度，旋转图像。执行"图像＞图像旋转＞任意角度"菜单命令，打开"旋转画布"对话框，如下 6 所示。

在该对话框中的"角度"文本框中输入角度值，然后在右侧选择旋转方向，即顺时针或逆时针，单击"确

定"按钮,即可应用所设置的角度对图像进行旋转操作。如下 **7** 所示为顺时针旋转45°得到的效果。

应用图像

菜单:图像>应用图像
快捷键:-
版本:6.0,7.0,CS,CS2,CS3,CS4
适用于:图像

利用"应用图像"命令,可以将两个具有相同尺寸的图像的图层或通道进行混合,从而创建特殊的图像效果。执行"图像>应用图像"菜单命令,如下 **1** 所示。

打开"应用图像"对话框,如下 **2** 所示。在"应用图像"对话框中的"源"选项组中选择要与目标混合的源图像、图层和通道。如果要使用图像中的所有图层,则在"图层"下拉列表框中选择"合并图层"选项。

在"应用图像"对话框中的"混合"下拉列表框中可以选择不同的模式,对图像进行混合。选择"正片叠底"选项,得到如下 **3** 所示的效果。

选择"差值"选项,得到如下 **4** 所示的效果。

图像的计算

菜单:图像>计算
快捷键:-
版本:6.0,7.0,CS,CS2,CS3,CS4
适用于:图像

"计算"命令用于混合两个来自一个或多个源图像的单个通道。运用"计算"命令混合后,可以将其结果应用到新图像或新通道,或者是现用图像的选区。执行"图像>计算"菜单命令,如下 **1** 所示,打开"计算"对话框。

计算图像后,即可在"结果"下拉列表框中对最终计算后的结果进行选择,其中包括"新建文档"、"选区"和"新建通道"三个选项。

选择"新建文档"选项,则将新建一个文档用来保存计算后的图像,如下 **2** 所示。

选择"选区"选项,则将计算后的结果存储为选区对象,如下 **3** 所示。

选择"新建通道"选项,则将计算后的图像创建为一个新的Alpha通道,如下 **4** 所示。

04 图层菜单

图层是Photoshop中的一个核心功能，它提供了图像合成操作或图像的复制、移动、删除等多种图形编辑功能。使用图层可以同时操作一个或多个不同的图像，得到不同的图像合成效果，而且还可以隐藏或删除不需要的图像。在"图层"菜单中包括图层的各项基本功能，除此以外，还包括设置图层、产生图像效果的各种命令。

图层的新建

菜单：图层>新建>图层
快捷键：Ctrl+Shift+N
版本：6.0，7.0，CS，CS2，CS3，CS4
适用于：图层

在选定图层的状态下，执行"图层>新建>图层"菜单命令，如下 ① 所示，能够在当前图层上方新建一个透明图层。通过新建图层，可以更方便地对图像中的各个图形进行编辑。

打开"新建图层"对话框，在该对话框中输入新建的图层名称并设置图层显示颜色，如下 ② 所示。

单击"确定"按钮，应用所设置的参数创建图层，创建图层后的效果如下 ③ 所示。

复制图层

菜单：图层>复制图层
快捷键：Ctrl+J
版本：6.0，7.0，CS，CS2，CS3，CS4
适用于：图层

图层的复制操作即复制"图层"面板上当前被选定的图层。首先打开"图层"面板，选择需要复制的图层，如下 ① 所示。

执行"图层>复制图层"菜单命令，如下 ② 所示。

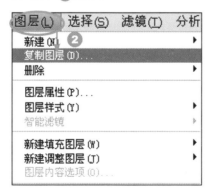

打开"复制图层"对话框，在该对话框中可以查看被复制的图层名，如下 ③ 所示。

单击"确定"按钮后，复制得到"图层1副本"图层，如下 ④ 所示。

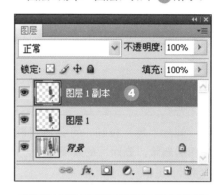

> **提示**
>
> 选择要复制的图层，将其拖曳至"创建新图层"按钮上，再释放鼠标，同样可以复制图层。

删除图层

菜单：图层>删除>图层
快捷键：-
版本：6.0，7.0，CS，CS2，CS3，CS4
适用于：图层

删除图层命令用于将图像中不需要的图像删除，删除图层后可以使图像更加完美。首先选择要删除的图层，如下 ① 所示。

执行"图层>删除>图层"菜单命令，如下页 ② 所示，弹出一个询问是否删除的对话框，如下页 ③ 所示。

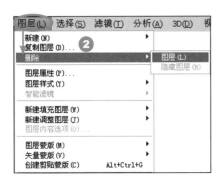

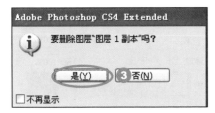

单击"是"按钮，可以将复制的图层删除，删除后的效果如下 **4** 所示。

在删除图层时，除了可以通过"图层"菜单命令删除图层外，还可以将需要删除的图层拖曳至"删除图层"按钮上，再释放鼠标，即可删除图层，如下 **5** 所示。

> **提示**
> 单击"图层"面板右上角的扩展按钮，在弹出的面板菜单中选择"删除图层"命令，同样可以删除所选图层。

图层样式

菜单：图层>图层样式
快捷键：-
版本：6.0，7.0，CS，CS2，CS3，CS4
适用于：图层样式

利用"图层样式"菜单命令，可以在选定的图层上应用各种图层样式，并在图像上表现特殊的效果。执行"图层>图层样式>混合选项"菜单命令，打开"图层样式"对话框，如下 **1** 所示。

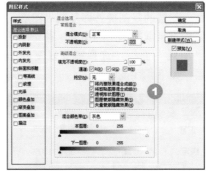

Photoshop中提供了许多图层样式，如"投影"、"内阴影"、"内发光"、"外发光"和"描边"等，这些图层样式均被罗列在"图层样式"对话框的左侧，如下 **2** 所示，如果需要选择某个样式，直接勾选该样式前的复选框即可。

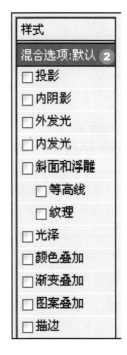

单击"图层样式"对话框左侧的"样式"列表，勾选其中的一个或多个样式，然后在右侧设置该样式的参数，单击"确定"按钮即可应用所设置的图层样式。

勾选"投影"样式，设置投影参数，如下 **3** 所示，为人物添加上投影效果，如下 **4** 所示。

勾选"描边"复选框，设置描边参数，如下 **5** 所示，为图像添加描边样式，如下 **6** 所示。

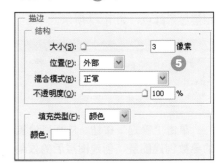

创建填充图层

菜单：图层>新建填充图层
快捷键：-
版本：6.0，7.0，CS，CS2，CS3，CS4
适用于：图层

"新建填充图层"命令用于在当前图层上方创建新填充图层。在创建填充图层时，可以选择不同的填充效果，如颜色、图案或渐变等。执行"图层>新建填充图层"菜单命令，可以查看要填充的选项，如下 ① 所示。

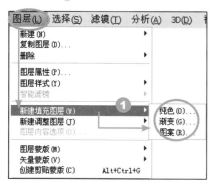

执行"图层>新建填充图层>纯色"菜单命令，打开"新建图层"对话框，然后在该对话框中设置各项参数，如下 ② 所示，单击"确定"按钮。

弹出"拾取实色"对话框，在该对话框中设置颜色，如下 ③ 所示，单击"确定"按钮。

在当前"背景"图层上方新建一个颜色填充图层，如右上 ④ 所示。

在创建调整图层后，图像中的颜色会根据填充图层的颜色而产生变化。如下 ⑤ 所示为原图，如下 ⑥ 所示为创建纯色填充图层的图像。

执行"图层>新建填充图层>渐变"菜单命令，打开"新建图层"对话框，然后在该对话框中设置图层名，再单击"确定"按钮，弹出"渐变填充"对话框，在该对话框中设置各项参数，如下 ⑦ 所示，单击"确定"按钮。

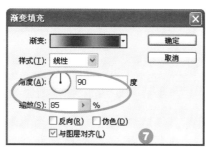

创建渐变填充图层，如右上 ⑧ 所示。

执行"图层>新建填充图层>图案"菜单命令，打开"新建图层"对话框，然后在该对话框中设置图层名，再单击"确定"按钮，弹出"图案填充"对话框，在该对话框中设置各项参数，如下 ⑨ 所示，单击"确定"按钮。

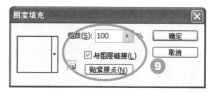

创建图案填充图层，效果如下 ⑩ 所示。

创建调整图层

菜单：图层>新建调整图层
快捷键：-
版本：6.0，7.0，CS，CS2，CS3，CS4
适用于：图层

创建调整图层可以在不损伤原图像的状态下调整颜色。执行"图层>新建调整图层"菜单命令，可以在图像上快速创建调整图层。在Photoshop中可以创建各种不同类型的调整图层，单击"新建调整图层"右侧的箭头，将显示下一级子菜单，在该子菜单中显示了所有的调整图层，如下页 ① 所示。

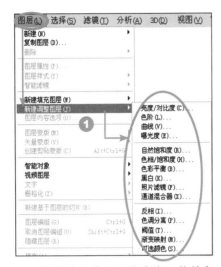

选择其中的"照片滤镜"菜单命令，将弹出"新建图层"对话框，然后在该对话框中单击"确定"按钮，将打开"照片滤镜"面板，在该面板中设置各项参数，如下 **2** 所示。

照片滤镜

- ⦿ 滤镜： 加温滤镜 (85) **2** ∨
- ○ 颜色：
- 浓度： 46 %
- ☑ 保留明度

设置完成后，该图层上将创建一个调整图层，图像颜色也会根据调整图层而产生变化，如下 **3** 所示。

双击调整图层，打开"调整"面板，在该面板中重新设置参数，可以更改图像颜色，如下 **4** 所示。

图层蒙版

菜单：图层>图层蒙版
快捷键：-
版本：6.0，7.0，CS，CS2，CS3，CS4
适用于：图层

应用"图层蒙版"菜单命令，可以在选定图层上进行相关的蒙版操作。应用"图层蒙版"能够实现多个素材图像的合成，如下 **1** 所示。

> **提示**
> 单击"图层"面板下方的"添加图层蒙版"按钮，可以快速为当前选择的图层创建图层蒙版。

执行"图层>图层蒙版>删除"菜单命令，可以删除图层蒙版，删除蒙版后的图像如右上 **2** 所示。

执行"图层>图层蒙版>应用"菜单命令，可以将添加图层蒙版的蒙版图层转换为普通图层，如下 **3** 所示。

矢量蒙版

菜单：图层>矢量蒙版
快捷键：-
版本：6.0，7.0，CS，CS2，CS3，CS4
适用于：图层

应用"矢量蒙版"命令，可以在选区图层上进行相关的矢量蒙版操作。使用形状工具在图像上拖曳，可以绘制并创建矢量蒙版，如下 **1** 所示。

执行"图层＞矢量蒙版＞取消链接"菜单命令，能够取消蒙版与图层之间的链接，如下 ② 所示。

如果要重新链接，再执行"图层＞矢量＞蒙版链接"菜单命令，则可以再将图层与蒙版进行链接，如下 ③ 所示。

当不需要再对蒙版中的对象进行编辑时，可以将矢量蒙版图层转换为普通图层，如下 ④ 所示。

此时，在"图层"面板中可以看到在"矢量蒙版"上出现了一个符号，如下 ⑤ 所示。

停用图层蒙版后，在图像上将不再显示矢量蒙版效果，如下 ⑥ 所示。

提示

右击停用的图层蒙版，在弹出的快捷菜单中选择"启用图层蒙版"命令，能够重新启用图层蒙版。

创建剪贴蒙版

菜单：图层＞创建剪贴蒙版
快捷键：Ctrl+Alt+G
版本：6.0，7.0，CS，CS2，CS3，CS4
适用于：图层

剪贴蒙版与图层蒙版的功能类似，都可以实现图像的合成。剪贴蒙版与其他蒙版不同，它由内容层和基层组成，内容层的效果都体现在基层上，而图像的显示效果是由基层的属性来决定。应用"创建剪贴蒙版"菜单命令，可以快速创建剪贴蒙版。打开要创建剪贴蒙版的图像，如下 ① 所示。

执行"图层＞创建剪贴蒙版"菜单命令，快速创建剪贴蒙版，创建剪贴蒙版后的图像如下 ② 所示。

在"图层"面板中，将带有蒙版的基底图层放置在要蒙盖的图层的下方。按下Alt键的同时，将鼠标指针放置在"图层"面板中分隔的两个图层的边界，此时鼠标指针变为两个交叠的圆形，如下 ③ 所示。

单击鼠标即可创建剪贴蒙版，如下 ④ 所示。

提示

在基层创建选区，然后将选区作为内容层的蒙版，所表现的效果与剪贴蒙版的作用相似。

创建智能对象

菜单：图层＞智能对象
快捷键：-
版本：6.0，7.0，CS，CS2，CS3，CS4
适用于：图像

在Photoshop中，可以将智能对象理解为一种容器，可以在其中嵌入栅格或矢量图像数据。将图像创建为智能对象后，能够在保留原始特性的情况下对其进行编辑。打开"图层"面板，选择要转换的图层对象，如下 **1** 所示。

执行"图层＞智能对象"菜单命令，将图像转换为智能对象，在"图层"面板中的智能对象下方出现两个小正方形，如下 **2** 所示。

双击智能对象，将打开智能对象，如下 **3** 所示。

此时，再运用调整命令，对矩形对象的颜色进行调整，调整后的图像如下 **4** 所示。

图层的编组

菜单：图层＞图层编组
快捷键：Ctrl+G
版本：6.0，7.0，CS，CS2，CS3，CS4
适用于：图层

在编辑图层时，可以对具有相似属性或特点的图像进行编组操作。对图像进行编组操作，再选择该图层组，即可统一对该图层组中的对象进行调整，如移动多个图层位置、调查图层的混合模式和不透明度等。按下Shift键选择要编组的图层，如下 **1** 所示。

执行"图层＞图层编组"菜单命令，将所选择的两个图层编组到"组1"图层组中，如右上 **2** 所示。

显示和隐藏图层

菜单：图层＞隐藏/显示图层
快捷键：-
版本：6.0，7.0，CS，CS2，CS3，CS4
适用于：图层

应用"图层"菜单中的"显示图层"和"隐藏图层"命令能够对对象中的一个或多个图层进行显示或隐藏操作。打开图层，在"图层"面板中选中要隐藏的图层，如下 **1** 所示。

执行"图层＞隐藏图层"菜单命令，隐藏图层，如下 **2** 所示。

执行"图层>显示图层"菜单命令，将隐藏的图层再次显示出来，如下  所示。

图层的排列

菜单：图层>排列
快捷键：-
版本：6.0，7.0，CS，CS2，CS3，CS4
适用于：图层

在"图层"面板中，可以将选定的图层置于顶层、前移一层、后移一层、置于底层。执行"图层>排列"菜单命令，将光标放在该菜单中，将显示下一级子菜单，在该菜单下即可看到用于调整图层顺序的菜单命令，如下 ① 所示。

置为顶层(F)	Shift+Ctrl+]
前移一层(W)	Ctrl+]
后移一层(K) ①	Ctrl+[
置为底层(B)	Shift+Ctrl+[
反向(R)	

打开"图层"面板，选择需要调整顺序的"图层2"图层，如下 ② 所示。

执行"图层>排列>前移一层"菜单命令，将图层向前移动一层，移动后的图像如右上 ③ 所示。

图层的对齐

菜单：图层>对齐
快捷键：-
版本：6.0，7.0，CS，CS2，CS3，CS4
适用于：图层

Photoshop CS4添加了图层对齐功能，使用图层对齐命令可以对图像中的部分图层进行对齐操作。在"图层>对齐"菜单命令下包括多种不同的图层对齐方式，如下 ① 所示。

对齐(I)	▶	顶边(T)
分布(T)	▶	垂直居中(V)
锁定图层(L)... ①		底边(B)
链接图层(K)		左边(L)
选择链接图层(S)		水平居中(H)
合并图层(E)	Ctrl+E	右边(R)

打开包括多个图层的对象，选中除"背景"图层外的所有图层，如下 ② 所示。

执行"图层>对齐>顶边"菜单命令，对齐图层，如右上 ③ 所示。

执行"图层>对齐>垂直居中"菜单命令，对齐图层，如下 ④ 所示。

执行"图层>对齐>底边"菜单命令，对齐图层，如下 ⑤ 所示。

执行"图层>对齐>左边"菜单命令，对齐图层，如下页 ⑥ 所示。

执行"图层>对齐>水平居中"菜单命令，对齐图层，如下 7 所示。

执行"图层>对齐>右边"菜单命令，对齐图层，如右上 8 所示。

图层的合并

菜单：图层>合并图层
快捷键：Ctrl+E
版本：6.0，7.0，CS，CS2，CS3，CS4
适用于：图层

合并图层可以有效地缩小文件大小。合并图层是将选择的图层合并到一个图层中，应用"合并图层"命令即可实现图层的合并操作。打开图像后，选择要合并的多个图层，如下 1 所示。

执行"图层>合并图层"菜单命令，即可对所选的图层进行合并，如下 2 所示。

拼合图像

菜单：图层>拼合图像
快捷键：-
版本：6.0，7.0，CS，CS2，CS3，CS4
适用于：图层

拼合图像是将所有图层合并到背景图像中，并扔掉隐藏的图层，将使用白色填充任何透明区域。在完成图像编辑后，执行"图层>拼合图像"菜单命令，即可拼合图像，此时在"图层"面板中只包括一个"背景"图层，如下 1 所示。

05　选择菜单

"选择"菜单中包括可以将图像的特定部分设置为选区的命令，以及可以调整、保存、载入选区范围的命令。应用"选择"菜单中的"修改"命令可以快速地扩展、收缩、平滑和羽化选区，对选区进行进一步的设置，通过选区创建更精美的图像效果。

选中全部

菜单：选择>全部
快捷键：Ctrl+A
版本：6.0，7.0，CS，CS2，CS3，CS4
适用于：选区

"全部"命令是将整个图像都设置为选区。在打开图像后，执行"选择>全部"菜单命令，如右上 1 所示。

将整个图像都创建为选区后的效果如下 2 所示。

打开图像，按下快捷键Ctrl+A与执行"选择>全部"菜单命令的功能相同，同样可以全选图像。

显示和取消选区

菜单：选择>重新选择-选择>取消选区
快捷键：Shift+Ctrl+D Ctrl+D
版本：6.0，7.0，CS，CS2，CS3，CS4
适用于：选区

创建选区是为了更方便地对选区中的图像进行编辑，完成图像的编辑后，需要将设置的选区取消。执行"选择>取消选区"菜单命令，即可将创建的选区取消，如下①所示。

执行"选择>重新选择"菜单命令，再次将取消的选区设置为选区，如下②所示。

> **提示**
> 应用选区工具在图像中创建选区后，单击选项栏中的"新选区"、"添加到选区"、"从选区中减去"和"与选区交叉"按钮可以对创建的选区进行添加或减选。

选区的反向

菜单：选择>反向
快捷键：Ctrl+Shift+I
版本：6.0，7.0，CS，CS2，CS3，CS4
适用于：选区

"反向"命令用于反向选区内的图像。选择工具箱中的"魔棒"工具，在背景图像上单击，再按下Shift键连续单击，创建不规则的选区，如下①所示。

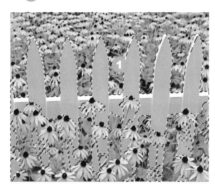

执行"选择>反向"菜单命令，对选区进行反向选择，如下②所示。

在反向选择选区后，可以对选区中的图像应用各种不同的效果。

> **提示**
> 在主体图像较为复杂而背景颜色相对单一的情况下，应用"魔棒"工具在背景上单击，再执行"反向"菜单命令可以快速得到复杂的选区。

通过色彩范围设置选区

菜单：选择>色彩范围
快捷键：-
版本：6.0，7.0，CS，CS2，CS3，CS4
适用于：选区

"色彩范围"命令可通过图像的色调、饱和度和亮度等信息快速选中需要的主题选区。打开任意一幅素材图像后，执行"选择>色彩范围"菜单命令，打开"色彩范围"对话框，如右上①所示。

在"色彩范围"对话框中，通过设置容差值控制选区范围，"颜色容差"值在0～200之间，容差越大，色彩相似选区越大，反之越小。当设置"颜色容差"为50时，如下②所示，得到如下③所示的选区。

当设置"颜色容差"为200时，如下④所示，得到如下页⑤所示的选区。

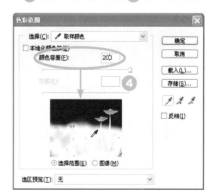

勾选"反相"复选框，可以反相得到图像选区，设置"颜色容差"为31，勾选"反相"复选框，反相选区，如下 6 所示。

提示

根据图像本身色彩结构而定，勾选"本地化颜色簇"复选框后，在其下面的预览图中显示该图像的主要色彩结构。

在"选区预览"下拉列表框中提供了"无"、"灰色"、"黑色杂边"、"白色杂边"和"快速蒙版"5种预览模式。若选择"无"选项，则不在图像窗口中显示预览，如下 7 所示。

若选择"快速蒙版"选项，则使用当前的快捷蒙版设置显示选区，如

下 8 所示。

修改选区

菜单：选择>修改
快捷键：Ctrl+Shift+I
版本：6.0，7.0，CS，CS2，CS3，CS4
适用于：选区

"修改"命令用于改变选区的轮廓形态，包括了5个菜单命令，分别为边界、平滑、扩展、收缩和羽化，如下 1 所示。

边界(B)...	
平滑(S)...	1
扩展(E)...	
收缩(C)...	
羽化(F)...	Shift+F6

"边界"菜单命令是给已有的选区添加一个边框，所设置的宽度范围为1～64个像素。打开图像，创建选区，如下 2 所示。

执行"选择>修改>边界"菜单命令，可弹出如右上 3 所示的"边界选区"对话框，在该对话框中设置各项参数，设置后的选区如右上 4 所示。

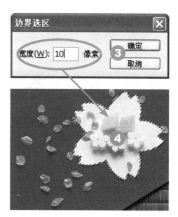

"平滑"菜单命令用于平滑选区，可以设置的范围为1～16个像素。执行"选择>修改>平滑"菜单命令，可弹出如下 5 所示的"平滑选区"对话框，在该对话框中设置各项参数，设置完成后得到如下 6 所示的选区。

"扩展"菜单命令是向外扩大选区边框，可扩展的范围是1～16个像素。执行"选择>修改>扩展"菜单命令，弹出如下 7 所示的"扩展选区"对话框，在该对话框中输入"扩展量"，设置完成后得到扩展后的选区，如下 8 所示。

"收缩"菜单命令是向内收缩选区边框，收缩范围为1～16个像素。执行"选择＞修改＞收缩"菜单命令，弹出如下 9 所示的"收缩选区"对话框，设置"收缩量"后，对选区进行收缩，如下 10 所示。

收缩选区

收缩量(C)：18 像素
确定
取消
9

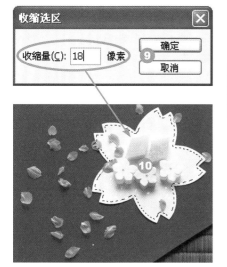

"羽化"菜单命令是通过建立选区和选区周围像素之间的转换来对图像的边缘进行模糊，使用羽化模糊边缘时会造成边缘一些细节的损失。羽化半径值越大，羽化的效果就越明显。执行"选择＞修改＞羽化"菜单命令，打开"羽化选区"对话框，在该对话框中设置羽化半径，如下 11 所示，设置完成后羽化选区，如下 12 所示。

羽化选区

羽化半径(R)：10 像素
确定
取消
11

选择"移动"工具，移动选区内的图像，可以查看模糊的边缘过渡效果，如右上 13 所示。

> **提示**
>
> 在"羽化选区"对话框中，设置的羽化半径值越大，得到的选区边缘越模糊。

变换选区

菜单：选择＞变换选区
快捷键：-
版本：6.0，7.0，CS，CS2，CS3，CS4
适用于：选区

利用"变换选区"命令调整选区。通过调整边框，对选区的大小和形态进行更改。选区的变换与能够随意放大、缩小、旋转图像的编辑变换不同，此命令与原图像无关，而只将选区的虚线变形。打开图像，将人物图像设置为选区，执行"选择＞变换选区"菜单命令，显示编辑框，如下 1 所示。

将光标移动至图像四角位置，当其变为双向箭头时，向外拖曳放大选区，如下 2 所示。

再将光标移动至图像右上角的位置上，当其变为折线箭头时，旋转选区，如下 3 所示。

在快速蒙版模式下编辑

菜单：选择＞在快速蒙版模式下编辑
快捷键：Q
版本：6.0，7.0，CS，CS2，CS3，CS4
适用于：图像

在快速蒙版中编辑选区时，可以保护图像中不需要编辑的图像在制作的过程中不被修改。执行"选择＞在快速蒙版模式下编辑"菜单命令，即可进入快速蒙版模式，选择"画笔"工具，设置前景色为黑色，在图像上涂抹，如下 1 所示。

持续涂抹，将中间的主体部分均涂抹为红色，如下 2 所示。

再次执行"选择＞在快速蒙版模式下编辑"菜单命令，返回图像，进入正常编辑状态，得到图像选区，如下页 3 所示。

载入选区

菜单：选择>载入选区
快捷键：-
版本：6.0，7.0，CS，CS2，CS3，CS4
适用于：选区

"载入选区"命令可以将存储的选区载入到新打开的图像中。执行"选择>载入选区"菜单命令，打开"载入选区"对话框，在该对话框中选择要载入的选区，载入选区，如下 ① 所示。

存储选区

菜单：选择>存储选区
快捷键：-
版本：6.0，7.0，CS，CS2，CS3，CS4
适用于：选区

为图像创建选区后，为了在下一次操作时直接使用相同的选区，可对创建的选区进行存储操作。运用"快速选择"工具，在图像上创建选区，如右上 ① 所示。

执行"选择>存储选区"菜单命令，打开"存储选区"对话框，在该对话框中设置各项参数，如下 ② 所示，再单击"确定"按钮，存储选区。

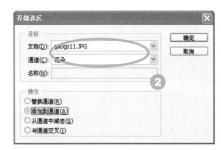

> **提示**
> 在"图层"面板中单击某个图层缩览图，可以将该图层中的对象载入到选区中。

应用"色彩范围"变换色调

"色彩范围"命令用于选择复杂的选区，通过在"色彩范围"对话框中设置的参数的大小来决定选区的大小。本实例中，应用"色彩范围"对话框，选择草地和云朵选区，再对选区中的图像的色调进行变换。

素材文件：素材\Part 02\01.psd　　　　　最终文件：源文件\Part 02\变换色调.psd

Before　　　　　After

STEP 01 执行"文件>打开"菜单命令，打开随书光盘\素材\Part 02\01.psd 文件，如下 ① 所示。

STEP 02 执行"选择>色彩范围"菜单命令，打开"色彩范围"对话框，单击草地区域设置颜色容差，如下 ② 所示，再单击"确定"按钮。

STEP 03 执行上一步操作后，返回到图像中，得到如下 ③ 所示的选区。

STEP 04 打开"调整"面板，单击"通道混合器"按钮，设置混合参数，如下 4 所示。

STEP 05 返回到图像中，更改选区内的图像颜色，如下 5 所示。

STEP 06 执行"选择>取消选择"菜单命令，取消选择，如下 6 所示。

STEP 07 执行"选择>色彩范围"菜单命令，打开"色彩范围"对话框，单击云朵区域并设置颜色容差，然后单击"确定"按钮，得到如下 7 所示的选区。

STEP 08 执行"选择>修改>羽化"菜单命令，打开"羽化选区"对话框，然后在该对话框中设置羽化半径，羽化选区，如下 8 所示。

STEP 09 打开"调整"面板，单击"通道混合器"按钮，设置混合参数，如下 9 所示。

STEP 10 设置完成后，返回图像中更改选区颜色，再执行"选择>取消选择"菜单命令，取消选区，如下 10 所示。

06 滤镜菜单

在Photoshop CS4中，可使用滤镜功能为图像中的单一图层、通道或选区添加丰富多彩的艺术效果。在Photoshop CS4中，提供了100多种不同的滤镜，主要包括独立滤镜和一些效果滤镜，这些滤镜均被放置在"滤镜"菜单中，在需要应用滤镜时，直接执行该滤镜菜单下的滤镜即可应用滤镜效果。

重复上次滤镜操作

菜单：滤镜
快捷键：Ctrl+F
版本：6.0，7.0，CS，CS2，CS3，CS4
适用于：图像或选区

为了加深滤镜效果，可以在图像中重复上次滤镜操作。执行"滤镜>纹理化"菜单命令，然后在弹出的对话框中设置各项参数，如右 1 所示。

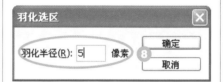

设置完成后，为图像添加上"纹理"滤镜效果，如右 2 所示。

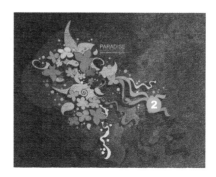

执行"滤镜>纹理化"菜单命令，如下页 3 所示，再次重复应用

"纹理化"滤镜，如下  所示。

转换为智能滤镜

菜单：滤镜＞转换为智能滤镜
快捷键：-
版本：6.0，7.0，CS，CS2，CS3，CS4
适用于：滤镜

创建滤镜后，为了保留原图像的效果，可以执行"滤镜＞转换为智能滤镜"菜单命令，弹出提示对话框，如下  所示。

在该对话框中单击"确定"按钮，将应用滤镜的图层转换为智能对象，此时，在该图层右下角会显示两个重叠的小正方形，如下 ② 所示。

双击智能滤镜所在的图层，弹出提示对话框，在该对话框中单击"确定"按钮，打开原图像，如下 ③ 所示，然后可以运用绘画等工具在图像上编辑。

> **提示**
>
> 在智能对象中对图像进行修改后，执行"文件＞存储"菜单命令确定更改，更改后的效果将自动更新到原图像上。

了解滤镜库

菜单：滤镜＞滤镜库
快捷键：-
版本：6.0，7.0，CS，CS2，CS3，CS4
适用于：多个滤镜应用

在滤镜库中集成了多种滤镜，执行"滤镜＞滤镜库"菜单命令，打开滤镜库对话框，如下 ① 所示。"滤镜库"对话框是集成式对话框，在此对话框中可选择多种滤镜并将其应用于图像中。

滤镜库对话框左侧为预览窗口，用于预览添加滤镜后的图像效果。如要图像未完全显示，可以将光标移动至预览窗口上，当光标变为手形时，拖曳鼠标，查看图像，如右上 ② 所示。

释放鼠标，可以看到右侧的图像，如下 ③ 所示。

滤镜库对话框中间部分为滤镜选择区，单击滤镜组右侧的三角箭头，查看该滤镜组下的滤镜，如下 ④ 所示。

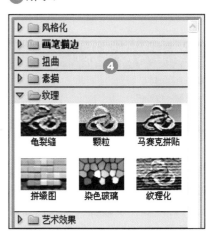

单击右下角的"新建效果图层"按钮,可以同时创建多个效果图层,即可同时应用所添加的两个或者多个滤镜对图像进行编辑。如下 ⑤ 所示为单击该按钮新建效果图层。

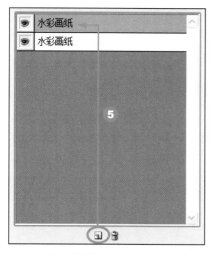

在创建新的效果图层后,将会显示为当前所选择的滤镜。如果需要对其进行更改,直接在中间的滤镜选择区中单击其他滤镜,此时在右下角将显示更改后的滤镜,如下 ⑥ 所示。

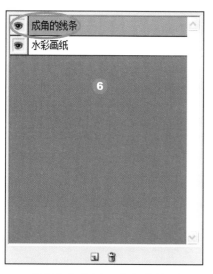

在图像上应用了多个滤镜后,再执行"滤镜>滤镜库"菜单命令,打开滤镜库对话框,可以看到在图像上应用的所有滤镜参数效果,此时可以单击"删除效果图层"按钮,删除创建的效果图层。

独立滤镜

菜单:	滤镜
快捷键:	-
版本:	6.0,7.0,CS,CS2,CS3,CS4
适用于:	变形图像

Photoshop CS4中的"滤镜"菜单下提供了3个特殊的独立滤镜,分别为"滤镜库"、"液化"和"消失点"。

"液化"滤镜能够对图像中的任何区域进行推拉、旋转、折叠和膨胀等操作,制作出特殊的图像效果。执行"滤镜>液化"菜单命令,打开"液化"对话框,如下 ① 所示。

在该对话框右侧为"液化"工具栏,该工具栏内罗列出了相应液化工具,包括"向前变形"工具、"重建"工具、"膨胀"工具、"冻结蒙版"工具、"解冻蒙版"工具等。

选择"向前变形"工具,向右拖曳,向前变形图像,如下 ② 所示。

选择"重建"工具,在变形的图像上拖曳,还原变形的图像,如右上 ③ 所示。

选择"顺时针旋转扭曲"工具,在图像上单击,以顺时针方向扭曲图像,如下 ④ 所示。

选择"湍流"工具,在图像上单击并拖曳,平滑地拼凑图像,如下 ⑤ 所示。

扭曲图像后,如果对效果不满意,单击"恢复全部"按钮,可以还原扭曲的图像,恢复最初的图像效果,如下 ⑥ 所示为恢复后的图像。

在"液化"滤镜对话框右侧显示了左侧工具的各项参数，如下 **7** 所示，包括画笔大小、画笔密度、画笔压力等。在变形图像时，可以根据需要对这些参数进行设置。

单击对话框右侧的"全部蒙住"按钮，可以进入蒙版状态，将图像全部以蒙版的方式蒙住，如下 **8** 所示。

在默认情况下，蒙版颜色为红色，在一些特殊的情况下，也可以根据需要将颜色设置为其他颜色。在"蒙版颜色"下拉列表框中选择"黄色"选项，将蒙版颜色设置为黄色，如下 **9** 所示。

提示
在"液化"对话框中，只有勾选"显示蒙版"复选框后，单击"全部蒙住"按钮才有效，也才能设置蒙版颜色。

"消失点"滤镜可以在创建的图像选区中克隆、喷绘、粘贴图像，且这些操作将会自动应用透视原理，按照透视的给和角度自动计算，自动适应对图像的修改。

执行"滤镜＞消失点"菜单命令，打开如下 **10** 所示的"消失点"对话框，在该对话框左侧为"消失点"工具栏，用于创建、编辑平面等。

单击"创建平面"工具，可以定义透视网格的4个角节点，同时调整透视网格的大小和形状。按住Ctrl键拖曳某个节点，可以创建一个垂直平面，如下 **11** 所示。

选择"编辑平面"工具，可以选择、编辑、移动透视网格并调整透视网格的大小，如下 **12** 所示。

将平面调整到合适大小后，选择"选框"工具在平面内双击，将其转换为选区，如下 **13** 所示。

按住Alt键拖曳选区，并将其他区域中的图像复制到选区中，如下 **14** 所示。

提示
应用"选框"工具在图像上单击创建选区后，按下Alt键移动选区可将区域复制到新目标，按下Ctrl键移动选区可用源图像填充该区域。

在"消失点"工具栏中也包括一个"图章"工具，它与工具箱中的"仿制图章"工具的使用方法相同。选择该工具，然后在预览窗口中按下Alt键建立一个取样点，如下 **15** 所示。

再在图像中的其他区域单击，即可对该区域中的图像进行修复操作。

应用独立滤镜打造完美曲线

使用"滤镜"菜单下的"液化"滤镜可以对人物进行修饰。在本实例中，由于原图像中的人物腰围和手臂略粗，所以选择"液化"滤镜，选取"向前变形"工具并向内拖曳鼠标，收细腰围和手臂。

素材文件：素材\Part 02\02.jpg　　　　最终文件：源文件\Part 02\打造完美曲线.jpg

Before 　　After

STEP 01 执行"文件>打开"菜单命令，打开随书光盘\素材\Part 02\02.jpg 文件，如下 ① 所示。

STEP 02 执行"滤镜>液化"菜单命令，打开"液化"对话框，在该对话框中选择"冻结蒙版"工具，设置工具选项，如下 ② 所示。

工具选项
画笔大小:	50	
画笔密度:	60	
画笔压力:	100	
画笔速率:	80	
湍流抖动:	50	
重建模式:	恢复	②

STEP 03 在图像上涂抹，冻结不需要变形的区域，如下 ③ 所示。

STEP 04 在该对话框左侧选择"向前变形"工具，然后在右侧设置该工具的工具选项，如下 ④ 所示。

工具选项
画笔大小:	45	
画笔密度:	66	
画笔压力:	100	
画笔速率:	80	④
湍流抖动:	50	
重建模式:	恢复	

STEP 05 在图像上向内拖曳，变形图像，如右上 ⑤ 所示。

STEP 06 按下键盘上的[键或]键，适当调整画笔大小，继续涂抹，修饰人物腰部曲线，如下 ⑥ 所示。

STEP 07 使用同样的方法，继续在手臂位置涂抹，修饰手臂，如下 7 所示。

STEP 08 在该对话框中选择"解冻蒙版"工具，在蒙版区域涂抹，擦除蒙版，如下 8 所示。

STEP 09 擦除蒙版后，单击"确定"按钮，返回到图像窗口中，得到如下 9 所示的效果。

滤镜效果参考

菜单：滤镜
快捷键：-
版本：6.0，7.0，CS，CS2，CS3，CS4
适用于：图像或选区

除了三个独立滤镜外，在"滤镜"菜单下还提供了其他13类滤镜组，在每一个滤镜组下面还包括多个不同的滤镜。"风格化"滤镜通过转换像素和查看并增加图像的对比度，在选区中生成绘画或印象派的效果。在"风格化"滤镜组中包括"查找边缘"、"等高线"、"风"、"浮雕效果"、"拼贴"和"照亮边缘"等9种滤镜，下面以同种"风格化"滤镜为例进行展示。

原图像

查找边缘

等高线

风

浮雕效果

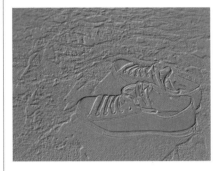

拼贴

照亮边缘

提示

在"风格化"滤镜组中，使用"风"滤镜可以表现出风吹过的艺术效果。在该滤镜对话框中能够对风的强度进行设置，大小依次为"风"、"大风"、"飓风"，选择的强度越大，风吹动的效果越明显。

"画笔描边"类滤镜可利用画笔表现绘画效果。在"画笔描边"滤镜组中包括 "成角的线条"、"墨水轮廓"、"喷溅"、"喷色描边"、"强化的边缘"、"深色线条"、"烟灰墨"和"阴影线"8个滤镜，执行不同的菜单命令，可以得到不同的画笔描边效果，以下是一些"画笔描边"滤镜效果。

原图像

成角的线条

墨水轮廓

喷溅

强化的边缘

"扭曲"滤镜组中的滤镜是通过移动、扩展或缩小构成图像的像素，对图像进行任意形状的扭曲。"扭曲"滤镜组包括"波浪"、"波纹"、"玻璃"、"海洋波纹"、"极坐标"、"挤压"和"置换"滤镜等13个滤镜，以下为几种"扭曲"滤镜效果。

原图像

波浪

波纹

玻璃

海洋波纹

极坐标

扩散亮光

旋转扭曲

提 示

在"扭曲"滤镜组中,应用"置换"滤镜扭曲图像前,需要准备一张用于扭曲图像的PSD格式的置换图。

"锐化"类滤镜用于对模糊图像进行锐化处理,包括"锐化"、"进一步锐化"、"USM锐化"、"锐化边缘"和"智能锐化"5种滤镜。

原图像

USM锐化

锐化与进一步锐化

锐化边缘

智能锐化

"模糊"类滤镜用于对图像或选区进行柔化处理,产生平滑的过渡或模糊的效果。在"模糊"滤镜组中包括"表面模糊"、"动感模糊"、"径向模糊"、"方框模糊"、"高斯模糊"、"进一步模糊"等11种模糊滤镜。

原图像

表面模糊

动感模糊

方框模糊

高斯模糊

径向模糊

应用"素描"滤镜组可以在图像上表现出一种好像利用钢笔或木炭绘制图像草图的效果。在应用"素描"类滤镜时,首先需要在工具箱中设置前景色和背景色,设置恰当的颜色可以更好地表现绘制效果,以下为"素描"类滤镜效果展示。

原图像

半调图案

便条纸

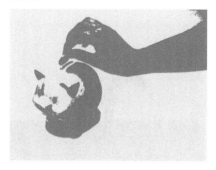

铬黄

绘图笔

　　"纹理"类滤镜主要用于生成具有纹理效果的图案，使图像看起来更具有质感。"纹理"类滤镜包括"龟裂缝"、"颗粒"、"马赛克拼贴"、"拼缀图"、"染色玻璃"和"纹理化"6种滤镜，下面展示几种"纹理"滤镜效果。

原图

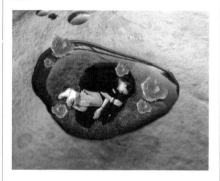

龟裂缝

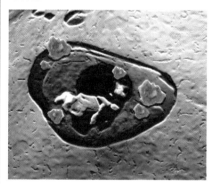

颗粒

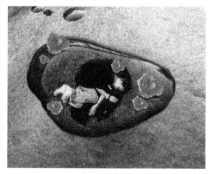

马赛克拼贴

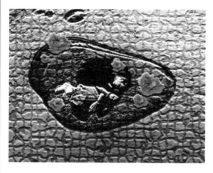

拼缀图

染色玻璃

纹理化

> **提示**
> 　　"素描"滤镜组中所包括的14种滤镜，均是以设置的前景色和背景色制作出绘画的艺术效果。在该滤镜组下的"粉笔和炭笔"滤镜，可以表现粉笔或木炭绘制的图像效果，而"炭笔"滤镜则只能表现出木炭绘制的图像效果。

> **提示**
> 　　在"颗粒"对话框中可以分别对颗粒的"强度"、"对比度"和"颗粒类型"进行设置。设置的强度值越大，图图像的颗粒效果越明显，而在"颗粒类型"下拉列表框中提供了10种不同的杂点，用户在操作过程中可以根据需要选择合适的颗粒类型。

　　"像素化"滤镜主要是通过将颜色值相近的像素结成块来制作晶格状、点状和马赛克等特殊的效果。"像素化"类滤镜包括"彩块化"、"彩色半调"、"点状化"、"晶格化"、"马赛克"等7种滤镜，效果分别如下页所示。

原图像

彩色半调

点状化

晶格化

> **提示**
> "铜版雕刻"滤镜用于在图像上制作出模仿铜版画的效果，在该滤镜对话框中的"类型"下拉列表框中提供了10种不同的类型，分别以不同的笔画长度和点数量来控制图像效果。

马赛克

"渲染"类滤镜用于制作云彩图案、折射图案以及模拟的光反射等效果，包括"云彩"、"分层云彩"、"光照效果"、"镜头光晕"和"纤维"5种滤镜，渲染后的图像如下所示。

原图像

分层云彩

光照效果

镜头光晕

纤维

"艺术效果"类滤镜用于表现一种具有艺术特色的绘画效果，在Photoshop CS4中提供了"壁画"、"粗糙蜡笔"、"底纹效果"、"干画笔"等15种艺术效果滤镜。下面分别列举几种艺术效果滤镜的图像效果。

原图像

壁画

粗糙蜡笔

底纹效果

调色刀

胶片颗粒

木刻

"杂色"类滤镜主要是为图像添加或移去杂色,包括"减少杂色"、"蒙尘与划痕"、"添加杂色"和

"中间值"等滤镜,如下所示以"蒙尘与划痕"以及"添加杂色"为例,查看杂色滤镜效果。

原图像

蒙尘与划痕

添加杂色

07 分析菜单

　　"分析"菜单主要用于测量比例的设置、数据点的选择和设置,可以使用Photoshop中的选择工具、标尺工具或计数工具来进行测量,同时运用"分析"菜单中的"记录测量"、"进行记录"和"进行测量"命令对图像进行记录和测量操作。

设置测量比例

菜单:分析
快捷键:-
版本:CS2, CS3, CS4
适用于:图像

　　使用标尺工具在图像中设置文档的测量比例,并将该比例存储为预设

后,这些预设将被添加到"分析"菜单下的"设置测量比例"子菜单中,同时当前的测量比例在子菜单中为选中状态。若要重新设置测量比例,则执行"分析＞设置测量比例"菜单命令,打开"测量比例"对话框,然后在该对话框中输入长度和单位,如右上 ❶ 所示。

设置完成后单击"确定"按钮，此时单击"信息"面板右上角的扩展按钮，选择"面板选项"命令，弹出"信息面板选项"对话框，在该对话框中的"状态信息"选项组中勾选"测量比例"复选框，如下 2 所示。

勾选后，在"信息"面板中将显示当前图像的测量比例，如下 3 所示。

选择数据点

菜单：分析
快捷键：-
版本：CS3，CS4
适用于：图像

使用Photoshop CS4的计数功能可以对图像中的多个选区进行计数。执行"分析>选择测量点>自定"菜单命令，打开"选择数据点"对话框。默认情况下，将选择所有数据点，而且在"选择数据点"对话框中，数据点将根据可以测量它们的测量工具进行有序的分组，如右上 1 所示。

由于全部数据点都处于选中状态，此时，可以根据个人情况对数据点进行选择，单击数据点前的复选框，则可以将当前所选择的数据点取消，如下 2 所示。

单击"存储预设"按钮，弹出"存储数据点预设"对话框，在该对话框中输入数据点预设名，如下 3 所示。

存储数据点预设后，单击"预设"下拉列表，在该列表中选择存储的数据点预设，如下 4 所示。

记录测量

菜单：分析
快捷键：-
版本：CS2，CS3，CS4
适用于：图像

运用"记录测量"命令可以对图像中的记录进行测量。在进行记录测量前，首先运用"魔棒"工具，按下Shift键在图像上连续单击，创建选区，如下 1 所示。

执行"分析>记录测量"菜单命令，开始记录测量，并弹出"测量记录"面板，在该面板中显示了所有的记录测量，如下 2 所示。

提示

要将某个计数记录到测量记录中，必须选择"计数"作为测量数据点。

进行测量

菜单：分析
快捷键：-
版本：CS2，CS3，CS4
适用于：图像

设置测量比例用于对图像的测量进行设置，设置完成后接下来就进行测量。在Photoshop中应用选择工具、标尺工具进行测量。执行"分析>标尺工具"菜单命令，选择标尺工具，拖曳鼠标，如下页 1 所示。

对图像进行记录测量时，所得到的记录测量信息将显示在"信息"面板中，如下 ② 所示。

单击"信息"面板右上角的扩展按钮，在弹出的面板菜单中选择"面板选项"命令，弹出"信息面板选项"对话框，在该对话框中勾选"当前工具"复选框，如下 ③ 所示，再关闭对话框。

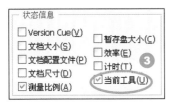

此时，在"信息"面板下方将显示当前所选择的测量工具，如下 ④ 所示。

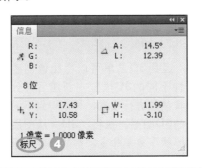

进行计数

菜单：分析
快捷键：-
版本：CS2, CS3, CS4
适用于：图像

运用计数工具可以对图像开始进行计数。执行"分析>计数工具"菜单命令，选择计数工具，将光标移动至图像上，此时在光标旁边显示当前的计数，如下 ① 所示。

在图像中单击，创建计数点，如下 ② 所示。

打开"信息"面板，在该面板可以看到当前计数点的详细信息，如下 ③ 所示，若执行"视图>显示数量"菜单命令，则可以隐藏在图像中创建的计数点。

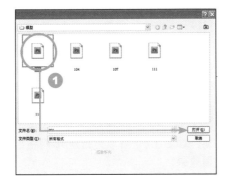

08 3D菜单

Photoshop CS4在原来Photoshop CS3的基础上有了更进一步的更新，添加了3D图像的应用和编辑，用于3D图像的贴图等，同时也增加了用于编辑和绘制3D图像的3D菜单。在3D菜单中包括了用于编辑3D图像的所有命令，执行该菜单中的命令，可以对3D图像创建UV叠加、新建拼贴绘画以及渲染和导出3D图像等。

创建3D图层

菜单：3D
快捷键：-
版本：CS4
适用于：3D

在Photoshop CS4中，可以从3D图像上创建3D图层。执行"3D>从3D文件新建图层"菜单命令，打开"打开"对话框，如右上 ① 所示。在该对话框中选择要打开的图像，再

单击"打开"按钮。

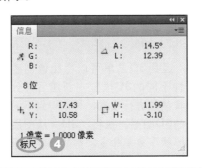

打开3D图像，如下 ② 所示，此时在"图层"面板中将创建3D图层，如下 ③ 所示。

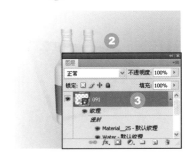

> **提示**
> 打开3D图像所在的文件夹，单击并拖曳要打开的3D图像至任务栏上的Photoshop CS4窗口，可以打开3D图像。

新建3D明信片

菜单：3D
快捷键：-
版本：CS4
适用于：3D

3D明信片是在2D图像的基础上得到的简单的3D图像。执行"3D>从图层新建3D明信片"菜单命令，将图像创建为3D明信片，此时在"图层"面板中将自动生成一个3D明信片图层，如下 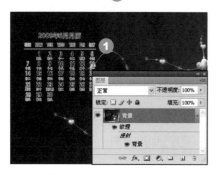 ①所示。

选择工具箱中的"3D旋转"工具，可以对3D明信片进行任意的旋转操作，如下 ②所示。

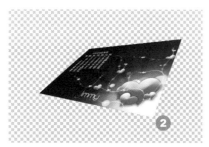

将图像新建为3D明信片后，同样可以为该图像添加各种不同的图层样式。在3D图像上添加描边样式后，得到如下 ③所示的图像。

新建形状

菜单：3D
快捷键：-
版本：CS4
适用于：3D形状

运用3D菜单可以将图像创建为各种不同的3D模型，创建后再分别对其参数进行设置，可以得到不同形状的3D图形。执行"3D>从图层新建形状"菜单命令，然后在下一级子菜单中将显示可以创建的3D形状，如下 ①所示。

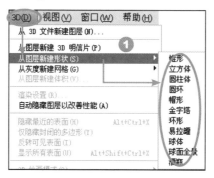

在3D形状中包括锥形、立方体、圆柱体、圆形等，如下 ②所示。

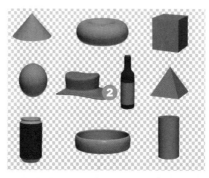

新建3D网格

菜单：3D
快捷键：-
版本：CS4
适用于：图像

应用3D网格命令，可以将灰度图像转换成深度不一的3D网格图像。将图像新建为3D网格后，图像中较亮区域向上凸起，较暗区域向下凹陷，如右上 ①所示为原图像效果，如右上 ②所示为新建3D网格平面效果。

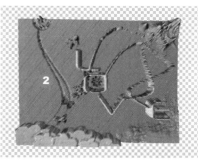

> **提示**
> 对于创建的3D图像，可以在3D面板中对它们的场景、光源、网格和材料进行设置。

设置表面

菜单：3D
快捷键：-
版本：CS4
适用于：3D

在创建3D图像后，我们可以对创建的3D图像的表面进行设置。在设置表面前，需要先执行"3D>选择可绘画区域"菜单命令，如下 ①所示。

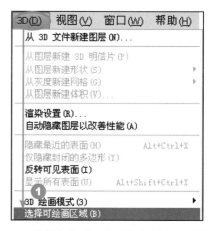

执行命令后，在图像上创建可以用于绘画的图像选区，如下页 ②所示。

在3D菜单下对图像的表面设置包括"隐藏最近的表面"、"仅隐藏封闭的多边形"、"反转可见表面"和"显示所有表面"4个菜单命令。执行"隐藏最近的表面"菜单命令，将图像中最近的3D表面隐藏，如下 ③ 所示。

执行"仅隐藏封闭的多边形"菜单命令，将只对图像中封闭的多边形面进行隐藏，如下 ④ 所示。

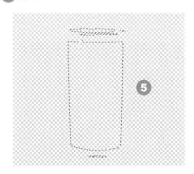

执行"反转可见表面"菜单命令，将只显示透明的图像选区，如下 ⑤ 所示。

若执行"仅隐藏封闭的多边形"菜单命令后，再执行"反转可见表面"菜单命令，则可以对选区中的图形进行反转操作，如下 ⑥ 所示。

执行"显示所有表面"菜单命令，会将图像上所有的表面再次显示出来，得到如下 ⑦ 所示的效果。

进行绘画设置

菜单：3D
快捷键：-
版本：CS4
适用于：图像

3D图像与普通图像也有相似之处，它同样可以进行各种效果的绘制。在绘制时，可以在3D菜单下对绘画模式、参数等进行设置。利用3D绘制功能可以创建拼贴绘画效果，如下 ① 所示。

对图像中创建的拼贴绘画图像，可以再对其绘制参数进行绘画衰减设置。执行"3D＞绘画衰减"菜单命令，打开"3D绘画衰减"对话框，在该对话框中对衰减的"最小角度"和"最大角度"进行更改，如下 ② 所示。更改后，在图像中绘制图像时，将自动应用所设置的参数衰减绘制图像。

对于已经创建的3D绘画图像，应用"重新参数化"菜单命令，可以对图像的绘画参数进行更改。执行该命令后，将打开提示对话框，如下 ③ 所示，在该对话框中单击"确定"按钮。

继续弹出提示对话框，在该对话框中单击"低扭曲度"按钮，如下 ④ 所示，得到如下 ⑤ 所示的图像。

提示

对于在图像中创建的3D图形，我们可以在"图层"面板中，查看该图形的纹理，双击图层下方的纹理，则可以从新窗口中打开纹理对象，并能够对其进行编辑，编辑后的纹理图像将自动应用到3D图像中。

渲染和导出

菜单：3D
快捷键：-
版本：CS4
适用于：3D图像

对于已经完成的3D图像，需要对其进行最终的渲染输出。执行"3D>渲染设置"菜单命令，打开"3D>渲染设置"对话框，在该对话框中可以对3D图像的渲染参数进行设置，如下 ① 所示。

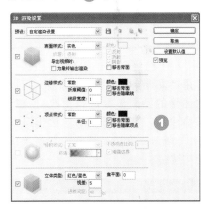

设置完成后，单击"确定"按钮，再次执行"3D>为最终渲染输出"菜单命令，打开"进程"对话框，在该对话框中显示当前图像渲染所需要的时间，如下 ② 所示。在渲染完成后，自动关闭，得到最终渲染后的图像，如下 ③ 所示。

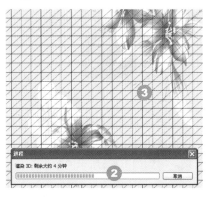

渲染完3D图像后，可以将其导出，并放置在自己的文件夹中。执行"3D>导出3D图层"菜单命令，打开"存储为"对话框，在该

对话框中选择3D图像导出的位置并输入导出文件名，如下 ④ 所示，单击"保存"按钮，弹出"3D导出选项"对话框，在该对话框内单击"确定"按钮即可导出3D图层，如下 ⑤ 所示。

09 视图菜单

"视图"菜单中的各种查看命令并不是在打开图像进行操作时直接使用的命令，而是在放大或缩小图像时，以准确裁切或调整大小时显示标尺、参考线等。应用"视图"菜单，可以为用户在图形操作时提供一定的便利，提高工作效率。

控制缩放

菜单：视图
快捷键：-
版本：CS2，CS3，CS4
适用于：缩放图像

打开一幅图像后，该图像以什么大小放置在操作窗口中最为合适呢？此时，就可以利用Photoshop CS4提供的控制缩放功能对图像进行缩放操作。在Photoshop CS4的"视图"菜单下包括5个用于缩放图像的菜单命令，分别为放大、缩小、按屏幕大小缩放、实际像素和打印尺寸，如下 ① 所示。

放大 (I)	Ctrl++
缩小 (O)	Ctrl+-
按屏幕大小缩放 (F)	Ctrl+0
实际像素 (A)	Ctrl+1
打印尺寸 (Z)	

选择"放大"菜单命令，可以放大所打开的图像，如下 ② 所示。

📌 **提示**

对图像进行放大或缩小时，直接按下该命令对应的快捷键，也可以对图像进行放大或缩小操作。

选择"缩小"菜单命令，则可以缩放原图像或放大后的图像，如右上 ③ 所示。

选择"按屏幕大小缩放"菜单命令，则将打开的图像以适合屏幕大小进行显示，如下 ④ 所示。

选择"实际像素"菜单命令,则图像以100%的大小进行显示;选择"打印尺寸"菜单命令,则将图像以实际打印的文件大小进行显示。如下⑤所示为实际像素显示图像效果。

设置屏幕显示模式

菜单:视图>屏幕模式
快捷键:-
版本:CS3,CS4
适用于:显示图像

Photoshop CS4提供了3种不同的屏幕显示模式,分别为标准屏幕模式、带菜单栏的全屏模式和全屏模式。在实际操作中,我们可以根据情况选择适合自己的屏幕模式。在"视图"菜单下的"屏幕模式"中选择其中一种屏幕显示模式,窗口将自动切换到该显示模式并显示图像。

标准屏幕模式是系统默认的屏幕显示模式,如下①所示。

在带有菜单栏的全屏模式下显示图像时,将只显示当前活动窗口中的图像,如下②所示。

全屏模式是最简洁的显示模式,在该显示模式下只显示当前打开或编辑的图像,如下③所示。

显示网格

菜单:视图>显示>网格
快捷键:-
版本:6.0,7.0,CS,CS2,CS3,CS4
适用于:图像

在图像上,利用网格辅助线可以更精确地对图像中的某些区域进行定位,且在打印的时候,该辅助线不会被打印出来。执行"视图>显示>网格"菜单命令,即可显示网格辅助线,如下①所示。

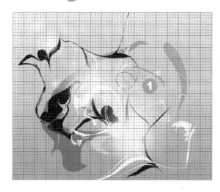

> **提示**
>
> 在"首选项"对话框中可以对网格颜色和网格线间距进行设置。

设置标尺

菜单:视图>标尺
快捷键:Ctrl+R
版本:6.0,7.0,CS,CS2,CS3,CS4
适用于:图像

标尺与网格的功能类似,也是用来精确定位图像或图像中的某个元素。执行"视图>标尺"菜单命令,即可显示标尺,如右上①所示。

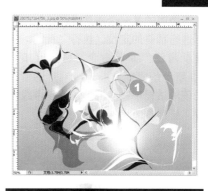

设置对齐

菜单:视图>对齐到>网格
快捷键:-
版本:CS,CS2,CS3,CS4
适用于:图像

设置选区或使用分割工具和绘图工具进行制作时,可以利用"对齐到"命令紧贴着图像上的网格线或参考线进行绘制或分割图像。执行"视图>对齐到>网格"菜单命令后,选择"裁切"工具,在图像上拖曳,绘制裁剪框,如下①所示。

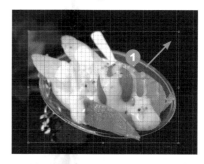

按下Enter键,精确地裁剪图像,如下②所示。

锁定/清除/新建参考线

菜单:视图>锁定/清除/新建参考线
快捷键:-
版本:6.0,7.0,CS,CS2,CS3,CS4
适用于:图像

参考线用于在编辑图像过程中,

对图像中的某一个图像或要绘制的图形进行精确的定位。执行"视图＞新建参考线"菜单命令，将弹出如下 1 所示的"新建参考线"对话框，在该对话框中输入要新建的参考线位置，新建参考线，如下 2 所示。

按下Alt键，从水平标尺上拖曳将创建垂直参考线，如下 3 所示。

按下Alt键，从垂直标尺上拖曳将创建水平参考线，如下 4 所示。

执行"视图＞锁定参考线"菜单命令，能够将当前图像中创建的参考线锁定，锁定后将不能再对参考线进行位置的移动，如果此时移动参考线，则会弹出提示对话框，如下 5 所示。

如果需要对参考线进行位置的调整，再次执行"视图＞锁定参考线"菜单命令，即可重新启用参考线。此时，在参考线上拖曳鼠标即可移动参考线位置，如下 6 所示。

参考线帮助我们更精确地编辑图像。在完成效果制作后，为了更清楚地查看制作的图像，可以将创建的参考线清除，方法是执行"视图＞清除参考线"菜单命令，此时，在图像中创建的所有参考线将被清除，如下 7 所示。

锁定/清除切片

菜单：视图＞锁定/清除切片
快捷键：-
版本：6.0, 7.0, CS, CS2, CS3, CS4
适用于：图像

"切片"工具主要用于网页图像的制作，使用该工具在图像上拖曳创建切片效果，如下 1 所示。

在对图像进行切片处理后，执行"视图＞锁定切片"菜单命令，可以

对图像所创建的切片进行锁定操作。锁定后，选择"切片选择"工具拖曳切片，将弹出提示对话框，提示不能对切片进行调整，如下 2 所示。

如果需要对切片进行调整，则执行"视图＞锁定切片"菜单命令，对锁定的切片进行解锁。此时，运用"切片选择"工具即可对创建的切片进行位置和大小的调整，如下 3 所示。

切片常用于图像布局的处理，当在图像上创建切片后，在图像上会显示出较多的框架，在不同的框架中输入文字或插入图像，进行编辑。完成后，为了整个图像的美观，则需要将创建的切片清除。在Photoshop CS4中，清除切片的操作方法是执行"视图＞清除切片"菜单命令，如下 4 所示。

屏幕模式 (M)	▶
✓ 显示额外内容 (X)	Ctrl+H
显示 (H)	▶
✓ 标尺 (R)	Ctrl+R
✓ 对齐 (N)	Shift+Ctrl+;
对齐到 (T)	▶
锁定参考线 (G)	Alt+Ctrl+;
清除参考线 (D)	
新建参考线 (E)...	
锁定切片 (K)	4
清除切片 (C)	

清除切片后的原图像效果如右 5 所示。

> **提示**
>
> 在应用"切片"工具创建切片后，可以对切片图像所有的顺序进行调整。选择"切片选择"工具，此时在该工具选项栏顶端有4个用于调整切片顺序的按钮，分别是"置为顶层"按钮、"前移一层"按钮、"后移一层"按钮和"置为底层"按钮，单击这些按钮可对当前切片进行顺序的快速调整。

10　窗口菜单

在图形编辑中，有效显示并控制图像的方法对于提高工作效率是非常重要的。使用"窗口"菜单中的命令，就可以按照个人需要，对所打开的图像进行排列，并且可以在画面中快速地显示或隐藏面板及工具箱。

设置图像的排列

菜单：窗口>排列
快捷键：-
版本：CS3，CS4
适用于：图像

在"窗口"菜单下提供了多个用于排列图像的菜单命令，它们分别是"层叠"、"平铺"、"在窗口中浮动"、"使所有内容在窗口中浮动"、"匹配位置"和"匹配缩放"等，如下 1 所示。

```
层叠 (D)
平铺
在窗口中浮动
使所有内容在窗口中浮动
将所有内容合并到选项卡中

匹配缩放 (Z)
匹配位置 (L)         1
匹配旋转 (R)
全部匹配 (M)

为 "1972.png" 新建窗口 (W)
```

在实际操作过程中，我们可以根据需要选择适合自己的排列方式。执行"窗口>使所有内容在窗口中浮动"菜单命令，得到如下 2 所示的排列效果。

如果执行"窗口>平铺"菜单命令，则可以得到如下 3 所示的排列效果。

> **提示**
>
> 单击快速选项栏上的"排列文档"，在弹出的下拉列表中选择其中一种排列方式，能够对文档窗口进行不要样式的排列。

设置工作区

菜单：窗口>工作区
快捷键：-
版本：6.0，7.0，CS，CS2，CS3，CS4
适用于：图像

一个适合自己的工作区可以更有效地帮助我们更快地编辑图像。在"窗口"菜单下的"工作区"命令即是用于重新设置工作环境或者是保存自己设置的工作环境。启动Photoshop CS4默认状态所显示的工作区状态为"基本功能（默认）"，如右上 1 所示。

对于一些特殊用户而言，Photoshop CS4提供了针对不同用户操作的工作区。选择"高级3D"菜单命令，得到如下 2 所示的工作区。

执行"窗口>工作区>自动"菜单命令，得到如下 3 所示的工作区。

选择面板名称

菜单：窗口
快捷键：-
版本：6.0, 7.0, CS, CS2, CS3, CS4
适用于：图像

使用"窗口"菜单可以调用Photoshop提供的面板。选择不同的面板后，再次将鼠标指针放在"窗口"菜单上，可以看到已经显示的面板前带有一个√号，如下 ① 所示。

在"窗口"菜单的下拉菜单中选择一个面板后，该面板即可显示在工作区内，如选择"历史记录"菜单命令，则打开"历史记录"面板，如下 ② 所示。

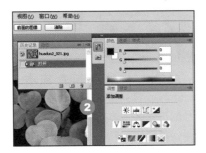

若执行"窗口>工具预设"菜单命令，则打开"工具预设"面板，如下 ③ 所示。

显示选项和工具

菜单：窗口
快捷键：-
版本：6.0, 7.0, CS, CS2, CS3, CS4
适用于：图像

利用"窗口"菜单下的"选项"和"工具"命令，可以显示工具以及工具选项。在默认情况下，单击工具箱中的任一工具，都会在工作区上方显示该工具的工具选项栏，如下 ① 所示。

为了使界面更简洁，则执行"窗口>选项"菜单命令，将工具选项栏隐藏。此时，再单击工具箱中的任何工具，均不会显示出该工具的选项栏，如下 ② 所示。

再次执行"窗口>选项"菜单命令，单击工具箱中的任一工具，就可以在工作区上方显示该工具的选项栏，如下 ③ 所示。

启动Photoshop CS4后，可以看到工具箱位于整个窗口的左侧，如下 ④ 所示。

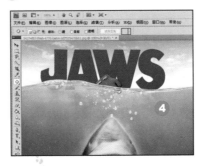

执行"窗口>工具"菜单命令，则可以隐藏窗口左侧的工具箱，如下 ⑤ 所示。

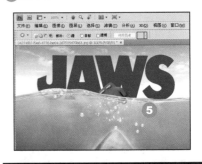

选择打开文件

菜单：窗口
快捷键：-
版本：6.0, 7.0, CS, CS2, CS3, CS4
适用于：图像

在"窗口"菜单中可以快速在所打开的图像中进行文件的切换。将光标放在"窗口"菜单上单击，此时，在"窗口"菜单最下端显示当前软件中打开的所有图像列表，同时，在当前活动窗口前方带有一个√号，如下 ① 所示。

在该菜单中选择并单击其中一个文件，则会打开该图像文件。此时，再单击"窗口"菜单，可以看到当前打开的图像名前带有标记，如下 ② 所示。

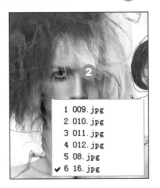

11 帮助菜单

"帮助"菜单中的命令主要用于显示与Photoshop CS4有关的各种帮助信息。如果在操作过程中遇到问题，可以查看Photoshop的"帮助"菜单，在该菜单中了解此软件的各种命令、功能，帮助我们掌握Photoshop CS4的各项操作。

查看帮助文件

菜单：帮助
快捷键：-
版本：6.0，7.0，CS，CS2，CS3，CS4
适用于：图像

在最初使用Photoshop CS4时，如果对软件功能和工具的功能不了解，可以使用"帮助"菜单查看Photoshop CS4的帮助文件。执行"帮助＞Photoshop帮助"菜单命令，如下 ❶ 所示。

打开帮助文件，在帮助文件左侧显示帮助内容的大纲，如下 ❷ 所示。

单击左侧的按钮，可以显示该文件夹下的子文件夹，如下 ❸ 所示。

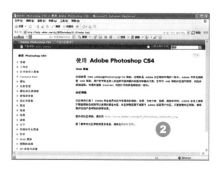

了解Photoshop的常用功能

菜单：帮助
快捷键：-
版本：6.0，7.0，CS，CS2，CS3，CS4
适用于：图像

"帮助"菜单上半部分是Photoshop的主要帮助信息，而"帮助"菜单下方的"如何-"列出了Photoshop CS4的常用功能，如下 ❶ 所示。

| 如何处理 3D 图像 ▶ |
| 如何创建 Web 图像 ▶ |
| 如何打印照片 ▶ |
| 如何进行绘制和画图 ▶ |
| 如何使用图层和选区 ▶ ❶ |
| 如何使用文字 ▶ |
| 如何使用颜色 ▶ |
| 如何修复和改善照片 ▶ |
| 如何准备用于其它应用程序的作品 ▶ |
| 如何自定操作和实现自动化 ▶ |

在此子菜单的右侧均带有黑色的三角箭头，单击该箭头，将显示在子菜单中的下一级子菜单，在下一级子菜单中将显示更详细的功能。单击"如何处理3D图像"命令，则打开如下 ❷ 所示的下一级子菜单。

| 创建和编辑 3D 纹理 |
| 从 2D 图像创建 3D 对象 |
| 复合 3D 对象 |
| 使用 3D 工具 ❷ |
| 在 3D 对象上绘画 |
| 制作 3D 对象动画 |

单击"如何创建Web图像"命令，弹出下一级关于Web图像的相关功能，如下 ❸ 所示。

| 创建翻转 |
| 将文件存储到电子邮件 |
| 针对 Web 优化图像 ❸ |

单击"如何进行绘制和画图"命令，弹出关于图像绘制的常用功能，如右上 ❹ 所示。

| 创建画笔并设置绘图选项 |
| 从图像创建画笔笔尖 |
| 更改画笔光标 |
| 绘制车轮形状 |
| 绘制圆形或方形 |
| 绘制自定形状 |
| 设置图形输入板的钢笔灵敏度 |
| 使用图像剪贴路径创建透明区域 |
| 用钢笔工具绘制曲线 ❹ |
| 用钢笔工具绘制直线段 |
| 用颜色描边 |
| 在一个图层中绘制多个形状 |

单击"如何使用图层和选区"命令，弹出如下 ❺ 所示的图层和选区的常用功能。

| 创建临时快速蒙版 |
| 从照片中移去（剪切）对象 |
| 对齐不同图层上的对象 |
| 柔化选区的边缘 |
| 锁定图层 ❺ |
| 添加图层蒙版 |
| 显示或隐藏图层、组或样式 |

在下一级子菜单中选择其中一个菜单命令，能够打开该功能的具体操作和使用方法，如下 ❻ 所示为"创建和编辑3D纹理"功能的详细介绍。

> **提示**
>
> 按下快捷键F1，可快速打开Photoshop CS4的帮助文件。

Part 03
基本功能

在使用Photoshop CS4进行设计操作前，首先需要了解Photoshop CS4的基本功能，即认识软件中的一些常用面板，并对该面板中的图标、按钮等一一进行掌握。

在编辑图像时，经常使用的面板有"颜色"面板、"色板"面板、"图层"面板、"通道"面板、"路径"面板以及新增的"调整"面板和"蒙版"面板。应用这些面板，可以让用户更快速地对图像进行各种操作。例如，应用"调整"面板可以添加各种不同的调整图层，实现各种特殊艺术色调的调整，如下❶、❷所示；而使用路径绘制工具，再结合"路径"面板，则可以在图像上绘制各种不同形状的图案，如下❸、❹所示。

01 颜色的变换

无论是对于选区，还是对于整个图像而言，颜色都是决定图像效果的一个重要因素，选择合适的颜色来填充或编辑图像，更能准确表现出图像所要传达的信息。在Photoshop中，应用"颜色"面板可以对图像的颜色进行设置和色谱的转换。

从"颜色"面板中设置

菜单：窗口＞颜色
快捷键：-
版本：6.0, 7.0, CS, CS2, CS3，CS4
适用于：图像

要对图像中的颜色进行更改，可以使用Photoshop CS4提供的"颜色"面板进行设置。执行"窗口＞颜色"菜单命令，打开"颜色"面板，如下 ❶ 所示。

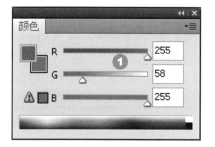

在"颜色"面板上左右拖曳颜色条下方的滑块可以更改颜色，如下 ❷ 所示。

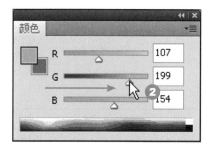

设置前景色和背景色

菜单：图像＞模式
快捷键：-
版本：6.0, 7.0, CS, CS2, CS3, CS4
适用于：图像

利用"颜色"面板能够快速更改前景色和背景色。在"颜色"面板中单击前景色颜色块，弹出"拾色器（前景色）"对话框，在该对话框中设置前景颜色，如右上 ❶ 所示。

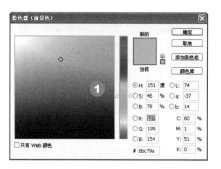

单击背景色颜色块，弹出"拾色器（背景色）"对话框，在该对话框中设置背景颜色，如下 ❷ 所示。

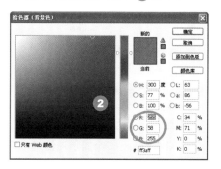

单击"拾色器"对话框中的"颜色库"按钮将切换至"颜色库"对话框，该对话框中可以选择更精确的颜色，如下 ❸ 所示。

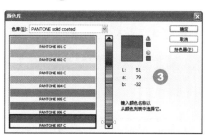

在设置了前景色或背景色后，单击"拾色器"对话框中的"添加到色板"按钮，打开"色板名称"对话框，设置颜色名后，单击"确定"按钮，将其添加到色板中，如下 ❹ 所示。

选择不同的颜色滑块

菜单：-
快捷键：-
版本：6.0, 7.0, CS, CS2, CS3，CS4
适用于：色彩调整

单击"颜色"面板右上角的扩展按钮，弹出"颜色"面板菜单，在面板菜单中显示了当前的颜色滑块，如下 ❶ 所示。

在面板菜单中选择"CMYK滑块"命令，将当前的RGB滑块切换到CMYK滑块，如下 ❷ 所示。

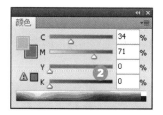

选择色谱

菜单：图像＞模式
快捷键：-
版本：6.0, 7.0, CS, CS2, CS3，CS4
适用于：图像

在"颜色"面板菜单中，除了可以对滑块进行设置外，还可以对色谱进行设置。直接在面板菜单中选择相应的色谱，则在"颜色"面板下将显示该色谱，如下 ❶ 所示。

02 色板的调整

应用"色板"面板能够对图像中的颜色信息进行编辑和更改，如果需要了解色板中各个颜色的信息，直接将光标放在该颜色块上将提示当前的色板名。应用"色板"面板菜单中的命令能够在原有色板的基础上追加更多的颜色，用于图像颜色的调整。

从"色板"面板选择颜色

菜单：窗口>色板
快捷键：-
版本：6.0, 7.0, CS, CS2, CS3，CS4
适用于：选择颜色

"色板"面板用于保存常用的颜色。执行"窗口>色板"菜单命令，打开"色板"面板，在"色板"面板中单击颜色块可以将所单击的颜色设置为前景色，如下 **1** 所示。

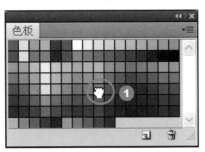

将光标停放在"色板"中的某一颜色块上会显示该颜色的名称，如下 **2** 所示。

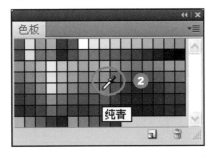

右击色板中的颜色块，在弹出的快捷菜单中选择"重命名色板"命令，弹出"色板名称"对话框，在该对话框中重新对色板进行命名操作，如下 **3** 所示。

提示

单击"色板"面板右上角的"关闭"按钮，能够关闭所打开的"色板"面板。

在色板中增加印刷色

菜单：-
快捷键：-
版本：6.0, 7.0, CS, CS2, CS3，CS4
适用于：增加颜色

在默认情况下，色板中显示了在编辑图像时常用的颜色。单击"色板"面板右上角的扩展按钮，在弹出的面板菜单中选择其中一种印刷色，如下 **1** 所示，可以将更多的颜色追加到色板中。

这时会弹出一个提示对话框，在该对话框中包括"确定"、"取消"和"追加"三个按钮。单击"确定"按钮，则应用所选择印刷色替换当前色板中的颜色；单击"取消"按钮，则取消色板的替换和追加；单击"追加"按钮，则将所选择的印刷色追加到色板中，如下 **2** 所示。

此时，单击"追加"按钮，即可将该印刷色添加到色板中，如下 **3** 所示。

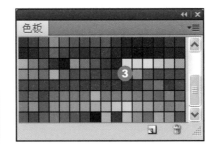

复位和载入色板

菜单：复位/载入色板
快捷键：-
版本：6.0, 7.0, CS, CS2, CS3，CS4
适用于：添加颜色

应用"色板"面板可以复位和载入色板。如果色板颜色太多，单击"色板"面板上的扩展按钮，在弹出的面板菜单中选择"复位色板"命令，则可以复位色板，如下 **1** 所示。

在面板菜单中选择"预设管理器"命令，则打开"预设管理器"对话框，如下 **2** 所示。

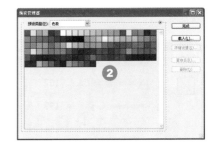

单击"预设管理器"对话框右侧的"载入"按钮，弹出"载入"对话框，在该对话框中选择需要载入的色板，单击"确定"按钮即可将色板载入到"色板"面板中，如下 **3** 所示。

03 认识"调整"面板

"调整"面板用于图像色彩或色调的调整，通过单击"调整"面板中的调整命令按钮，可以在图像或选区上创建调整图层，通过设置不同的参数信息，更改原来图像的色彩或色调。

分析"调整"面板

菜单：窗口＞调整
快捷键：-
版本：CS4
适用于：调整图像

"调整"面板用于快速选择调整命令并设置调整参数，更改图像颜色或色调等。执行"窗口＞调整"菜单命令，打开"调整"面板，如下 1 所示。在"调整"面板上方，将 Photoshop CS4中的大部分调整命令以图标的方式放置在面板上；在面板中间部分，则是一些调整命令的预设选项。

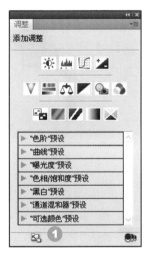

单击"调整"面板左下角的"将面板切换到展开视图"按钮可以切换面板显示方式，如下 2 所示。

添加调整图层

菜单：图层＞新建调整图层
快捷键：-
版本：CS4
适用于：图像或选区

应用"调整"面板可以快速创建调整图层。单击"调整"面板上方的其中一个调整命令按钮，如下 1 所示。

弹出该调整命令的参数设置面板，如下 2 所示。

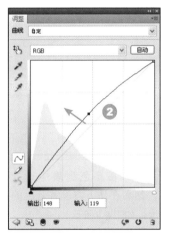

在参数设置面板中设置完成后，切换至"图层"面板，此时在"图层"面板中的当前图层中即添加了一个新的调整图层，如下 3 所示。

从预设选项进行图像的调整

菜单：-
快捷键：-
版本：CS4
适用于：预设调整

在调整图像时，除了可以自己设置参数进行图像的调整外，还可以通过"调整"面板中的预设选项进行图像的调整。单击预设调整左侧的下拉按钮，弹出预设列表，如下 1 所示。

单击预设列表中的"红色提升"，则弹出该预设的参数设置，如下 2 所示。

如下 3 所示，图中左侧为原图像效果，右侧为应用"氰版照相"预设调整的图像效果。

应用"调整"面板制作艺术照片

"调整"面板主要用于对整个图像或选区内的图像进行颜色及色调的变换。本实例中应用"调整"面板中的 "色相/饱和度"和"曲线"等多个调整选项,创建调整图层,对拍摄的照片进行艺术色彩的变换处理。

素材文件: 素材\Part 03\01.jpg　　　　　最终文件: 源文件\Part 03\制作艺术照片.psd

Before　　　　　　　　　　　　　**After**

STEP 01 执行"文件>打开"菜单命令,打开随书光盘\素材\Part 03\01.jpg 文件,如下 **1** 所示。

STEP 02 打开"调整"面板,单击 "色相/饱和度"按钮■,弹出参数 面板,然后在该面板中设置色相/饱和 度,如下 **2** 所示。

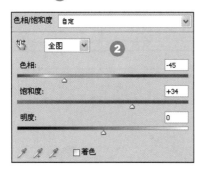

STEP 03 在颜色列表中选择"红色",然后在其下方设置红色的色相/饱和度,如下 **3** 所示。

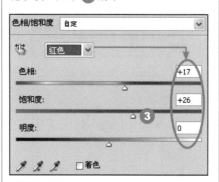

STEP 04 在颜色列表中选择"蓝色",然后在其下方设置蓝色的色相/饱和度,如下 **4** 所示。

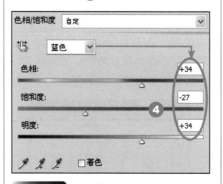

STEP 05 设置完成后,应用所设置的 色相/饱和度参数,调整图像颜色,调 整后的图像效果如右上 **5** 所示。

STEP 06 选择"快速选择"工具,在人像皮肤上连续单击创建选区,如下 **6** 所示。

STEP 07 执行"选择>修改>羽化"菜单命令，打开"羽化选区"对话框，设置羽化半径，如下 **7** 所示。

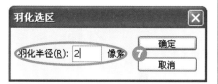

STEP 08 羽化选区后，打开"调整"面板，单击"照片滤镜"按钮，弹出参数面板，然后在该面板中设置如下 **8** 所示的参数。

STEP 09 设置完成后，应用照片滤镜效果，如下 **9** 所示。

STEP 10 选择"照片滤镜1"图层，将图层混合模式设置为"变亮"，如下 **10** 所示。

STEP 11 设置完成后，应用"变亮"混合模式混合图像，如下 **11** 所示。

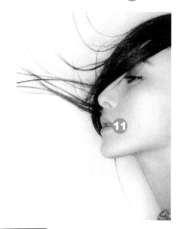

STEP 12 选择"快速选择"工具，在人物的嘴唇上连续单击，创建选区，如下 **12** 所示。

STEP 13 执行"选择>修改>羽化"菜单命令，打开"羽化选区"对话框，设置羽化半径，如下 **13** 所示。

STEP 14 羽化选区后，打开"调整"面板，单击"色相/饱和度"按钮，弹出参数面板，然后在该面板中设置如下 **14** 所示的参数。

STEP 15 在颜色列表中选择"青色"，然后在其下方设置青色的色相/饱和度，如下 **15** 所示。

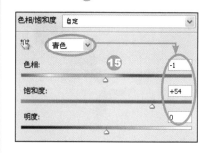

提示
在"色相/饱和度"列表中能够应用预设参数调整图像的色相/饱和度。

STEP 16 完成色相/饱和度参数设置后，应用所设置的参数，增加嘴唇的红色饱和度，如下 **16** 所示。

STEP 17 打开"调整"面板，单击"曲线"按钮，弹出参数面板，然后在该面板中向下拖曳曲线，调整曲线，如下 **17** 所示。

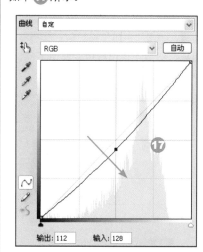

99

STEP 18 曲线参数设置完成后,应用所设置的曲线参数,调整嘴唇的明暗度,如下 18 所示。

STEP 19 按下Ctrl键,单击"曲线1"图层缩览图,载入脸部选区,如下 19 所示。

STEP 20 执行"选择>修改>羽化"菜单命令,打开"羽化选区"对话框,设置羽化半径,如下 20 所示。

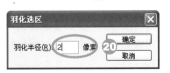

STEP 21 羽化选区后,打开"调整"面板,单击"色阶"按钮,弹出参数面板,然后在该面板中设置如下 21 所示的参数。

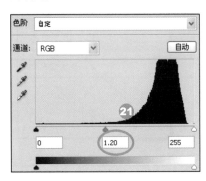

提示

在"色阶"对话框中单击"选项"按钮,即可打开"自动颜色校正选项"对话框,在该对话框中设置应用于"自动对比度"、"自动色阶"和"自动颜色"的参数。

STEP 22 设置完成后,应用所设置的色阶参数,调整图像,如下 22 所示。

STEP 23 打开"调整"面板,单击"黑白"按钮,弹出参数面板,勾选"色调"复选框,设置目标颜色为R244、G235、B214,然后在面板下方设置各项参数,如下 23 所示。

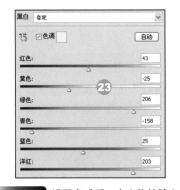

STEP 24 设置完成后,在人物的脸上应用所设置的黑白色调效果,如下 24 所示。

STEP 25 选择"黑白1"图层,将图层"不透明度"设置为10%,如下 25 所示。

STEP 26 设置完成后,降低图像的不透明度,效果如下 26 所示。

STEP 27 选择"横排文字"工具 和"直排文字"工具,在图像左下角的位置处输入文字,并分别设置其文字属性,最终得到如下 27 所示的效果。

04 认识"蒙版"面板

"蒙版"面板用于编辑蒙版，通过单击"蒙版"面板中的"添加像素蒙版"和"添加矢量蒙版"按钮快速创建图层蒙版和矢量蒙版。在"蒙版"面板中可以对蒙版参数进行设置，得到不同的图像效果。

分析"蒙版"面板

菜单：窗口>蒙版
快捷键：-
版本：CS4
适用于：蒙版

"蒙版"面板用于快速创建图层蒙版和矢量蒙版。执行"窗口>蒙版"菜单命令，打开"蒙版"面板，如下 ❶ 所示。在未创建蒙版前，"蒙版"面板中的所有选项和按钮都为灰色不可使用状态。

如果已经在图像上添加了图层蒙版，打开"蒙版"面板，则面板中的所有按钮和选项才会被激活，用户可以对其各项参数进行设置，如下 ❷ 所示。

单击"蒙版"面板上的"蒙版边缘"按钮，弹出"调整蒙版"对话框，如下 ❸ 所示。

在"调整蒙版"对话框中，增加"半径"值可以柔化和过渡细节的区域边缘。半径值越大，边缘越柔和。半径为1时，边缘效果如下 ❹ 所示。

半径为100时，边缘效果如下 ❺ 所示。

增加"对比度"值可以使柔化的边缘再次变得犀利，同时还将除去选区边框模糊的不自然感，如下 ❻ 所示为将"对比度"设置为50时的边缘效果。

"平滑"选项可以去除选区边缘的锯齿，"羽化"选项可以使用平滑模糊柔化选区边缘，如下 ❼ 所示为"羽化"选区边缘效果。

"扩展/收缩"选项用于选区的扩展和收缩，当向左拖曳为负值时，收缩选区，如下 ❽ 所示。

向右拖曳为正值时，扩展选区，如下页 ❾ 所示。

在"蒙版"面板中单击"颜色范围"按钮，弹出"色彩范围"对话框，如下⑩所示。

在"色彩范围"对话框中对蒙版图像的颜色容差进行设置。设置的颜色容差值越大，所得到的颜色信息就越多，当将"颜色容差"设置为100时，效果如下⑪所示。

当将"颜色容差"设置为200时，效果如下⑫所示。

在"蒙版"面板中单击"反相"按钮，则可以反相选择蒙版颜色，如下⑬所示。

创建像素蒙版

菜单：
快捷键：-
版本：CS4
适用于：像素蒙版

在"图层"面板中选择要添加像素蒙版的图层，单击"蒙版"面板中的"添加像素蒙版"按钮，如下①所示。

单击后，即为图像添加了像素蒙版，如下②所示。

选择"画笔"工具，将前景色设置为黑色，在蒙版图像上涂抹隐藏蒙版中的图像，如下③所示。

创建矢量蒙版

菜单：
快捷键：-
版本：CS4
适用于：矢量蒙版

创建矢量蒙版的方法与创建图层蒙版的方法类似，单击"蒙版"面板中的"添加矢量蒙版"按钮，如下①所示。

在所选图层中添加上矢量蒙版，选择工具箱中的绘制工具，即可在图像上进行矢量图形的绘制，如下②所示。

应用图层蒙版合成图像

使用图层蒙版可以将图像中不需要的图像隐藏。本实例中，将多个不同的素材图像移至同一个图像内，然后分别为各个图层添加上图层蒙版，再选择"画笔"工具涂抹隐藏部分图像完成图像的合成。

素材文件：素材 \Part 03\02.jpg、03.jpg、04.jpg、05.jpg　　最终文件：源文件 \Part 03\ 合成图像 .psd

Before

After

STEP 01 执行"文件＞打开"菜单命令，打开随书光盘\素材\Part 03\02.jpg文件，如下 **1** 所示。

STEP 02 打开随书光盘\素材\Part 03\03.jpg文件，如下 **2** 所示。

STEP 03 选择"移动"工具 ▶♦，将03图像移至02图像上，再适当调整其大小，如下 **3** 所示。

STEP 04 执行"图像＞调整＞亮度/对比度"菜单命令，打开"亮度/对比度"对话框，在该对话框中设置各项参数，然后单击"确定"按钮，如下 **4** 所示。

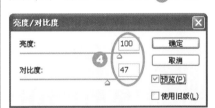

STEP 05 应用所设置的参数，增加汽车的亮度/对比度，如下 **5** 所示。

STEP 06 打开"图层"面板，单击面板下方的"添加图层蒙版"按钮 ▣，如下 **6** 所示。

STEP 07 为"图层1"图层添加图层蒙版，如下 **7** 所示。

STEP 08 选择"画笔"工具 ☑，设置前景色为黑色，在蒙版图像上涂抹，如下 **8** 所示。

STEP 09 连续涂抹，将不需要的图像隐藏起来，如下 **9** 所示。

STEP 10 打开随书光盘\素材\Part 03\04.jpg文件，如下 ⑩ 所示。

STEP 11 选择"移动"工具 ⊕ ，将 04图像移至02图像中，然后调整图像 大小，如下 ⑪ 所示。

STEP 12 单击"图层"面板下方的 "添加图层蒙版"按钮 □ ，添加图层 蒙版，如下 ⑫ 所示。

STEP 13 选择"画笔"工具 ✐ ，设 置前景色为黑色，在蒙版图像上涂抹， 如下 ⑬ 所示。

STEP 14 连续涂抹，隐藏边缘的图 像，如下 ⑭ 所示。

STEP 15 选择"图层2"图层，将图 层混合模式设置为"差值"，如下 ⑮ 所示。

STEP 16 设置完成后，应用所设置的 图层混合模式混合图像，效果如下 ⑯ 所示。

STEP 17 选择"图层2"图层，将 其拖曳至"图层1"下方，如下 ⑰ 所示。

STEP 18 调整图层顺序后，"图层 2"中的部分图像被"图层1"中的图像 遮盖，如下 ⑱ 所示。

STEP 19 选择"图层2"图层，并拖 曳至"创建新图层"按钮 ⊐ 上，复制 得到"图层2副本"，如下 ⑲ 所示。

STEP 20 复制图层后，图像颜色对比 度增加，如下 ⑳ 所示。

STEP 21 按下快捷键Ctrl+T，再右击编 辑框内的图像，在弹出的快捷键菜单中 选择"水平翻转"命令，如下 ㉑ 所示。

STEP 22 执行上一步操作命令后，水 平翻转图像，效果如下页 ㉒ 所示。

STEP 23 打开随书光盘\素材\Part 03\05.jpg文件，如下 23 所示。

STEP 24 选择"移动"工具，将 05图像移至02图像上，如下 24 所示。

STEP 25 选择"图层3"图层，将图层混合模式设置为"强光"，如下 25 所示。

STEP 26 设置完成后，应用所设置的图层混合模式混合图像，效果如下 26 所示。

STEP 27 选择"图层3"图层，单击"添加图层蒙版"按钮，为该图层添加图层蒙版，如下 27 所示。

STEP 28 选择"画笔"工具，设置前景色为黑色，在蒙版图像上涂抹，如下 28 所示。

STEP 29 继续涂抹，隐藏边缘图像，如下 29 所示。

STEP 30 选择"图层3"图层，然后将其拖曳至"背景"图层上方，如下 30 所示。

STEP 31 调整图层顺序后，"图层3"中的部分图像被上层图层遮盖，如下 31 所示。

STEP 32 选择"横排文字"工具，在图像右上角输入文字，如下 32 所示。

STEP 33 双击"文字"图层，打开"图层样式"对话框，在该对话框中勾选"投影"复选框，再设置各项参数，如下 33 所示。

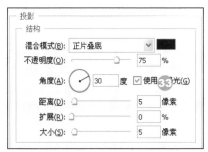

STEP 34 设置完成后，为文字添加投影样式，如下 34 所示。

05　图层的基础

图层是编辑和制作各种图像的基本，在Photoshop中，对图像的编辑或更改都是在图层中执行的，运用"图层"面板可以快速地进行创建、链接、锁定和删除等操作。

分析"图层"面板

菜单：窗口>图层
快捷键：-
版本：6.0, 7.0, CS, CS2, CS3，CS4
适用于：图层

在对图像文件进行编辑时必不可少的即是图层，在Photoshop中做的所有操作都保存在图层中，而这些图层均被放在"图层"面板中。运用"图层"面板可以有效地管理图层和图层组。"图层"面板大致分为混合模式下拉列表、不透明度下拉列表、提供锁定功能的按钮、图层项目列表以及快捷按钮图标，如下 ① 所示。

在"图层"面板上通过混合模式下拉列表对图像设置特殊的混合模式，总体分为6大类共25种不同的混合模式。系统默认的是"正常"模式，效果如下 ② 所示。

设置混合模式为"正片叠底"时，效果如右上 ③ 所示。

设置混合模式为"滤色"时，效果如下 ④ 所示。

设置混合模式为"强光"时，效果如下 ⑤ 所示。

设置混合模式为"排除"时，效果如下 ⑥ 所示。

在"图层"面板中间显示当前图像中所有的图层，如普通图层、文字图层、形状图层、蒙版图层以及调整图层等，如下 ⑦ 所示。

单击"图层"面板下方的快捷按钮图标，可以快速实现图层的新建、删除等基本操作，分别为"链接图层"、"添加图层样式"、"添加图层蒙版"、"创建新的填充或调整图层"、"创建新组"、"创建新图层"、"删除图层"图标，如下 ⑧ 所示。

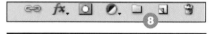

了解"图层"面板菜单

菜单："图层"面板菜单
快捷键：-
版本：6.0, 7.0, CS, CS2, CS3，CS4
适用于：面板

"图层"面板菜单上，提供了"图层"面板中提供的基本功能和用于设置图层产生图形效果的各项命令。单击"图层"面板右上角的扩展按钮，打开面板菜单，在面板菜单上部分为基本功能，如下 ① 所示。

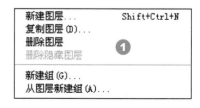

执行"新建图层"命令，在当前所选图层上层新建一透明图层，如下 **2** 所示。

执行"复制图层"命令，打开"复制图层"对话框，在对话框中显示了所要复制的图层和被复制的图层，如下 **3** 所示。

单击"确定"按钮，复制所选择的图层，如下 **4** 所示。

提示

在"图层"面板中选择要复制的图层，并将其拖曳至"创建新图层"按钮上，或者按下快捷键Ctrl+D可以复制得到该图层的副本图层。

执行"删除图层"命令，弹出提示对话框，询问是否删除图层，单击"是"按钮则删除图层，单击"否"按钮则取消删除，如下 **5** 所示。

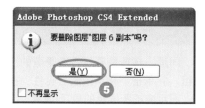

如果图层中包括隐藏图层，执行"删除隐藏图层"命令将删除图像中所有的隐藏图层。

"图层"面板中除了图层外还有用于管理图层的图层组，执行"新建组"命令与单击"图层"面板下的"新建组"按钮作用相同，都能够打开"新建组"对话框，在该对话框中设置需要新建的组名以及相关的属性，如下 **6** 所示。

执行"从图层新建组"命令能够从所选图层上新建图层组，并将该图层放置在新建的图层组内，如下 **7** 所示。

"图层"面板菜单中包括了用于图层操作的全部菜单命令，除了上面所讲的基本操作外，还有其他更多的高级操作，如下 **8** 所示。

使用"图层"面板也可以对图层进行合并、拼合等，同时还能够对面板选项进行设置，执行"面板选项"命令，打开"图层面板选项"对话框，如右上 **9** 所示。

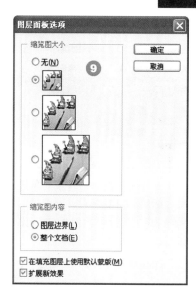

"图层面板选项"对话框用于设置"图层"面板的选项。在该对话框中可以对图层缩览图的大小进行设置，系统默认为"小"选项。选中"无"单选按钮时，在"图层"面板中将不显示图层缩览图，如下 **10** 所示。

选中"大"单选按钮时，将以最大的方式显示图层缩览图，如下 **11** 所示。

在"图层"面板菜单中执行"转换为智能对象"命令可以将图层转换为智能对象，当转换为智能对象后，在该图层下方会出现两个黑色小正方形，如下页 **12** 所示。

双击智能对象，打开该对象进行编辑，编辑后将其保存，则编辑后的结果将自动更新到原图像中，如下 ⑬ 所示。

锁定图层

菜单：-
快捷键：-
版本：6.0，7.0，CS，CS2，CS3，CS4
适用于：图层

如果不想在选定的图层上应用相应的功能，可以单击"图层"面板中的锁定图标锁定图层。在"图层"面板中包括"锁定透明像素"、"锁定图像像素"、"锁定位置"和"锁定全部" 4 个锁定按钮。单击"锁定透明像素"按钮，将不能在图层中的透明区域进行任何编辑，如下 ① 所示。

> **提示**
> 双击"背景"图层可以将其转换为普通图层。

单击"锁定图像像素"按钮，将不能在图像中进行绘制，如下 ② 所示。

单击"锁定位置"按钮，则不能对图层中的对象进行移动操作，如下 ③ 所示。

单击"锁定全部"按钮，则不能对图层进行任何的修改和编辑。

显示/隐藏图层或图层组

菜单：图层＞显示/隐藏图层或图层组
快捷键：-
版本：6.0，7.0，CS，CS2，CS3，CS4
适用于：图层或图层组

在"图层"面板中，图层按创建的顺序依次排列。在一些特殊的情况下，为了查看某个图层或图层组中的对象，需要隐藏其他的图层或图层组。如下 ① 所示为打开后的图像效果。

单击"图层"面板中的"指示图层可见性"图标，如下 ② 所示。

隐藏"图层12"中的图像，此时图像颜色变淡，如下 ③ 所示。

如果需要将隐藏的图像再次显示出来，单击图层前方的"指示图层可见性"图标，如下 ④ 所示。

将隐藏的图层再次显示出来，恢复原来的图像效果，如下 ⑤ 所示。

同理，选择需要显示或隐藏的图层组，并单击"指示图层可见性"按钮，即可完成图层组的显示/隐藏。

应用"图层"面板制作创意海报

"图层"面板中存储了当前图像中的所有图层，应用"图层"面板可以快速创建新图层、删除图层、添加图层蒙版等。本实例通过创建图层，选择工具绘制路径，再合并所绘制的图案，并复制多个图像，制作创意海报。

素材文件：素材\Part 03\06.jpg　　　　　　　　最终文件：源文件\Part 03\制作创意海报.psd

Before

After

STEP 01 执行"文件＞新建"菜单命令，打开"新建"对话框，在该对话框中设置各项参数，然后单击"确定"按钮，如下 ❶ 所示。

STEP 02 新建一个宽7.5厘米，高10厘米的空白图像，如下 ❷ 所示。

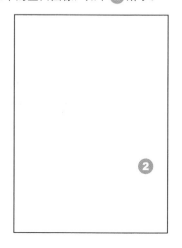

STEP 03 打开"图层"面板，单击"创建新图层"按钮 ，新建"图层1"图层，如下 ❸ 所示。

STEP 04 单击工具箱中的"拾色器"图标，弹出"拾色器（前景色）"对话框，在该对话框中设置颜色，如下 ❹ 所示。

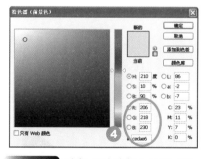

STEP 05 选择"油漆桶"工具 ，在图像上单击，为"图层1"填充所设置的前景色，如右上 ❺ 所示。

STEP 06 打开"图层"面板，单击"创建新图层"按钮 ，新建"图层2"图层，如下 ❻ 所示。

STEP 07 选择"多边形套索"工具，在图像上单击，再拖曳创建直线，如下 **7** 所示。

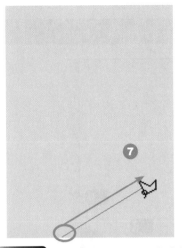

STEP 08 连续单击，当终点和起点位置重合时，得到如下 **8** 所示的选区。

STEP 09 设置前景色为黑色，选择"油漆桶"工具，在选区内单击，将选区填充为黑色，如下 **9** 所示。

STEP 10 选择"多边形套索"工具，创建多边形选区，如下 **10** 所示。

STEP 11 新建"图层3"图层，设置前景色为R206、G218、B230，按下快捷键Alt+Delete，填充选区，如下 **11** 所示。

STEP 12 选择"钢笔"工具，在图像右侧绘制如下 **12** 所示的工作路径。

STEP 13 打开"图层"面板，单击"创建新图层"按钮，新建"图层4"图层，如下 **13** 所示。

STEP 14 按下快捷键Ctrl+Enter，将路径转换为选区，如下 **14** 所示。

STEP 15 设置前景色为黑色，选择"油漆桶"工具，在选区内单击填充颜色，如下 **15** 所示。

STEP 16 选择"橡皮擦"工具，按下[键或]键，调整画笔大小，在图像四角位置涂抹，使图像边缘更平滑，如下页 **16** 所示。

STEP 17 新建"图层5"图层，选择"圆角矩形"工具 ▣，设置半径为13px，在图像上单击并拖曳绘制白色矩形，如下 **17** 所示。

STEP 18 执行"滤镜＞模糊＞高斯模糊"菜单命令，打开"高斯模糊"对话框，在该对话框中设置半径，再单击"确定"按钮，如下 **18** 所示。

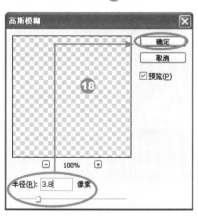

STEP 19 应用"高斯模糊"滤镜模糊图像，如下 **19** 所示。

STEP 20 按下快捷键Ctrl+J，复制一个图形，再适当缩小图像，如下 **20** 所示。

STEP 21 新建"图层6"图层，选择"矩形"工具 ▣，在图像上绘制一个黑色矩形条，如下 **21** 所示。

STEP 22 新建"图层7"图层，设置前景色为白色，选择"画笔"工具 ✎，在黑色矩形条中间再绘制一条白色直线，如下 **22** 所示。

STEP 23 执行"滤镜＞模糊＞高斯模糊"菜单命令，打开"高斯模糊"对话框，在该对话框中设置"半径"为2.5像素，然后单击"确定"按钮，如下 **23** 所示。

STEP 24 应用"高斯模糊"滤镜模糊图像，如下 **24** 所示。

111

STEP 25 按下Shift键，同时选取"图层6"和"图层7"图层，如下㉕所示。

STEP 26 按下快捷键Ctrl+Alt+E，盖印合并得到"图层7（合并）"图层，如下㉖所示。

STEP 27 按下快捷键Ctrl+J，复制多个"图层7（副本）"图层，如下㉗所示，再分别调整各图层中图像的大小和位置，如下㉘所示。

STEP 28 选择"橡皮擦"工具，将多余的图像擦除，如右上㉙所示。

STEP 29 选择"图层7（合并）副本4"和"图层7（合并）副本3"图层，将其移至"图层7（合并）"图层下面，如下㉚所示。

STEP 30 调整图层顺序后的图像效果如下㉛所示。

STEP 31 打开"图层"面板，在"图层7"上方新建"图层8"，设置前景色为黑色，在图像中绘制一个黑色椭圆，如右上㉜所示。

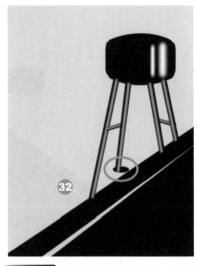

STEP 32 按下快捷键Ctrl+F，重复执行上一次所设置的"高斯模糊"滤镜模糊图像，如下㉝所示。

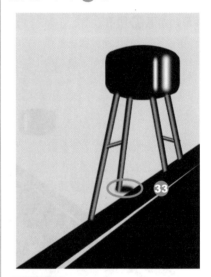

STEP 33 按下Shift键，同时选取"图层7"以及该图层上方的所有图层，如下㉞所示。

STEP 34 按下快捷键Ctrl+Alt+E，盖印合并生成"图层7（合并）副本2（合并）"图层，如下页㉟所示。

STEP 35 按下快捷键Ctrl+J，复制图层，如下 ③ 所示，再分别调整其位置，如下 ③ 所示。

STEP 36 打开随书光盘\素材\Part 03\06.jpg文件，并将其移至新建的图像中，如下 ③ 所示。

STEP 37 选择"魔棒"工具，在白色区域上单击，创建选区，如右上 ③ 所示。

STEP 38 按下Delete键，删除选区内的图像，如下 ④ 所示。

STEP 39 执行"编辑＞变换＞水平翻转"菜单命令，翻转图像，再缩小图像，如下 ④ 所示。

STEP 40 双击"图层9"图层，打开"图层样式"对话框，在该对话框中勾选"投影"复选框，然后设置各项参数，再单击"确定"按钮，如右上 ④ 所示。

STEP 41 设置完成后，为小鸟图层添加投影样式，如下 ④ 所示。

STEP 42 选择"横排文字"工具，在图像的上方和下方分别输入文字，如下 ④ 所示。

STEP 43 选择"横排文字"工具，选取图像中的部分文字，并重新设置文字颜色，设置后的图像效果如下 ④ 所示。

113

06　查看通道

通道用于存储图像中的颜色信息，不同颜色模式下的图像所包含的通道数也会有所不同。Photoshop CS4将图像中的所有通道都存放于"通道"面板中，应用"通道"面板能够快速载入通道选区或将选区载入到通道中。

分析"通道"面板

菜单：窗口>通道
快捷键：-
版本：6.0, 7.0, CS, CS2, CS3, CS4
适用于：通道

Photoshop将通道分为颜色通道、Alpha通道、专色通道等多种不同的类型，并将这些不同类型的通道存储在"通道"面板中，如下 ❶ 所示。

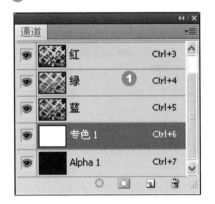

"通道"面板下包括"将通道作为选区载入"、"将选区存储为通道"、"创建新通道"和"删除当前通道"4个快捷按钮。单击"将通道作为选区载入"按钮，将通道内的图像打开为选区，功能与执行"载入选区"菜单命令相同。选择"绿"通道图像，单击"将通道作为选区载入"按钮，如下 ❷ 所示，载入"绿"通道选区，如下 ❸ 所示。

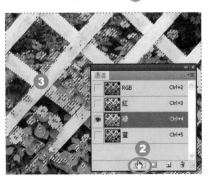

单击"将选区存储为通道"按钮 ，将图像中设置为选区的部分制作为通道，与执行"存储选区"菜单命令相同。运用"快速选择"工具在图像中单击创建选区，如下 ❹ 所示。

打开"通道"面板，单击"将选区存储为通道"按钮，将所创建的选区存储为Alpha1通道，如下 ❺ 所示，通道内的图像如下 ❻ 所示。

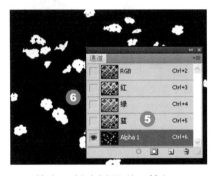

单击"创建新通道"按钮 ，将新建一个Alpha通道，如下 ❼ 所示。

选择"通道"面板中的一个通道，单击"删除当前通道"按钮 或将通道拖曳至"删除当前通道"按钮 上，将删除所选通道，如下 ❽ 所示。

删除通道后，原图像中的通道将自动进行组合，如下 ❾ 所示，删除通道后的图像效果如下 ❿ 所示。

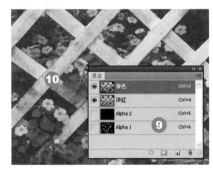

了解"通道"面板菜单

菜单："通道"面板菜单
快捷键：-
版本：6.0, 7.0, CS, CS2, CS3, CS4
适用于：通道

使用"通道"面板菜单能够对通道进行进一步的编辑，如新建/合并专色通道、设置通道选项、合并/分离通道以及通道面板选项的设置等，如下页 ❶ 所示为即为"通道"面板菜单。

选择"新建专色通道"命令，打开"新建专色通道"对话框，在该对话框中设置油墨颜色和密度，如下 ② 所示。

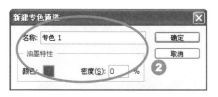

新建专色通道后，图像中的颜色会根据所创建的专色通道而自动应用专色通道中的颜色信息，如下 ③ 所示。

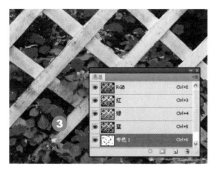

创建专色通道后，选择"合并专色通道"命令，则可以将专色通道与图像合并，并删除所创建的专色通道，如下 ④ 所示。

选择"通道选项"命令，将打开"通道选项"对话框，在该对话

框中可以设置蒙版的选择范围，更改蒙版的颜色和名称，同时也可以将Alpha通道转换为专色通道，如下 ⑤ 所示。

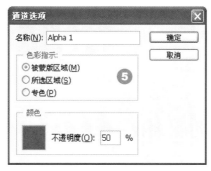

"分离通道"命令可以将图像分为基本颜色通道和Alpha通道，分离后的图像只有一个通道信息，如下 ⑥ 所示，且图像为灰度模式，如下 ⑦ 所示。

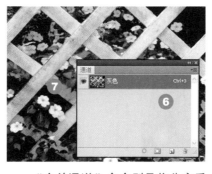

"合并通道"命令则是将分离后的通道进行合并。在合并通道时，在"合并通道"对话框中可以选择合并通道的颜色模式，如下 ⑧ 所示。

选择"CMYK颜色"模式，单击"确定"按钮，弹出"合并CMYK通道"对话框，确认合并的通道信息，如下 ⑨ 所示，合并通道，如下 ⑩ 所示。

选择"面板选项"命令，可以打开"通道面板选项"对话框，在该对话框中设置"通道"面板上缩略图的大小，设置的缩略图越大，图像处理的速度也就越慢，如下 ⑪ 所示。

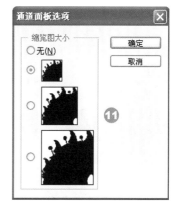

设置"缩略图大小"为"无"时，"通道"面板中的通道显示效果如下 ⑫ 所示。

设置"缩略图大小"为"中大"时，"通道"面板中的通道显示效果如下 ⑬ 所示。

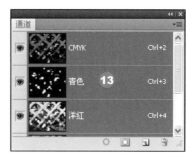

选中单一通道

菜单: -
快捷键: -
版本: 6.0, 7.0, CS, CS2, CS3, CS4
适用于: 通道

　　打开"通道"面板,单击该面板中的某一通道,即可选择该通道中的图像。如下 **1** 所示为打开一幅RGB图像。

　　单击"红"通道,如下 **2** 所示,选择"红"通道图像,如下 **3** 所示。

提示

　　为了更快速地选择和编辑系统默认的通道,Photoshop为各个通道设置了快捷键,RGB通道为Ctrl+2,红通道为Ctrl+3,绿通道为Ctrl+4,蓝通道为Ctrl+5。

　　单击"绿"通道,如下 **4** 所示,选择"绿"通道图像,如下 **5** 所示。

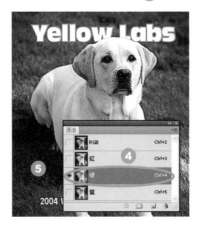

　　单击"蓝"通道,如下 **6** 所示,选择"蓝"通道图像,如下 **7** 所示。

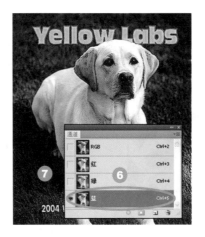

提示

　　按下Shift键连续单击通道,可以选择多个连续的通道;按下Ctrl键单击,可以选择多个不连续的通道。

显示和隐藏通道

菜单: -
快捷键: -
版本: 6.0, 7.0, CS, CS2, CS3, CS4
适用于: 通道

　　应用"通道"面板能够快速地显示或隐藏通道。在"通道"面板中显示或隐藏通道的方法与图层的显示与隐藏操作类似。打开图像后,在"通道"面板中显示了图像中所包含的全部通道,如右上 **1** 所示。

　　单击"蓝"通道中的"指示通道可见性"图标,如下 **2** 所示,隐藏"蓝"通道图像,如下 **3** 所示。

　　隐藏通道后,再单击"蓝"通道上的"指示通道可见性"图标,如下 **4** 所示,则能够将隐藏的通道显示出来,如下 **5** 所示。

应用通道制作时尚杂志广告

通道存储了图像中的颜色信息，在通道内的图像是以黑白模式进行显示的，所以通道适合于复杂图像的抠出。本实例中应用通道选择复杂的人像，首先在“通道”面板中选择“蓝”通道，然后再对该通道内的图像进行颜色的调整，抠出图像中的人物，合成服装杂志广告。

素材文件：素材\Part 03\07.jpg、08.jpg　　最终文件：源文件\Part 03\制作时尚杂志广告.psd

Before

After

STEP 01 执行“文件>打开”菜单命令，打开随书光盘\素材\Part 03\07.jpg文件，如下❶所示。

STEP 02 选择“蓝”通道，并将其拖曳至“创建新通道”按钮上，复制得到“蓝副本”通道，如下❷所示。

STEP 03 执行“图像>调整>色阶”菜单命令，打开“色阶”对话框，在该对话框中设置色阶参数，如下❸所示。

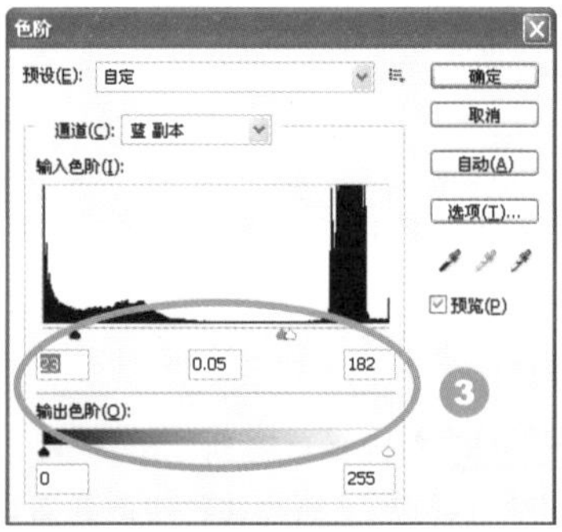

STEP 04 设置完成后，图像变为具有明显对比的黑白图像，如下❹所示。

STEP 05 选择工具箱中的“画笔”工具，设置前景色为黑色，将人物涂抹成黑色，如下❺所示。

STEP 06 按下Ctrl键，单击“蓝副本”通道缩览图，载入通道选区，返回颜色通道，得到人物选区，如下❻所示。

STEP 07 执行"文件>新建"菜单命令，在打开的"新建"对话框中设置文件宽度、高度和分辨率，如下**7**所示，然后单击"确定"按钮，新建文件。

> **提示**
>
> 在"新建"对话框中设置新建文件的分辨率，分辨率越大，图像所占的内存空间越大。

STEP 08 打开"图层"面板，单击"创建新图层"按钮，新建"图层1"图层，如下**8**所示。

STEP 09 单击前景拾色器图标，设置前景色为R181、G224、B255，选择"矩形"工具，在图像中间位置绘制一个矩形，如下**9**所示。

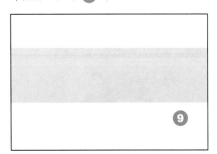

STEP 10 打开"图层"面板，单击"创建新图层"按钮，新建"图层2"图层，如右上**10**所示。

STEP 11 选择"自定形状"工具，单击形状右侧的下拉按钮，打开形状列表，选择"云彩1"，如下**11**所示。

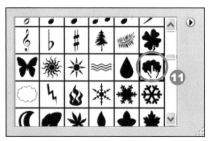

STEP 12 将前景色设置为白色，再单击并连续拖曳，绘制多个大小不一的云彩图像，如下**12**所示。

STEP 13 选择"移动"工具，将人物选区拖曳至新建文件中，并适当调整其大小和位置，如下**13**所示。

STEP 14 按下快捷键Ctrl+J，复制人物图层，缩小人物图像，并调整其位置，如右上**14**所示。

STEP 15 打开随书光盘\素材\Part 03\08.jpg文件，如下**15**所示。

STEP 16 选择"蓝"通道图像，如下**16**所示，并将其拖曳至"创建新通道"按钮上，复制得到"蓝 副本"通道，如下**17**所示。

STEP 17 按下快捷键Ctrl+L，打开"色阶"对话框，在该对话框中设置色阶参数，如下页**18**所示。

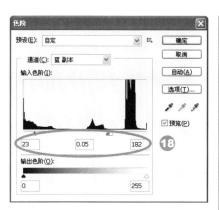

STEP 18 设置完成后，应用所设置的色阶参数调整图像，效果如下 **19** 所示。

STEP 19 设置前景色为黑色，选择"画笔" 工具，在人物上涂抹，涂抹后的图像如下 **20** 所示。

STEP 20 按下Ctrl键，单击"蓝副本"通道缩览图，载入通道选区，返回颜色通道，得到人物选区，如右上 **21** 所示。

STEP 21 选择"移动"工具 ，将人物拖曳至新建文件中，并缩小图像，调整其位置，如下 **22** 所示。

STEP 22 选择"橡皮擦"工具 ，将人物下方的多余部分擦除，如下 **23** 所示。

STEP 23 按下快捷键Ctrl+J，复制人物，执行"编辑＞变换＞水平翻转"菜单命令，翻转图像，翻转后将其移至图像右侧，如下 **24** 所示。

STEP 24 选择"横排文字"工具 ，设置文字属性，在图像中输入文字，如下 **25** 所示。

STEP 25 新建"图层5"图层，设置前景色为R58、G172、B199，选择"直线"工具，设置"粗细"为3px，在右下角的文字下方绘制直线，如下 **26** 所示。

STEP 26 选择"自定义形状"工具 ，选择"蝴蝶"形状 ，如下 **27** 所示，新建"图层6"图层，在直线左侧绘制蝴蝶图案，如下 **28** 所示。

STEP 27 选择"钢笔"工具 ，在窗口下半部分绘制路径，绘制完成后按下快捷键Ctrl+Enter，将路径转换为选区，如下 **29** 所示。

119

STEP 28 设置前景色为R181、G224、B255，新建"图层7"图层，按下快捷键Alt+Delete，填充选区，如下所示。

STEP 29 按下快捷键Ctrl+J，复制图层，并将"图层7副本"图层的"不透明度"设置为33%，如下所示，设置后的图像效果如下所示。

> **提示**
> 按下键盘上的↑键或↓键，可以快速切换图层混合模式。

07 路径的创建

运用形状工具或钢笔工具能够在图像上绘制各种形状的路径，创建路径后，在"路径"面板中将显示当前所创建的工作路径。使用"路径"面板可以快速显示/隐藏创建的路径，可以将路径转换为选区或运用设置的前景色对路径进行颜色填充。

分析"路径"面板

菜单：窗口＞路径
快捷键：-
版本：6.0, 7.0, CS, CS2, CS3，CS4
适用于：路径

使用"路径"面板可以显示、隐藏、创建、复制和删除路径。在图像上创建好路径后，该路径将被自动存放于"路径"面板中，如下所示。"路径"面板主要由保存的路径、当前的路径和快捷按钮组成。

单击"路径"面板下方的"用画笔描边路径"按钮 ，将为选定的路径轮廓描边，如下所示。

> **提示**
> 按下快捷键Ctrl+Enter，可以快速将所创建的路径转换为选区。

在图像中创建选区，如下所示。

在图像中创建路径后，单击"路径"面板下方的"用前景色填充路径"按钮 ，将运用前景色填充所创建的路径，如右上所示。

单击"将路径作为选区载入"按钮 ，可以将创建的路径以选区的方式载入到图像中，如右上所示。

单击"从选区生成工作路径"按钮 ，将创建的选区转换为工作路径，如下页所示。

单击"创建新路径"按钮 ▣，新建一个工作路径，如下 ⑦ 所示。

选择"路径"面板中的路径，单击"删除当前路径"按钮 ﹅，弹出提示删除路径对话框，单击"是"按钮删除路径，如下 ⑧ 所示。

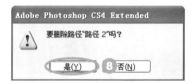

选择路径，并将其拖曳至"删除当前路径"按钮 ﹅ 上，也可以实现删除路径的效果，如下 ⑨ 所示。

分析"路径"面板菜单

菜单："路径"面板菜单
快捷键：-
版本：6.0, 7.0, CS, CS2, CS3，CS4
适用于：路径

单击"路径"面板右上角的扩展按钮，弹出"路径"面板菜单，在该面板菜单中包括了路径的基本操作和参数选项，如下 ① 所示。

存储路径...
复制路径...
删除路径

建立工作路径

建立选区...
填充路径...
描边路径... ①

剪贴路径...

面板选项...

关闭
关闭选项卡组

选择"建立选区"命令，打开"建立选区"对话框，在该对话框中的"渲染"选项组中可以对选区进行羽化，并且可以增加或减去选区，如下 ② 所示。

设置"羽化半径"为5时，建立选区，如下 ③ 所示。

设置"羽化半径"为20时，建立选区，如下 ④ 所示。

选择"填充路径"命令，打开"填充路径"对话框，在该对话框中对填充的内容和混合方式进行设置，如右上 ⑤ 所示。

选择"描边路径"命令，将打开"描边路径"对话框，如下 ⑥ 所示。

在"描边路径"对话框中勾选"模拟压力"复选框后，对路径进行描边时，将模拟绘画笔效果，如下 ⑦ 所示。

选择"面板选项"命令，将弹出"路径面板选项"对话框，在该对话框中可以对"路径"面板中的缩略图大小进行调整。

> **提示**
> 在运用画笔描边路径前，应先选择"画笔"工具，并设置画笔属性。

选中路径层

菜单：-
快捷键：-
版本：6.0, 7.0, CS, CS2, CS3，CS4
适用于：路径

如果"路径"面板中包括一个或多个路径，在面板中单击即可选择路径，如下页 ① 所示，并将路径显示在图像中，如下页 ② 所示。

后，可以取消选中的路径，并隐藏该路径。单击"路径"面板中的空白区域，可以取消路径的选中状态，如下 ① 所示，并隐藏图像中的路径，如右上 ② 所示。

取消路径的选中状态

菜单：-
快捷键：-
版本：6.0, 7.0, CS, CS2, CS3, CS4
适用于：路径

对路径进行填充、描边等操作

应用路径绘制手机广告

使用"路径"工具再结合"路径"面板，可以绘制各种不同形状的图形。在本实例中，首先绘制蝴蝶和花朵图像，然后将广告的主对象手机添加到右上角，并添加上宣传语，制作一个品牌手机广告。

📁 素材文件：素材\Part 03\09.jpg、10.jpg　　🎬 最终文件：源文件\Part 03\宣传手机广告.psd

Before　　**After**

STEP 01 执行"文件>打开"菜单命令，打开随书光盘\素材\Part 03\09.jpg 文件，如下 ① 所示。

STEP 02 执行"图像>调整>去色"菜单命令，对图像进行去色处理，如下 ② 所示。

STEP 03 执行"文件>新建"菜单命令，打开"新建"对话框，在该对话框中设置如下 ③ 所示参数。

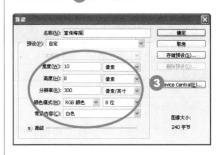

STEP 04 单击前景拾色器图标，打开"拾色器（前景色）"对话框，设置前景色为R227、G227、B227，单击"确定"按钮，新建"图层1"图层选择"矩形"工具，绘制一个页面大小的灰色矩形，如下 4 所示。

STEP 05 选择"移动"工具，将人物移动至新建文件的左侧，并适当调整人像大小，如下 5 所示。

STEP 06 选择"橡皮擦"工具，选择柔角画笔，涂抹人像的边缘，涂抹后的图像如下 6 所示。

STEP 07 选择"椭圆"工具，在其选项栏中单击"路径"按钮，绘制正圆路径，如下 7 所示。

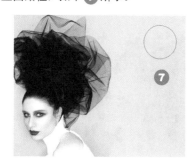

STEP 08 单击前景拾色器图标，弹出"拾色器（前景色）"对话框，设置前景色为R255、G6、B6，如下 8 所示。

STEP 09 设置前景色为红色，新建"图层3"图层，切换至"路径"面板，单击"用前景色填充路径"按钮，如下 9 所示。

STEP 10 运用所设置的前景色填充路径，如下 10 所示。

STEP 11 单击"路径"面板中的空白区域，取消路径的选择，如下 11 所示。

STEP 12 单击"将路径作为选区载入"按钮，将绘制的路径载入到选区内，如下 12 所示。

STEP 13 执行"选择>修改>边界"菜单命令，打开"边界选区"对话框，在该对话框中设置各项参数，如下 13 所示，单击"确定"按钮。

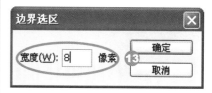

STEP 14 执行上一步操作后，在图像上创建边界选区，如下 14 所示。

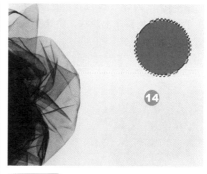

STEP 15 设置前景色为白色，按下快捷键Alt+Delete填充选区，如下 15 所示。

STEP 16 打开随书光盘\素材\Part 03\10.jpg文件，如下页 16 所示。

STEP 17 选择"移动"工具 ⊕ ，将手机图像移动至红色圆内，并适当调整图像大小，如下 **17** 所示。

STEP 18 选择"橡皮擦"工具 ✐ ，在手机的白色背景上涂抹，擦除图像，如下 **18** 所示。

STEP 19 选择"自定形状"工具 ❧ ，单击选项栏上的"形状"下拉按钮，打开形状列表，选择"蝴蝶"图案 ❦ ，如下 **19** 所示。

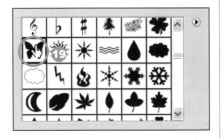

STEP 20 在选项栏中单击"路径"按钮 ❑ ，按下Shift键，单击并拖曳绘制蝴蝶路径，如下 **20** 所示。

STEP 21 按下快捷键Ctrl+T，将光标放在路径右上角，当光标变为折线箭头时，拖曳旋转，如下 **21** 所示。

STEP 22 旋转到适当位置后，按下Enter键，确定旋转操作，如下 **22** 所示。

STEP 23 设置前景色为黑色，新建"图层6"图层，单击"路径"面板中的"用前景色填充路径"按钮 ● ，如下 **23** 所示，填充路径，效果如下 **24** 所示。

STEP 24 单击"路径"面板中的空白区域，取消选中路径，如下 **25** 所示。

STEP 25 使用同样的方法，绘制更多的蝴蝶图形，如下 **26** 所示。

STEP 26 选择"自定形状"工具 ❧ ，单击选项栏上的"形状"下拉按钮，打开形状列表，选择"模糊点2边框"图案 ❀ ，如下 **27** 所示。

STEP 27 在选项栏中单击"路径"按钮 ❑ ，然后在图像上单击并拖曳绘制路径，如下 **28** 所示。

STEP 28 新建 "图层7" 图层，设置前景色为白色，切换至 "路径" 面板，单击 "用画笔描边路径" 按钮 ，如下 29 所示。

STEP 29 应用所设置的前景色对路径进行描边，如下 30 所示。

STEP 30 新建 "图层8" 图层，继续绘制更多的花朵图案和白色蝴蝶图案，如下 31 所示。

STEP 31 选择 "直排文字" 工具 T，在图像右侧输入文字，如下 32 所示，再打开 "字符" 面板，设置文字属性，如下 33 所示。

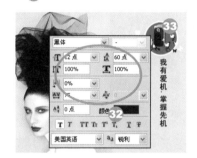

STEP 32 再次选择 "直排文字" 工具 T，继续输入文字，最终效果如下 34 所示。

读书笔记

Part 04
颜色和色调功能

　　在Photoshop中，除了基本的绘图工具外，还需要掌握图像的颜色和色调的调整，例如如何正确认识直方图，了解图像颜色信息等。

　　调整命令方便我们对图像的颜色或色调进行调整，从而表现不同的视觉效果。在Photoshop中，对图像的颜色及明暗的校正，可以通过Camera Raw插件来完成。Camera Raw在图像的校正上，可以更有效地帮助我们得到最清晰的照片，如下❶、❷所示。此外，还可以应用调整命令，对图像进行颜色或色调的调整。调整命令不仅可以对整个图像进行统一调色，还可以应用于单个通道中，当在不同的通道中调整图像颜色时，可以得到不同的色调效果，如下❸、❹所示。

01 认识直方图

直方图用图形表示图像的每个亮度级别的像素数量，展示像素在图像中的分布情况，它能够显示图像阴影中的细节、中间调以及高光部分，可以帮助用户确定某个图像是否有足够的细节来进行良好的校正。

"直方图"面板

菜单：窗口>直方图
快捷键：-
版本：6.0, 7.0, CS, CS2, CS3，CS4
适用于：了解图像信息

执行"窗口>直方图"菜单命令或单击"直方图"标签，可以打开"直方图"面板。默认情况下，"直方图"面板将以"紧凑视图"形式打开，没有控件或统计数据，如下 ❶ 所示，但我们可以调整视图。

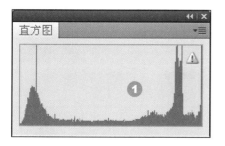

直方图可以清楚地显示图像中阴影的细节、中间调以及高光。如下 ❷ 所示为原图像效果，在"直方图"面板中正确的显示效果如下 ❸ 所示。

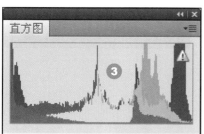

如果图像效果如下 ❹ 所示，则可以看出该图像为曝光不足的图像效果，在"直方图"面板的右侧表现较少的颜色信息，表现图像的高光细节不足，如下 ❺ 所示。

如果图像效果如下 ❻ 所示，则可以看出该图像为曝光过度的图像效果，在"直方图"面板的左侧表现较少的颜色信息，表现图像的高光细节不足，如下 ❼ 所示。

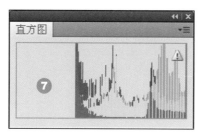

设置直方图的显示方式

菜单：-
快捷键：-
版本：6.0, 7.0, CS, CS2, CS3，CS4
适用于："直方图"面板

在Photoshop中，提供了多种不同的直方图显示方式，用户可以根据需要在"直方图"面板菜单中选择适当的直方图显示方式。单击"直方图"面板右上角的扩展按钮，弹出面板菜单，在该菜单下即可看到系统提供的几种显示方式，如下 ❶ 所示。

"紧凑视图"将显示有统计数据的直方图，同时显示用于选取由直方图表示的通道的控件、查看"直方图"面板中的选项、刷新直方图以显示未高速缓存的数据，以及在多图层文档中选取特定图层。紧凑视图是默认的显示方式，如下 ❷ 所示。

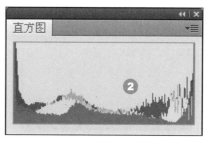

"扩展视图"将显示不带控件或统计数据的直方图。该直方图代表整个图像，如下页 ❸ 所示。

在"扩展视图"显示方式下，可以单独查看某个通道的颜色信息，单击"通道"下拉列表，在该列表下提供了当前图像中的各通道，如下④所示。

单击选择"红"通道，在"直方图"面板中显示该通道内的颜色信息，如下⑤所示。

单击选择"绿"通道，在"直方图"面板中显示该通道内的颜色信息，如下⑥所示。

"全部通道视图"除了"扩展视图"的所有选项外，还显示各个通道的单个直方图，但是单个直方图不包括 Alpha 通道、专色通道或蒙版，如下⑦所示。

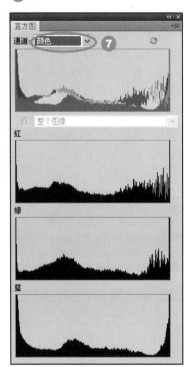

在"扩展视图"和"全部通道视图"显示方式下，可以查看直方图的统计数据，如平均值、色阶、标准偏差、中间值、数量和百分比等。单击"直方图"面板右上角的扩展按钮，在弹出的面板菜单中选择"显示统计数据"命令，如下⑧所示。

执行菜单命令后，在"直方图"面板下方将显示该图像的统计数据，如右上⑨所示。

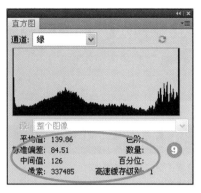

在"直方图"面板下方的"高速缓存级别"用于显示当前用于创建直方图的图像高速缓存。当高速缓存级别大于1时，会更加快速地显示直方图。在面板菜单中选择"不使用高速缓存的刷新"命令，将使用实际的图像图层重绘直方图。

在面板菜单中选择"用原色显示通道"命令，则在显示信息时使用图像原来的颜色显示通道，如下⑩所示。

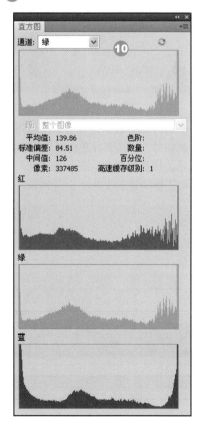

02 了解图像信息

在调整图像颜色时，需要对图像的颜色信息进行详细的了解，这样才能得到更准确的颜色。利用"信息"面板，即可对图像中各个位置的颜色进行查看。

从"信息"面板了解颜色参数

菜单：窗口＞信息
快捷键：-
版本：6.0, 7.0, CS, CS2, CS3, CS4
适用于：了解颜色信息

"信息"面板显示有关图像的文件信息，同时，在图像上移动工具指针时会提供有关颜色值的反馈。如果要在图像中拖动时查看信息，请确保"信息"面板在工作区中处于可见状态，如果未显示"信息"面板，则执行"窗口＞信息"菜单命令，打开"信息"面板，如下 ❶ 所示。

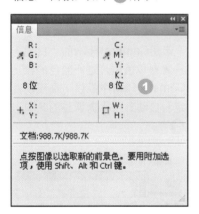

使用任一颜色调整对话框，则会在"信息"面板中显示指针和颜色取样器下的像素的前后颜色值，如下 ❷ 所示。

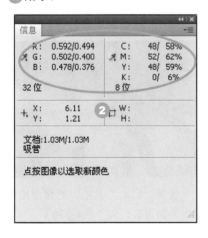

单击"信息"面板中的"跟踪实际颜色值"或"跟踪用户选取的颜色值"按钮，则会打开快速菜单，在菜单中选择图像的颜色模式以及不透明度等，如下 ❸ 所示，单击"跟踪光标坐标"按钮，弹出快速菜单，选择测量单位，如下 ❹ 所示。

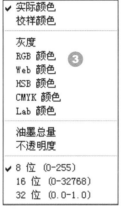

在"信息"面板中会显示8位、16位或32位值，如果显示CMYK值时，指针或颜色取样器下的颜色超出了可打印的CMYK色域，则会在"信息"面板的CMYK值旁边显示一个惊叹号。

利用对话框设置"信息"面板取决于所选的选项，"信息"面板会显示状态信息，如文档大小、文档配置文件、文档尺寸、暂存盘大小、效率、计时以及当前工具。

> **提示**
> 单击"信息"面板右上角的扩展按钮，在弹出的面板菜单中选择"面板选项"命令，打开"信息面板选项"对话框，在该对话框中对面板的各选项进行设置。

从标记查看颜色信息

菜单：-
快捷键：-
版本：6.0, 7.0, CS, CS2, CS3，CS4
适用于：查看颜色信息

在工具箱中任意选择其中一种工具，然后将光标移动至图像上，如下 ❶ 所示。

此时，在"信息"面板中会显示光标所在位置的颜色信息，如下 ❷ 所示。

当使用选框工具在图像上移动并拖曳时，"信息"面板会随着你的拖移显示指针位置的X坐标和Y坐标以及选框的宽度和高度。

03　利用Camera Raw调整图像

Camera Raw是一种文件格式，用于在应用程序和计算机平台之间传输图像。在Photoshop中，可以应用Camera Raw插件对相机中的Raw格式的原始数据进行调整，即对白平衡、色调范围、对比度、颜色饱和度以及锐化等进行调整。而Camera Raw 插件作为一个增效工具，是随Adobe After Effects和Adobe Photoshop一起提供的，并且添加了 Adobe Bridge 中更多的功能。

读取照片信息

菜单：文件>打开为
快捷键：-
版本：CS2, CS3, CS4
适用于：raw格式图像

若要在Camera Raw中处理原始图像，则在Adobe Bridge 中选择一个或多个相机原始数据文件，执行"文件>在Camera Raw中打开"菜单命令或按下快捷键Ctrl+R，如下 ❶ 所示。

启动Camera Raw插件，打开原始照片信息，如下 ❷ 所示。

除了需要在Adobe Bridge启动并打开Camera Raw 外，也可以通过Photoshop CS4直接启动并读取数据。执行"文件>打开为"菜单命令，打开"打开为"对话框，如右上 ❸ 所示。

在该对话框下方的"打开为"下拉列表中选择Camera Raw选项，如下 ❹ 所示，单击"打开"按钮，启动Camera Raw，此时即可在Camera Raw中读取照片的原始信息。

> **提示**
> 在启动Adobe Bridge后，按下快捷键Ctrl+R，可以快速打开Camera Raw。

调整白平衡

菜单：-
快捷键：-
版本：6.0, 7.0, CS, CS2, CS3, CS4
适用于：raw格式图像

调整白平衡是指确定图像中应具有中性色的对象，通过调整图像中的颜色以使这些对象变为中性色。在拍摄照片时，由于光线或者其他的原因，造成所拍摄出来的照片有轻微的偏色，失去真实感，如下 ❶ 所示为拍摄出来的偏红照片。

运用Camera Raw的"白平衡"工具 对偏色照片进行颜色的校正。在Camera Raw中提供了原照设置、自定和自动三个平衡调整的选项，如下 ❷ 所示。

选择"原照设置"选项，则会相应地更改"基本"选项卡中的"色温"和"色调"属性，修正白平衡，如下 ❸ 所示。

选择"自动"选项，则使用相机的白平衡设置，如下页 ❹ 所示。

选择"自定"选项，则基于图像数据来计算白平衡，如下 **5** 所示。

在调整白平衡时，色温是一个非常重要的因素，由于色温可用作场景光照的测量单位，所以自然光和白炽灯发出的光具有可预测的分布形式，通过色温即可控制图像颜色，向右拖动"色温"滑块可校正光线色温较高时拍摄的照片，如下 **6** 所示。

向左拖动"色温"滑块可校正光线色温较低时拍摄的照片，如下 **7** 所示。

色温调整后的照片效果，如下 **8** 所示。

在"白平衡"工具的参数设置中运用"色调"来补偿绿色或洋红色色调，减少"色调"可在图像中添加绿色，如下 **9** 所示。

增加"色调"可在图像中添加洋红色，如下 **10** 所示。

若要快速调整白平衡，则可以选择"白平衡"工具 🖊，然后单击预览图像中应为中性灰色或白色的区域，如下 **11** 所示。

单击后，"色温"和"色调"属性将根据单击区域的颜色进行调整，以使所选的颜色完全变为中性色，如下 **12** 所示。

调整曝光

菜单：-
快捷键：-
版本：6.0, 7.0, CS, CS2, CS3，CS4
适用于：raw格式图像

在Camera Raw对话框中，可以使用"基本"选项卡中的色调控件的"曝光"选项来调整图像的曝光度。在调整照片曝光度时，通过拖动"曝光"滑块来调整参数，如下 **1** 所示。

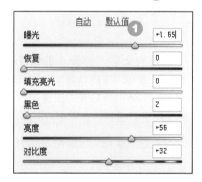

应用"曝光"参数可以对照片的曝光度进行调整。在"曝光"文本框中输入曝光值，或是拖动该选项下的滑块，可以快速对曝光值进行设置。向左拖动"曝光"滑块，减小曝光度，使图像变暗，如下 **2** 所示。

向右拖动"曝光"滑块，增加曝光度，图像变亮，如下 3 所示。

拖动恢复至原曝光效果，如下 4 所示。

调整分辨率和大小

菜单：-
快捷键：-
版本：6.0, 7.0, CS, CS2, CS3，CS4
适用于：图像

单击Camera Raw对话框底部带有下划线的文字，打开"工作流程选项"对话框，在该对话框中可以对Camera Raw中所打开的图像的分辨率和大小进行设置，如下 1 所示。

在"大小"下拉列表中可以指定导入到 Photoshop 时图像的像素尺寸。默认像素尺寸是拍摄图像时所用的像素尺寸，在编辑图像时，我们能够在"大小"下拉列表中选择合适的大小。在"大小"下拉列表中，最佳品质大小带有星号 (*) 标记，如下 2 所示。

1540 x 1024 (1.6 百万像素) -	
2048 x 1362 (2.8 百万像素) -	
3008 x 2000 (6.0 百万像素)	
4096 x 2723 (11.2 百万像素) +	2
5120 x 3404 (17.4 百万像素) +	
6144 x 4085 (25.1 百万像素) +	

"分辨率"选项用于指定打印图像的分辨率，与Photoshop中的"图像大小"命令调整图像分辨率的功能相同，在此对话框中设置分辨率后不会影响像素尺寸。

自动化调整

菜单：-
快捷键：-
版本：CS2, CS3，CS4
适用于：图像

对于夜间所拍摄的照片，由于光线较暗，所以通常都启用闪光灯进行拍摄，而使用此方式所拍摄出来的照片容易出现光线过亮的效果，如下 1 所示。

在Camera Raw中打开图像后，单击"默认值"，可以对过亮的选区进行自动化调整，如下 2 所示。

自动校正

菜单：-
快捷键：-
版本：CS2, CS3，CS4
适用于：图像

单击Camera Raw对话框中的"基本"选项卡，在该选项卡中可以自动对照片的颜色进行校正，如右上 1 所示为偏绿的原照片效果。

在"白平衡"下拉列表中选择"自动"选项，将对偏色照片的颜色进行自动校正，校正后的图像效果如下 2 所示。

> **提示**
> 单击工具栏上的"逆时针旋转90度"按钮 ⟲ 或"顺时针旋转90度"按钮 ⟳，能够快速旋转照片。

校正色差

菜单：-
快捷键：-
版本：CS2, CS3，CS4
适用于：图像

色差是拍摄照片时常见的一种问题，它是由于镜头无法将不同频率的光线聚焦到同一点而造成的，如下 1 所示。

单击Camera Raw对话框中的"镜头校正"选项卡，向右拖动"修复红/青色边缘"滑块，调整红色通道相对于绿色通道的大小，补偿红色边缘，如下 **2** 所示。

向左拖动"修复红/青色边缘"滑块调整红色通道相对于绿色通道的大小，补偿青色边缘，如下 **3** 所示。

向左拖动"修复蓝/黄色边缘"滑块，则相对于绿色通道调整蓝色通道的大小，补偿蓝色边缘，如下 **4** 所示。

向右拖动"修复蓝/黄色边缘"滑块，则相对于绿色通道调整蓝色通

道的大小，补偿黄色边缘，如下 **5** 所示。

在"镜头校正"选项卡中能够使用"去边"选项去除镜面高光周围的色彩散射现象。选择"关闭"选项，可关闭去边效果，如下 **6** 所示。

选择"所有边缘"选项，可校正所有边缘的色彩散射现象，包括用颜色值表示的所有锐化更改，如下 **7** 所示。

选择"高光边缘"选项，仅校正高光边缘（在这种边缘中极有可能出现颜色加边）中的颜色加边现象，如右上 **8** 所示。

用曲线调整对比度

菜单：-
快捷键：-
版本：CS2，CS3，CS4
适用于：图像

在"基本"选项卡中对色调进行调整后，可以使用"色调曲线"选项卡中的曲线图来调整照片的对比度，如下 **1** 所示，水平轴表示图像的原始色调值即输入值，垂直轴表示更改的色调值即输出值。

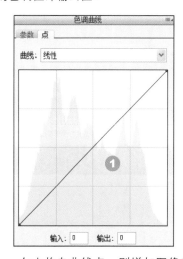

向上拖曳曲线点，则增加图像对比度，如下 **2** 所示。

向下拖曳曲线点，则降低图像对比度，如下 ③ 所示。

在"曲线"下拉列表中选择"线性"选项，则恢复到原照片效果，如下 ④ 所示。

> **提示**
>
> 分别单击并拖动嵌套参数选项中的高光、亮区、暗区和阴影滑块，调整不同区域的图像，同时也可以通过沿图形水平轴拖动区域分隔控件，扩展或收缩被块所影响的曲线区域。

校正边缘晕影

菜单：-
快捷键：-
版本：6.0，7.0，CS，CS2，CS3，CS4
适用于：图像

边缘云影即晕影，是一种镜头问题，即图像的边缘比图像中心暗。应用"镜头校正"选项卡中的"镜头晕影"选项来补偿晕影，如下 ❶ 所示。

增加"数量"值，可以使照片角落变亮，减少"数量"值，可以使照片角落变暗。设置"数量"值为-100时，效果如右上 ❷ 所示。

设置"数量"值为0时的原照片效果如下 ③ 所示。

设置"数量"值为100时，效果如下 ④ 所示。

减少"中点"值，可以调整离角落较远的区域，增加"中点"值，可以调整离角落较近的区域。设置"中点"值为0时，效果如下 ⑤ 所示。

设置"中点"值为60时，效果如下 ⑥ 所示。

应用Camera Raw校正颜色

在照片颜色的校正上，Camera Raw具有很强的颜色校正功能，同时，它还可以实现照片的艺术调色等。在本实例中，应用Camera Raw对照片的颜色和清晰程度进行校正，使照片变得清晰。

📁 素材文件：素材\Part 04\01.jpg　　　　🎬 最终文件：源文件\Part 04\校正颜色.dng

Before
After

STEP 01 执行"文件＞打开"菜单命令，打开随书光盘\素材\Part 04\01.jpg文件，如下 ① 所示。

STEP 02 执行"文件＞打开为"菜单命令，在弹出的"打开为"对话框中的"打开为"下拉列表中选择Camera Raw选项，启动Camera Raw，如下 ② 所示。

STEP 03 单击"专色去除"按钮 ，设置各项参数，如下 ③ 所示。

STEP 04 在左侧缩览图像，单击，对人物脸上的小斑点进行修复，如右上 ④ 所示。

STEP 05 调整画笔大小，继续在脸上其他位置单击并拖曳，去除脸上的瑕疵，如下 ⑤ 所示。

STEP 06 完成脸上皮肤的修复后，单击工具栏上的其他工具，得到如下 ⑥ 所示的效果。

STEP 07 单击"基本"选项卡，在"白平衡"下拉列表中选择"自定"选项，然后设置"色温"和"色调"值，如右上 ⑦ 所示。

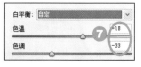

STEP 08 应用所设置的白平衡参数，效果如下 ⑧ 所示。

STEP 09 单击"细节"选项，在其下方设置"锐化"参数和"减少杂色"参数，如下 ⑨ 所示。

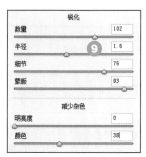

STEP 10 应用所设置的参数锐化图像，效果如下 ⑩ 所示。

STEP 11 单击"镜头校正"选项卡，然后在弹出的参数面板中设置"色差"和"镜头晕影"参数，如下 ⑪ 所示。

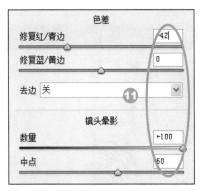

STEP 12 设置完成后，在左侧的图像上应用所设置的参数，如下 ⑫ 所示。

STEP 13 单击"相机校准"选项卡，在弹出的参数面板中设置"阴影"和"红原色"参数，如下 ⑬ 所示。

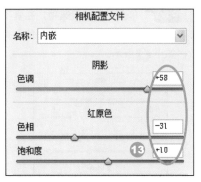

STEP 14 设置完成后，在左侧的图像上应用所设置的参数，如下 ⑭ 所示。

STEP 15 继续在"相机校准"选项卡下设置"绿原色"和"蓝原色"参数，如下 ⑮ 所示。

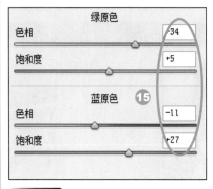

STEP 16 设置完成后，应用所设置的参数，效果如下 ⑯ 所示。

STEP 17 单击"调整画笔"按钮，设置各项参数，如下 ⑰ 所示。

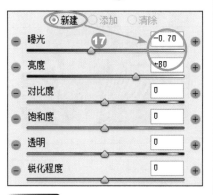

STEP 18 返回左侧的图像缩览图，然后在脸部较暗区域单击并拖曳，如下 ⑱ 所示。

STEP 19 单击后，提高亮度，如下 ⑲ 所示。

STEP 20 继续在图像上单击并拖曳，修改图像其他位置的亮度，调整后的图像如下 ⑳ 所示。

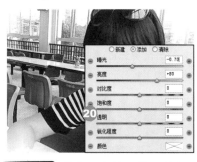

STEP 21 单击"存储图像"按钮，弹出"存储选项"对话框，在"目标"下拉列表中选择"在新位置存储"选项，然后单击"选择文件夹"按钮，如下 ㉑ 所示。

STEP 22 弹出"选择目标文件夹"对话框，在该对话框中选择存储的文件位置，然后单击"选择"按钮，如下 ㉒ 所示，返回"存储选项"对话框，单击"存储"按钮，存储图像。

04 增加和减少图像亮度

在图像中得到最恰当的亮度，是处理数码照片时必须了解的一个重点知识。在Photoshop中，增加和减少亮度有很多不同的方法，如使用"亮度/对比度"命令、"色阶"命令、"曲线"命令等，针对不同的图像可以选择不同的方式。

调整亮度/对比度

菜单：图像＞调整＞亮度/对比度
快捷键：-
版本：6.0, 7.0, CS, CS2, CS3，CS4
适用于：明暗调整

应用"亮度/对比度"命令，可以对图像的亮度和对比度进行调整。对高精度的图像文件，使用此命令会导致图像中部分细节丢失。如下 ① 所示为亮度/对比度较低时的图像效果。

执行"图像＞调整＞亮度/对比度"菜单命令，打开"亮度/对比度"对话框，设置参数如下 ② 所示，单击"确定"按钮，调整后的效果如下 ③ 所示。

调整色阶

菜单：图像＞调整＞色阶
快捷键：-
版本：6.0, 7.0, CS, CS2, CS3，CS4
适用于：色彩调整

使用"色阶"命令可以精确地对图像中的阴影、中间调和高光的强度进行调整，校正图像的色调范围和色彩平衡。执行"图像＞调整＞色阶"菜单命令，打开"色阶"对话框，如下 ① 所示。

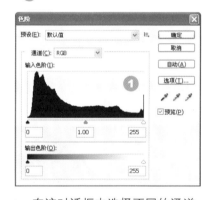

在该对话框中选择不同的通道，可以分别对各通道中的色阶亮度进行调整，如下 ② 所示为原图。

单击并拖曳右侧的色阶滑块，如右上 ③ 所示，调整图像亮度，效果如右上 ④ 所示。

单击并拖动中间的色阶滑块，如下 ⑤ 所示，增加中间调的亮度，效果如下 ⑥ 所示。

> **提示**
>
> 在"色阶"对话框中单击"设置黑场"按钮，然后在图像上单击取样，可以将取样像素设置为最暗像素；单击"设置灰场"按钮，可以将取样像素设置为中间调像素；单击"设置白场"按钮，可以将取样像素设置为最亮像素。

调整曲线

菜单：图像＞调整＞曲线
快捷键：-
版本：6.0, 7.0, CS, CS2, CS3, CS4
适用于：明暗调整

应用"曲线"命令既可以对整个范围内的图像进行调整，同时也可以对单个通道内的图像进行精确调整。当图像的光线不足时，如下所示，应用"曲线"命令可以快速对图像进行调整。

执行"图像＞调整＞曲线"菜单命令或按下快捷键Ctrl+L，打开"曲线"对话框，然后在曲线图像上单击创建曲线点，再向上拖曳鼠标，如下❷所示。

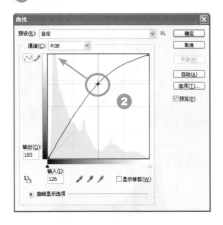

提示

单击"通道"下拉列表，可以分别对不同的通道进行曲线的调整，或者单击"预设"列表，选择预设曲线调整图像。

拖曳后，如果勾选"预览"复选框，即可在图像上看到应用"曲线"命令调整后的图像效果，如右上❸所示。

在该对话框中的"预设"下拉列表中提供了多种不同的预设选项，应用这些选项可以进行特殊色调的调整，如单击选择"彩色负片"时，图像效果如下❹所示。

单击选择"增加对比度"时，图像效果如下❺所示。

调整曝光度

菜单：图像＞调整＞曝光度
快捷键：-
版本：6.0, 7.0, CS, CS2, CS3, CS4
适用于：曝光度

应用"曝光度"命令，可以对拍摄出来的曝光不足或曝光过高的照片进行曝光度的调整，而曝光度是在线性颜色空间中计算出来的。在"曝光度"对话框中向左拖动"曝光度"滑块，降低图像曝光度，如右上❶所示。

拖动"曝光度"滑块至中间位置时，返回原图像效果，如下❷所示。

向右拖动"曝光度"滑块，将增加图像的曝光度，如下❸所示。

在"曝光度"对话框中拖动"灰度系数校正"滑块，可以调整图像的灰度系数。单击并向左拖曳鼠标，降低灰度系数，如下❹所示；单击并向右拖曳鼠标，增强灰度系数，如下❺所示。

应用调整命令还原照片色彩

在拍摄照片时，由于光线或是相机的某些原因，容易造成照片的不清晰或曝光的不正确等瑕疵。本实例将应用调整命令，对所拍摄的风景照片的明暗度进行调整，还原照片的真实色彩。

素材文件：素材\Part 04\02.jpg   最终文件：源文件\Part 04\还原照片色彩.psd

Before    After

STEP 01 执行"文件＞打开"菜单命令，打开随书光盘\素材\Part 04\02.jpg 文件，如下 ① 所示。

STEP 02 打开"调整"面板，单击"亮度/对比度"按钮，在弹出的参数面板中设置各项参数，如下 ② 所示。

STEP 03 设置完成后，应用所设置的亮度/对比度，效果如下 ③ 所示。

STEP 04 打开"调整"面板，单击"曝光度"按钮，在弹出的参数面板中设置各项参数，如下 ④ 所示。

提示

应用"曝光度"命令调整图像时，设置的曝光度值越大，图像越亮。

STEP 05 设置完成后，应用所设置的曝光度参数，提高照片亮度，效果如下 ⑤ 所示。

STEP 06 单击"调整"面板中的"曲线"按钮，在弹出的参数面板中单击并拖曳曲线，如下 **6** 所示。

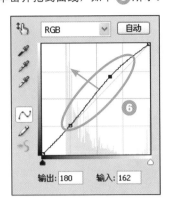

STEP 07 设置完成后，应用所设置的曲线参数，调整图像，效果如右 **7** 所示。

05 变换图像整体色调

相同的图像不同的色调，可以表现不同的视觉效果。应用"调整"命令和"调整"面板均可对照片或图像的色调进行调整，在编辑图像时，可以根据个人喜好为图像设置自己喜欢的色调。

调整自然饱和度

菜单：图像＞调整＞自然饱和度
快捷键：-
版本：CS4
适用于：增加或降低饱和度

使用"自然饱和度"命令调整图像饱和度，能够在颜色接近最大饱和度时最大限度地减少修剪。此调整将增加与已饱和的颜色相比不饱和的颜色的饱和度。应用"自然饱和度"命令调整图像的饱和度时，还可防止图像中部分颜色的过度饱和。打开图像，单击"调整"面板中的"自然饱和度"按钮，打开"自然饱和度"参数面板，如下 **1** 所示。

单击并向右拖动"自然饱和度"滑块，则可以使不饱和的颜色在接近完全饱和时避免颜色修剪，从而降低自然饱和度，如右上 **2** 所示。

单击并向右拖动"饱和度"滑块，可以在不考虑当前饱和度的情况下，将相同的饱和度调整应用于所有的颜色，如下 **3** 所示。

同时向右拖动"自然饱和度"和"饱和度"滑块，能够明显增加饱和度，如下 **4** 所示。

> **提示**
>
> 应用"自然饱和度"命令调整饱和度与"色相/饱和度"中调整饱和度不同，它将产生更少的带宽。

调整色相/饱和度

菜单：图像＞调整＞色相/饱和度
快捷键：-
版本：6.0, 7.0, CS, CS2, CS3, CS4
适用于：增加和降低色相/饱和度

使用"色相/饱和度"命令，可以调整图像中特定颜色范围内的色相、饱和度和亮度，或者同时调整图像中的所有颜色。此调整适用于微调CMYK图像中的颜色，以便使图像以最佳色域进行输出。打开要用于调整色相/饱和度的图像，如下 **1** 所示。

单击"调整"面板中的"色相/饱和度"按钮，打开"色相/饱和度"参数面板，单击并向左拖动"色相"滑块，如下页 **2** 所示，更改图像颜色，如下页 **3** 所示。

在图像上应用该滤镜调整图像。如下①所示为原照片。

单击并向右拖动"色相"滑块，如下④所示，更改图像颜色，如下⑤所示。

单击并向右拖动，增加图像亮度，如下⑩所示。

单击"颜色"右侧的颜色缩览图，弹出"选择滤镜颜色"对话框，在该对话框中设置颜色，如下②所示。

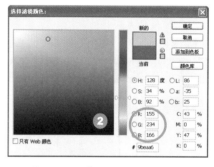

"饱和度"滑块用于更改图像的饱和度。单击并向左拖动"饱和度"滑块，如下⑥所示，降低饱和度，如下⑦所示。

在"色相/饱和度"对话框中勾选"着色"复选框，可以将图像制作成单色调效果，如下⑪所示。

设置"深度"值为74%，对图像进行偏色处理，处理后的图像效果如下③所示。

单击并向右拖动"饱和度"滑块，增加图像饱和度，如下⑧所示。

提示

勾选"着色"复选框后，将图像转换为单色图像，此时将不能再进行通道的选择。

调整照片滤镜

菜单：图像>调整>照片滤镜
快捷键：-
版本：6.0, 7.0, CS, CS2, CS3, CS4
适用于：色调更改

调整通道混合器

菜单：图像>调整>通道混合器
快捷键：-
版本：6.0, 7.0, CS, CS2, CS3, CS4
适用于：通道混合调整

拖动"明度"滑块能够对图像的亮度进行设置。单击并向左拖动，降低图像亮度，如右上⑨所示。

应用"照片滤镜"命令，可以为照片添加特殊的艺术效果。单击"调整"面板中的"照片滤镜"按钮，打开"照片滤镜"参数面板，在"滤镜"下拉列表中选择一种滤镜，即可

应用"通道混合器"命令，可以分别对图像中的各个通道进行颜色调整，此调整主要用于更改图像中某部分区域的颜色。如下页①所示为原照片。

单击"调整"面板中的"通道混合器"按钮,弹出"通道混合器"参数面板,在该面板中设置各项参数,如右上 **2** 所示。

设置完成后,应用所设置的参数,调整图像颜色,效果如下 **3** 所示。

应用调整命令变换色调

颜色是表现和传达信息最直接的方式,不同的颜色可以表现不同的效果。本实例应用"调整"面板中的"色相/饱和度"和"黑白"命令,将普通的照片转换成绿色调的艺术照。

📁 素材文件:素材\Part 04\03.jpg　　🎬 最终文件:源文件\Part 04\变换色调.psd

Before　　**After**

STEP 01 执行"文件>打开"菜单命令,打开随书光盘\素材\Part 04\03.jpg文件,如下 **1** 所示。

STEP 02 打开"调整"面板,单击"自然饱和度"按钮 ▽,弹出"自然饱和度"参数面板,然后在该面板中设置各项参数,如下 **2** 所示。

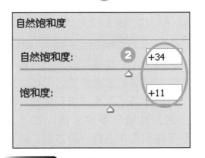

STEP 03 设置完成后,应用所设置的参数,增加图像的饱和度,如右上 **3** 所示。

STEP 04 单击"调整"面板中的"色相/饱和度"按钮,在弹出的面板中设置各项参数,如下页 **4** 所示。

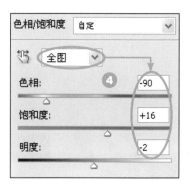

STEP 05 选择"绿色",再设置色相、饱和度、明度,如下 **5** 所示。

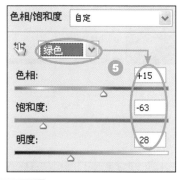

STEP 06 选择"蓝色",再设置色相、饱和度、明度,如下 **6** 所示。

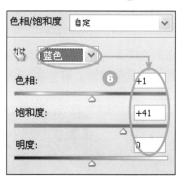

STEP 07 设置完成后,应用所设置的色相/饱和度参数,调整后的图像效果如下 **7** 所示。

提示

在"色相/饱和度"的"预设"列表中提供了8种不同的预设效果,选择其中一种预设,再拖曳曲线,可在预设曲线上进行曲线的调整。

STEP 08 选择"色相/饱和度1"图层,将混合模式设置为"饱和度",设置后的图像效果如下 **8** 所示。

STEP 09 单击"调整"面板中的"黑白"按钮,在弹出的面板中设置各项参数,如下 **9** 所示,再勾选"色调"复选框,单击颜色块。

STEP 10 弹出"选择目标颜色"对话框,在该对话框中设置目标颜色,如下 **10** 所示。

提示

在"色相/饱和度"下拉列表中能够应用预设参数调整图像的色相/饱和度。

STEP 11 设置完成后,应用所设置的单色调效果,如下 **11** 所示。

STEP 12 选择"黑白1"图层,将图层混合模式设置为"柔光",设置后的图像效果如下 **12** 所示。

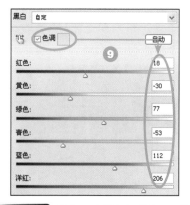

STEP 13 单击"调整"面板中的"色相/饱和度"按钮,在弹出的面板中勾选"着色"复选框,再设置各项参数,如下 **13** 所示。

STEP 14 设置完成后，应用所设置的参数，制作成单色图像，如下**14**所示。

STEP 15 按下快捷键Ctrl+Shift+Alt+E，盖印并新生成"图层1"图层，如右上**15**所示。

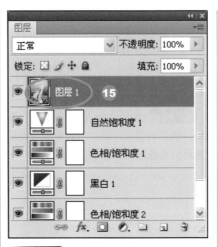

STEP 16 执行"滤镜＞纹理＞纹理化"菜单命令，打开"纹理化"对话框，在该对话框中设置各项参数，如下**16**所示，设置完成后，单击"确定"按钮，添加纹理效果，如右上**17**所示。

06　特殊色调的应用

在Photoshop中，除了可以对照片进行艺术色调的调整外，还可以应用反相、色调分离、阈值等命令将图像更改为具有特殊效果的色调。通过在不同的对话框中设置各项参数，能够得到独具特色的色调。

设置反相

菜单：图像＞调整＞反相
快捷键：-
版本：6.0，7.0，CS，CS2，CS3，CS4
适用于：制作底片效果

应用"反相"命令，可以对图像中的颜色进行反转处理，制作类似于将照片转换为底片的效果。如下**1**所示为原照片效果。

执行"图像＞调整＞反相"菜单命令，得到如下**2**所示的反转效果。

设置色调分离

菜单：图像＞调整＞色调分离
快捷键：-
版本：6.0，7.0，CS，CS2，CS3，CS4
适用于：色离色调

"色调分离"是指定图像中每个通道的亮度值，然后再将图像映射为最接近的匹配级别。如下**1**所示为一个照片素材。

单击"调整"面板中的"色调分离"按钮，设置"色阶"值为2，分离后的图像效果如下**2**所示。

设置"色阶"值为6，色调分离后的图像效果如下 所示。

设置阈值

菜单：图像＞调整＞阈值
快捷键：-
版本：6.0, 7.0, CS, CS2, CS3, CS4
适用于：转换黑白图像

"阈值"是将彩色图像转换为高对比度的黑白图像。单击"调整"面板中的"阈值"按钮，在弹出的参数面板中设置不同的色阶参数，数值以128为基准，可以设置0～255的任意值，数值越小，颜色越接近白色，数值越大，颜色越接近黑色。如下 ❶ 所示为原图像效果。

设置"色阶"值为50，转换为黑白图像，效果如下 ❷ 所示。

设置"色阶"值为115，转换为黑白图像，效果如下 ❸ 所示。

设置渐变映射

菜单：图像＞调整＞渐变映射
快捷键：-
版本：6.0, 7.0, CS, CS2, CS3, CS4
适用于：更改图像色调

使用"渐变映射"命令，可以在选定的图像上应用用户所设置的色彩形态的渐变颜色，制作灰度渐变效果。执行"图像＞调整＞渐变映射"菜单命令，打开"渐变映射"对话框，如下 ❶ 所示。

如果要更改渐变颜色，则单击该对话框中的渐变条，弹出"渐变编辑器"对话框，在该对话框中对渐变颜色和参数进行设置，如下 ❷ 所示。

设置完成后，单击"确定"按钮返回"渐变映射"对话框，此时，在该对话框中会显示更改后的渐变条，如下 ❸ 所示。

如右上 ❹ 所示为原图像效果，设置渐变映射后的图像效果如右上 ❺ 所示。

如果在"渐变映射"对话框中勾选"反向"复选框，则可以反向应用渐变映射效果。

设置可选颜色

菜单：图像＞调整＞可选颜色
快捷键：-
版本：6.0, 7.0, CS, CS2, CS3, CS4
适用于：调整部分图像颜色

"可选颜色"是用图像三原色及补色与代表图像整体亮度的黑白灰等9种颜色对图像进行的一种色彩调整方式。应用"可选颜色"命令，可以选择性地修改图像中主要颜色中的印刷色，或者通过与其他颜色混合改变原图像颜色。打开"可选颜色"对话框，在该对话框中拖动不同的颜色滑块可以更改图像颜色。如下 ❶ 所示为原图像效果。

单击并向左拖动"洋红"滑块，降低洋红饱和度，效果如下  所示。

单击并向左拖动"黄色"滑块，降低黄色饱和度，效果如右上  所示。

单击并向右拖动"黑色"滑块，增加黑色饱和度，效果如右上  所示。

提示

在"可选颜色"对话框中的"颜色"列表中选择一种颜色，对单个颜色进行颜色调整，同时还可以单击"相对"和"绝对"按钮来设置墨水的量。

制作非主流冷艳色调照片

使用调整命令可以制作网上流行的非主流效果。在本实例中，通过复制背景图层，然后使用"调整"面板中的调整命令，在复制的图层中对图像进行颜色调整，并应用"光照效果"滤镜加深边缘，制作非主流冷艳色调效果。

📁 素材文件：素材\Part 04\04.jpg　　　　🎬 最终文件：源文件\Part 04\制作非主流冷艳色调照片.psd

Before

After

STEP 01 执行"文件＞打开"菜单命令，打开随书光盘\素材\Part 04\04.jpg 文件，如下  所示，选择"背景"图层，并拖曳至"创建新图层"按钮上复制图层，如下  所示。

STEP 02 单击"调整"面板中的"色相/饱和度"按钮 ，在弹出的参数面板中设置各项参数，如下  所示。

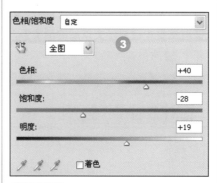

STEP 03 设置完成后，应用色相/饱和度参数调整图像，效果如右上  所示。

STEP 04 单击"调整"面板中的"色彩平衡"按钮 ，在弹出的参数面板中设置各项参数，如下页  所示。

色彩平衡

色调：○阴影
　　　◉中间调
　　　○高光 ⑤

青色　　　　　　　　红色 +18
洋红　　　　　　　　绿色 -16
黄色　　　　　　　　蓝色 -22

☑保留明度

STEP 05 设置完成后，应用色彩平衡参数调整图像，效果如下 ⑥ 所示。

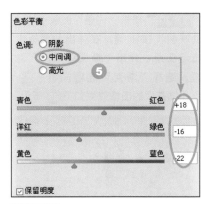

STEP 06 单击"调整"面板中的"曲线"按钮，在弹出的参数面板中设置各项参数，调整后的图像效果如下 ⑦ 所示。

STEP 07 单击"调整"面板中的"亮度/对比度"按钮，在弹出的参数面板中设置各项参数，如右上 ⑧ 所示。

亮度/对比度

亮度：　　　　　　　　-30
对比度：　　　　　　　-22

□使用旧版

STEP 08 设置完成后，应用亮度/对比度参数调整图像，效果如下 ⑨ 所示。

STEP 09 打开"通道"面板，按下Ctrl键并单击"蓝"通道缩览图，如下 ⑩ 所示。

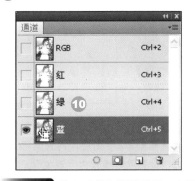

通道

RGB　　　　Ctrl+2
红　　　　　Ctrl+3
绿 ⑩　　　　Ctrl+4
蓝　　　　　Ctrl+5

STEP 10 载入"蓝"通道选区，如下 ⑪ 所示。

STEP 11 单击"调整"面板中的"曲线"按钮，在弹出的参数面板中设置各项参数，如下 ⑫ 所示，调整后的图像效果如下 ⑬ 所示。

STEP 12 单击"调整"面板中的"可选颜色"按钮，弹出参数面板，然后在"颜色"下拉列表中选择"红色"选项，并在其下方设置各项参数，如下 ⑭ 所示。

可选颜色　　自定

颜色：　红色

青色：　　　　　　　　+43
　　　⑭
洋红：　　　　　　　　+31
黄色：　　　　　　　　-15
黑色：　　　　　　　　+12

◉相对　○绝对

STEP 13 在"颜色"下拉列表中选择"黄色"选项，然后在其下方设置各项参数，如下 ⑮ 所示。

可选颜色　　自定

颜色：　黄色

青色：　　⑮　　　　　+20
洋红：　　　　　　　　-11
黄色：　　　　　　　　+44
黑色：　　　　　　　　-46

◉相对　○绝对

STEP 14 在"颜色"下拉列表中选择"绿色"选项,然后在其下方设置各项参数,如下⑯所示。

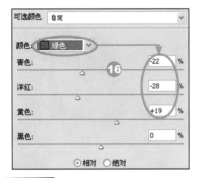

STEP 15 设置完成后,应用所设置的可选色调整图像,效果如下⑰所示。

STEP 16 按下Ctrl键并单击"蓝"通道缩览图,载入"蓝"通道选区,如下⑱所示。

STEP 17 按下快捷键Ctrl+Shift+I,反选选区,如右上⑲所示。

STEP 18 单击"调整"面板中的"曲线"按钮,在弹出的面板中设置参数,如下⑳所示,调整后的图像效果如下㉑所示。

STEP 19 按下快捷键Ctrl+J,复制得到"背景副本2"图层,再将其移至最上层,设置混合模式为"滤色","不透明度"为40%,如下㉒所示,设置后的图像效果如下㉓所示。

STEP 20 单击"调整"面板中的"渐变映射"按钮,在弹出的面板中单击渐变条,弹出"渐变编辑器"对话框,选择"渐变"选项,如下㉔所示,调整后的图像效果如下㉕所示。

STEP 21 选择"渐变映射1"图层,设置混合模式为"颜色","不透明度"为20%,如下㉖所示,设置后的图像效果如下㉗所示。

STEP 22 设置前景色为黑色,单击"创建新图层"按钮,新建"图层1"图层,如下㉘所示。

STEP 23 按下快捷键Alt +Delete，将图层填充为黑色，如下 29 所示。

STEP 24 选择"橡皮擦"工具，设置"不透明度"和"流量"为10%，擦除图像，效果如下 30 所示。

STEP 25 选择"直排文字"工具 T，在图像右侧输入修饰性文字，最终效果如下 31 所示。

07 颜色模式的转换

利用"模式"命令可以将图像从原来的模式转换为另一种模式。当为图像选取另一种颜色模式时，将永久更改图像中的颜色值。Photoshop中包括灰度模式、位图模式、双色调模式等多种不同的颜色模式，执行不同的菜单命令可以进行各种颜色模式的转换。

灰度模式

菜单：图像>模式>灰度
快捷键：-
版本：6.0, 7.0, CS, CS2, CS3，CS4
适用于：模式转换

灰度模式通过256级颜色来表现黑白图像，即删除彩色图像中的颜色信息，转换为黑白图像。执行"图像>模式>灰度"菜单命令，打开提示对话框，如下 1 所示，在该对话框中单击"扔掉"按钮。

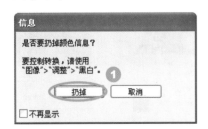

将图像转换为灰度模式，效果如右上 2 所示。

> **提示**
> 执行"图像>模式>灰度"菜单命令，将图像转换为黑白图像与执行"图像>去色"菜单命令转换图像不同，它可以表现更精确的层次感。

位图模式

菜单：图像>模式>位图
快捷键：-
版本：6.0, 7.0, CS, CS2, CS3，CS4
适用于：模式转换

位图模式只有在将图像转换为灰度颜色后才可以显示，它与灰度模式不同的是，位图模式是以黑色和白色来表现图像的。执行"图像>模式>位图"菜单命令，打开"位图"对话框，如下 1 所示。

在该对话框中进行设置后，单击"确定"按钮，可以将图像转换为位图模式，转换后的图像效果如下 **2** 所示。

双色调模式

菜单：图像＞模式＞双色调
快捷键：-
版本：6.0, 7.0, CS, CS2, CS3, CS4
适用于：模式转换

双色调模式是一种专门为打印而制定的色彩模式，主要用于输出适合专业印刷的图像，它是在灰度模式的黑白图像上表现彩色效果的一种颜色模式。执行"图像＞模式＞双色调"菜单命令，打开"双色调选项"对话框，如下 **1** 所示。

在"双色调选项"对话框中单击双色调曲线，打开"双色调曲线"对话框，在该对话框中单击曲线的中间部分，然后向下拖曳，如下 **2** 所示。

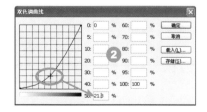

拖曳后，图像高光部分将变得更亮，如下 **3** 所示。

将曲线的右侧部分向上拖曳，如下 **4** 所示。

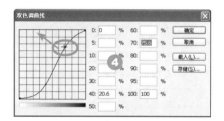

拖曳后，图像的阴影部分变暗，而图像的整体颜色对比增强，如下 **5** 所示。

在"类型"下拉列表中提供了单色调、双色调、三色调和四色调4种不同的色调类型，如右上 **6** 所示。

选择"三色调"选项，激活另外两个油墨色，如下 **7** 所示。

单击该油墨后的颜色块，弹出"颜色库"对话框，如下 **8** 所示，在该对话框中设置颜色后，单击"确定"按钮，返回"双色调选项"对话框。

在"双色调选项"对话框中单击"确定"按钮，制作三色调图像，如下 **9** 所示。

CMYK颜色模式

菜单：图像＞模式＞CMYK颜色
快捷键：-
版本：6.0, 7.0, CS, CS2, CS3，CS4
适用于：模式转换

　　CMYK颜色模式是一种基于印刷处理的颜色模式，以青、洋红、黄、黑4种没墨的密度来控制图像。选择要更改颜色模式的图像，如下  所示。

　　执行"图像＞模式＞CMYK颜色"菜单命令，弹出如下 ② 所示的对话框，在该对话框中单击"确定"按钮，即可将任意颜色模式下的图像转换为CMYK颜色模式，如下 ③ 所示。

Lab颜色模式

菜单：图像＞模式＞Lab颜色
快捷键：-
版本：6.0, 7.0, CS, CS2, CS3，CS4
适用于：模式转换

　　Lab颜色模式是Photoshop内部的颜色模式，是所有颜色模式中色彩范围最广的颜色模式。在不同的系统和平台间转换图像时，为了保持图像色彩的真实度，一般都将图像文件转换为Lab颜色模式。执行"图像＞模式＞Lab颜色"菜单命令，即可将图像转换为Lab模式，如下 ① 所示。

　　在Lab颜色模式下的图像包括Lab、明度、a和b共4个通道，如下 ② 所示。

　　"明度"通道显示颜色亮度，如下 ③ 所示。

　　a通道内的图像显示图像的亮度，如下 ④ 所示。

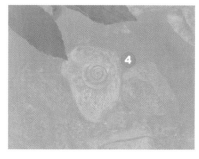

　　b通道内的图像显示图像中的亮度信息，如下 ⑤ 所示。

多通道模式

菜单：图像＞模式＞多通道
快捷键：-
版本：6.0, 7.0, CS, CS2, CS3，CS4
适用于：模式转换

　　多通道模式下的图像为8位/像素的图像，它在每个通道中使用256灰度阴影表现颜色。根据操作的需要，可以将各种颜色模式的图像转换为多通道模式。默认情况下，打开的图像为RGB颜色模式，如下 ① 所示。

执行"图像＞模式＞多通道"菜单命令，即可将图像转换为多通道模式，如下  所示。

转换为多通道模式后，将删除图像中的颜色通道，如下 ③ 所示。

在多通道模式下的单个通道中的图像均以灰度图像显示，单击选择"洋红"通道，得到该通道下的图像，如右 ④ 所示。

08　不同模式下的调整技巧

各种颜色模式下的图像都具有该模式的特点，同时，在各颜色模式下调整图像时都有自己的调整技巧，掌握不同模式下的调整技巧，可以帮助我们编辑和处理图像。

从位图模式创建纹理

菜单：图像＞模式＞位图
快捷键：-
版本：6.0, 7.0, CS, CS2, CS3，CS4
适用于：位图图像

位图模式是从灰度模式下的图像所转换成的一种颜色模式，运用位图模式可以在图像上创建纹理效果。如下  所示为灰度图像。

在"位图"对话框中选择不同的使用方法，可以得到特殊的纹理效果，选择"图案仿色"选项，效果如右上 ② 所示。

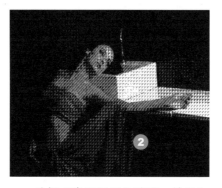

选择"半调网屏"选项，效果如下 ③ 所示。

通过Lab模式进行艺术处理

菜单：图像＞模式＞Lab颜色
快捷键：-
版本：6.0, 7.0, CS, CS2, CS3，CS4
适用于：Lab模式图像

Lab颜色模式下的图像包括4个通道信息，如下 ① 所示，每个通道中包含了不同的亮度或明度，分别对这些通道应用不同的调整命令，可以对图像进行艺术效果的处理。

Lab颜色模式的原图像如下 **2** 所示。

在制作艺术色调时，可以分别对各通道进行调整，首先单击选择"明度"通道图像，如下 **3** 所示。

执行"图像>调整>色阶"菜单命令，打开"色阶"对话框，拖动滑块，如下 **4** 所示。

拖曳后，应用色阶，可以增加该通道内图像的亮度和明度，如下 **5** 所示。

返回"通道"面板中，选择 a 通道，该通道中的灰度图像如下 **6** 所示。

执行"图像>调整>曲线"菜单命令，打开"曲线"对话框，在曲线上单击并拖曳鼠标，调整曲线，如下 **7** 所示。

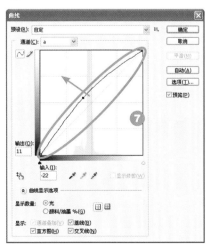

应用曲线调整后，增加图像中的红色色调，如下 **8** 所示。

返回"通道"面板中，选择 b 通道，该通道中的灰度图像如下 **9** 所示。

执行"图像>调整>曲线"菜单命令，打开"曲线"对话框，单击"自动"按钮，再拖曳曲线上的节点，调整其位置，如下 **10** 所示。

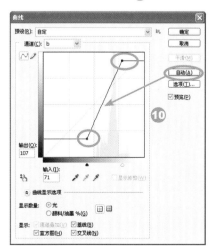

对b通道应用曲线调整后，增加图像中的蓝色色调，如下⑪所示。

多通道模式下的特殊色块制作

菜单：图像＞模式＞多通道
快捷键：-
版本：6.0, 7.0, CS, CS2, CS3，CS4
适用于：多通道图像

在多通道模式下的图像包括三个颜色通道，在编辑多通道模式的图像时，可以对多通道图像的颜色进行设置。单击"通道"面板中的其中一个颜色通道，如下①所示。

打开"专色通道选项"对话框，如下②所示，单击颜色块。

弹出"选择专色"对话框，在该话框中设置颜色，如下③所示。设置完成后单击"确定"按钮，返回"专色通道选项"对话框，此时，该对话框中的颜色发生了更改，单击"确定"按钮即可将更改的颜色应用到图像中。

读书笔记

Part 05
绘画功能

　　绘画功能是Photoshop在图像处理上最大的图像编辑功能之一。应用工具箱中提供的绘画工具，再结合相应的面板，能够绘制出不同形状的图案。在绘制图像时，最常用的工具即为画笔工具，通过选择画笔工具，然后在"画笔"面板中设置画笔的各种形状，再在图像上单击或拖曳即可绘制图案，如下❶、❷所示。

　　除此之外，应用画笔工具，还可以对图像或图像上的选区进行描边。使用画笔描边功能，可以将Photoshop的绘画功能得到更进一步的升华，制作更为丰富的图像，如下❸、❹所示。对于绘制的图像，还能够应用系统提供的混合模式对图像进行混合，如下❺、❻所示，即通过应用混合模式，对多个素材图像进行编辑，设置混合模式所得到的图像。

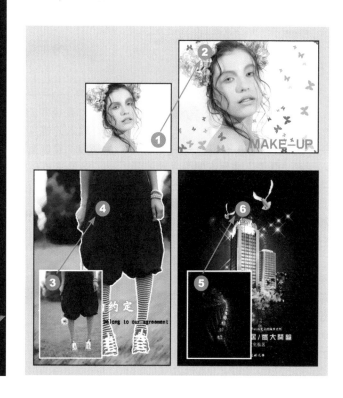

01　选择和设置画笔

画笔用于在图像上绘制各种不同的形状或图形。运用画笔工具绘制图像前，需要在"画笔"面板中选择合适的画笔，并设置其属性，即动态、散布等，然后在图像上绘制图案，制作丰富的图像效果。同时，使用"画笔"面板可以创建各种不同样式的动态画笔。

分析"画笔"面板

菜单：窗口>画笔
快捷键：-
版本：6.0, 7.0, CS, CS2, CS3, CS4
适用于：图像

在Photoshop的"画笔"面板中，可以预设画笔样式、调整画笔样式和设置动态画笔等。使用"画笔"面板，可对画笔的笔刷进一步控制，绘制出更漂亮的图案。如下 ❶ 所示为显示有"画笔笔尖形状"选项的"画笔"面板。

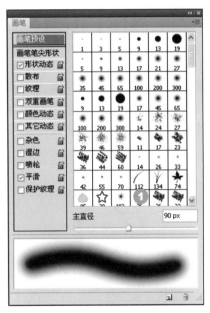

在"画笔"面板左侧为"画笔笔尖形状"列表，单击其中任意一个选项，则会弹出该选项的参数设置面板。右上部分为画笔列表框，列出了已载入的画笔。

画笔列表框下方是画笔选项，在画笔选项中设置属性后，可以在"画笔"面板最底端的预览窗口中查看所设置的画笔。

修改画笔的基本属性

菜单：-
快捷键：-
版本：6.0, 7.0, CS, CS2, CS3, CS4
适用于：绘图

在"画笔"面板中对画笔的基本属性进行设置。单击"画笔笔尖形状"按钮，则打开该参数面板，如下 ❶ 所示。

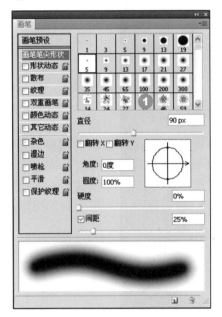

"直径"选项用于控制画笔大小，输入的值以像素为单位进行大小的调整，设置画笔大小为8px和90px时，笔触大小如下 ❷、❸ 所示。

勾选"翻转X"复选框，能够更改画笔笔尖在X轴上的方向，使画笔笔尖在X轴上翻转。如下 ❹ 所示为处在默认位置的画笔笔尖。

勾选"翻转X"复选框时，拖曳旋转画笔笔尖，如下 ❺ 所示，旋转后的笔触如下 ❻ 所示。

勾选"翻转Y"复选框，改变画笔笔尖在Y轴上的方向，使画笔笔尖在其Y轴上翻转。如下 ❼ 所示为处在默认位置的画笔笔尖。

勾选"翻转Y"复选框时，画笔笔尖如下 ❽ 所示，旋转后的笔触如下 ❾ 所示。

"角度"选项用于指定椭圆画笔或样本画笔的长轴从水平方向旋转的角度;"圆度"选项指定画笔短轴和长轴之间的比率。设置"角度"为70,"圆度"为45,效果如下所示。

设置"角度"为-20,"圆度"为60,效果如下所示。

"间距"选项用来控制描边中两个画笔笔迹之间的距离。设置的"间距"值越大,两个画笔之间的距离越宽。设置"间距"为76,绘制图案,如下所示。

设置"间距"为180,绘制图案,如下所示。

单击"控制"下拉列表,可选择"关"、"渐隐"、"钢笔压力"、"钢笔斜度"和"光笔轮"选项。选择"关"选项,不能控制画笔笔触变化。选择"渐隐"选项,按指定画笔数量,在初始直径和最小直径间渐隐画笔笔迹;选择"钢笔压力"、"钢笔斜度"和"光笔轮"选项,将依据钢笔压力、钢笔斜度和光笔轮位置来改变初始直径和最小直径间的画笔笔迹大小。

设置动态画笔

菜单: -
快捷键: -
版本: 6.0, 7.0, CS, CS2, CS3, CS4
适用于: 绘制图案

在"画笔"面板中勾选"形状动态"复选框,切换到"形状动态"选项面板,如下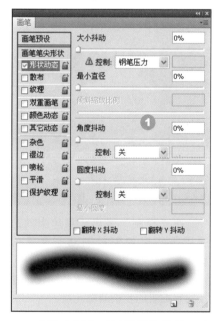所示。

在该面板中可以设置画笔的"大小抖动"、"控制"方式、"最小直径"、"角度抖动"、"圆度抖动"和"最小圆度"。在此面板中对画笔笔触进行设置后,可在图像中绘制出真实的笔触效果。

> **提示**
> 只有在使用压力传感式数字化绘图板时才能使用钢笔控制;如果选择了钢笔控制,但未安装绘图板,则会显示警告图标。

设置散布画笔

菜单: -
快捷键: -
版本: 6.0, 7.0, CS, CS2, CS3, CS4
适用于: 散布图案的绘制

在"画笔"面板中勾选"散布"复选框,切换至"散布"选项面板,如下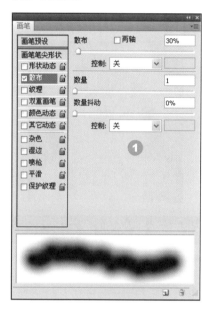所示。在该面板中可以设置画笔的散布幅度、数量等。设置完成后,在图像中能够绘制散布的画笔效果。

"散布"用于设置散布幅度,数值越大,散布效果越明显。设置"散布"为0%时,绘制的效果如下所示。

设置"散布"为150,绘制图像,效果如下页③所示。

"数量"选项用于设置每个间距距离间应用画笔笔触的数量。设置数量为16时,单击绘制图形,效果如下 **4** 所示。

动态画笔的创建

菜单:图像>模式
快捷键:-
版本:6.0,7.0,CS,CS2,CS3,CS4
适用于:动态画笔

"画笔"面板提供了许多将动态画笔添加到预设画笔笔尖的选项。我们可以设置在描边路径中改变画笔笔迹的大小、颜色和不透明度等选项,如下 **1** 所示。

抖动百分比用于指定动态元素的随机性。如果设置"不透明度抖动"和"流量抖动"值为 0%,则元素在描边路径中不改变,如下 **2** 所示。

如果设置"不透明度抖动"和"流量抖动"值为 100%,则元素具有最大数量的随机性,如下 **3** 所示。

在"控制"弹出式菜单中的选项用于指定如何控制动态元素的变化。

可以选择不控制元素的变化,并按指定数量的步长渐隐元素。

从图像创建画笔笔尖

菜单:图像>模式
快捷键:-
版本:6.0,7.0,CS,CS2,CS3,CS4
适用于:定义各种不同形状的画笔

应用工具箱中的"选区"工具,在图像中选取要用作自定画笔的部分,如右上 **1** 所示,再执行"编辑>定义画笔预设"菜单命令。

弹出"画笔名称"对话框,在该对话框中设置画笔名,如下 **2** 所示,单击"确定"按钮。

打开"画笔"列表,会发现所定义的画笔被放置在列表的底端,如下 **3** 所示。

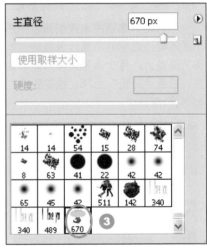

选择所定义的画笔,设置前景色,在图像上单击或拖曳即可绘制图案。

应用"画笔"工具给人像美容

　　使用"画笔"工具可以在图像上进行不同图像的绘制。本实例中，选择"画笔"工具修饰人物的眉毛和眼影，然后为嘴唇复制选区，添加闪亮唇彩效果，再应用"画笔"工具绘制背景图案。

📁 素材文件：素材\Part 05\01.jpg　　　　🎬 最终文件：源文件\Part 05\人像美容.psd

Before

After

STEP 01 执行"文件>打开"菜单命令，打开随书光盘\素材\Part 05\01.jpg 文件，如下 ❶ 所示。

STEP 02 单击"拾色器"图标，打开"拾色器（前景色）"对话框，在该对话框中设置颜色，如下 ❷ 所示。

STEP 03 新建"图层1"图层，选择"画笔"工具 ✐，设置"流量"为30，"不透明度"为24，在眼睛上方位置涂抹，如右上 ❸ 所示。

STEP 04 涂抹后，右眼的眉毛变细，如下 ❹ 所示。

STEP 05 继续在另一只眼睛上方涂抹，修整眉型，如下 ❺ 所示。

STEP 06 单击"拾色器"图标，打开"拾色器（前景色）"对话框，在该对话框中设置颜色，如下 ❻ 所示。

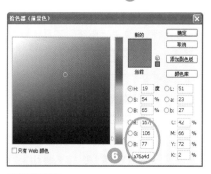

STEP 07 新建"图层2"图层，选择"柔角"画笔，设置"流量"为18，"不透明度"为20，在眉毛上涂抹，加深图像，如下 ❼ 所示。

STEP 08 选择"图层 2"图层，将该图层混合模式设置为"正片叠底"，"不透明度"设置为40%，如下页 ❽ 所示。

STEP 09 应用所设置的混合模式，混合图层，如下 **9** 所示。

STEP 10 选择"背景"图层，执行"滤镜＞液化"菜单命令，打开"液化"对话框，单击"膨胀"工具，设置各项参数，如下 **10** 所示。

工具选项	
画笔大小:	75
画笔密度:	66
画笔压力:	100
画笔速率:	80
湍流抖动:	50
重建模式:	恢复

□光笔压力

STEP 11 将光标移至眼睛上单击，增大眼睛，如下 **11** 所示。

STEP 12 再以同样的方法增大右眼，完成后，单击"确定"按钮，得到如下 **12** 所示的效果。

STEP 13 单击"拾色器"图标，打开"拾色器（前景色）"对话框，在该对话框中设置颜色，如下 **13** 所示。

STEP 14 新建"图层3"图层，选择"柔角"画笔，设置画笔"流量"为38，"不透明度"为30，在右眼上方位置涂抹，如下 **14** 所示。

STEP 15 选择"橡皮擦"工具，在眼睛位置涂抹，擦除眼球上的红色图像，如下 **15** 所示。

STEP 16 选择"图层3"图层，将该图层混合模式设置为"饱和度"，如下 **16** 所示。

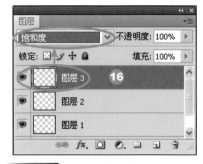

STEP 17 应用"饱和度"混合模式混合图像，如下 **17** 所示。

STEP 18 按下快捷键Ctrl+J，复制得到"图层3副本"图层，然后将该图层混合模式设置为"叠加"，"不透明度"设置为50%，如下 **18** 所示。

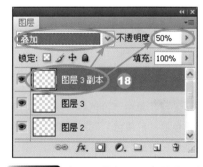

STEP 19 应用"叠加"混合模式混合图像，如下 **19** 所示。

STEP 20 按下Shift键，同时选取"图层3"和"图层3副本"图层，如下 20 所示。

STEP 21 按下快捷键Ctrl+Alt+E，盖印合并成"图层3副本（合并）"图层，如下 21 所示。

STEP 22 执行上一步操作后，在人物左眼位置复制一个红色图像，如下 22 所示。

STEP 23 执行"编辑＞变换＞水平翻转"菜单命令，水平翻转图像，如下 23 所示。

STEP 24 按下快捷键Ctrl+T，调整图像的大小和位置，如下 24 所示。

STEP 25 选择"图层3副本（合并）"图层，将图层混合模式设置为"叠加"，如下 25 所示。

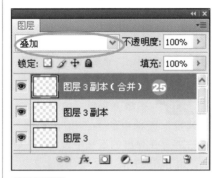

STEP 26 应用"叠加"混合模式混合图层中的对象，如下 26 所示。

STEP 27 选择"快速选择"工具，在嘴唇上单击，创建选区，如下 27 所示。

STEP 28 执行"选择＞修改＞羽化"菜单命令，打开"羽化选区"对话框，在该对话框中设置羽化半径，单击"确定"按钮，如下 28 所示。

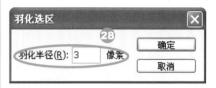

STEP 29 执行上一步操作后，羽化所设置的选区，如下 29 所示。

STEP 30 打开"图层"面板，选择"背景"图层，如下 30 所示。

STEP 31 按下快捷键Ctrl+J，复制得到"图层4"图层，如下 31 所示。

STEP 32 执行"滤镜＞杂色＞添加杂色"菜单命令，打开"添加杂色"对话框，在该对话框中添加杂色的数量，然后单击"确定"按钮，如下页 32 所示。

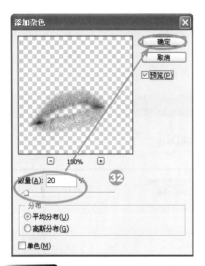

STEP 33 应用"添加杂色"滤镜为嘴唇添加杂色效果，如下 ㉝ 所示。

STEP 34 选择"图层4"图层，将该图层的混合模式设置为"柔光"，如下 ㉞ 所示。

STEP 35 应用"柔光"混合模式混合图像，如下 ㉟ 所示。

STEP 36 按下Ctrl键，单击"图层4"缩览图，载入选区，如下 ㊱ 所示。

STEP 37 执行"选择＞修改＞羽化"菜单命令，打开"羽化选区"对话框，在该对话框中设置羽化半径，然后单击"确定"按钮，如下 ㊲ 所示。

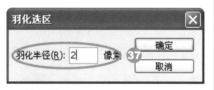

STEP 38 选择"背景"图层，单击"调整"面板中的"色相/饱和度"按钮，在弹出的面板中设置各项参数，如下 ㊳ 所示。

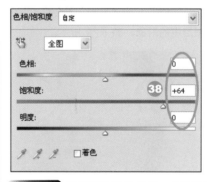

STEP 39 应用所设置的参数，加亮红色，如下 ㊴ 所示。

STEP 40 新建"图层5"图层，设置前景色为R255、G255、B207，然后选择"柔角"画笔，在图像边缘涂抹，如右上 ㊵ 所示。

STEP 41 执行"窗口＞画笔"菜单命令，打开"画笔"面板，单击"画笔笔尖形状"选项，然后设置画笔间距，如下 ㊶ 所示。

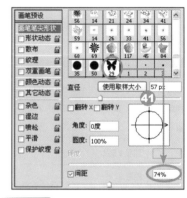

STEP 42 勾选"形状动态"复选框，然后在右侧的面板中设置画笔形状动态，如下 ㊷ 所示。

STEP 43 勾选"散布"复选框，然后在右侧的面板中设置画笔散布效果，如下 ㊸ 所示。

STEP 44 在图像上单击，绘制蝴蝶图案，如下 44 所示。

STEP 45 选择"横排文字"工具 T，在图像右下角输入文字，如下 45 所示。

02 画笔的载入和应用

在"画笔"面板中包括多种不同类型的画笔，如混合画笔、带阴影的画笔、特殊效果画笔以及方头画笔等，我们可以利用"画笔"面板菜单对这些画笔进行追加和复位，也可以自己载入新画笔来替换原来系统所提供的画笔。

选择不同分类的画笔

菜单："画笔"面板菜单
快捷键：-
版本：6.0，7.0，CS，CS2，CS3，CS4
适用于：绘图

Photoshop中提供了多种不同种类的画笔，单击"画笔"面板右上角的扩展按钮，在弹出的面板菜单中即可查看系统自带的不同分类的画笔，如下 1 所示。

混合画笔
基本画笔
书法画笔
带阴影的画笔
干介质画笔
人造材质画笔
自然画笔 2
自然画笔
特殊效果画笔
方头画笔
粗画笔
湿介质画笔
1

选择"画笔"工具，单击右侧的三角箭头按钮，在弹出的菜单中单击一种类型的画笔，弹出提示对话框，在该对话框中单击"确定"按钮，则会显示该类型的画笔，如下 2 所示。

混合画笔如下 3 所示。

基本画笔如下 4 所示。

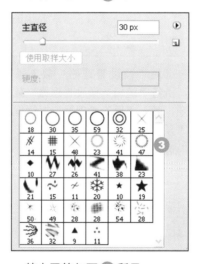

带阴影的画笔如下 5 所示。

自然画笔2如下 6 所示。

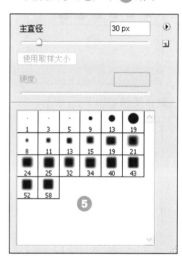

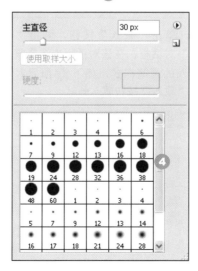

特殊效果画笔如下 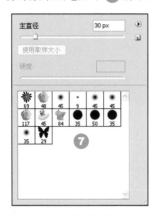 所示。

方头画笔如下 **8** 所示。

湿介质画笔如下 **9** 所示。

载入新的画笔

菜单：载入画笔
快捷键：-
版本：6.0，7.0，CS，CS2，CS3，CS4
适用于：图像

应用"预设管理器"或"画笔"面板菜单可以载入新画笔。使用"画笔"面板菜单载入画笔时，单击画笔面板右上角的扩展按钮，在弹出的面板菜单中选择"载入画笔"命令，如右上 **1** 所示。

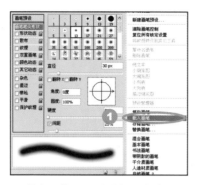

弹出"载入"对话框，在该对话框中选择画笔样式所在的文件夹，然后单击该文件夹中的画笔样式，如下 **2** 所示，单击"载入"按钮，即可载入新画笔。

运用"预设管理器"载入画笔时，执行"编辑＞预设管理器"菜单命令，弹出"预设管理器"对话框，在"预设类型"下拉列表中选择"画笔"选项，如下 **3** 所示。

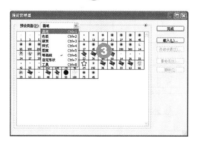

单击"载入"按钮，弹出"载入"对话框，在该对话框中选择需要载入的画笔样式，如下 **4** 所示，单击"载入"按钮载入画笔。

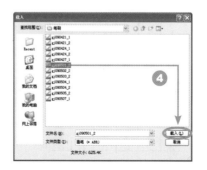

存储画笔

菜单：存储画笔
快捷键：-
版本：6.0，7.0，CS，CS2，CS3，CS4
适用于：绘制图像

在Photoshop中，自定义画笔或对原画笔进行新的定义后，需要将该画笔样式存储到画笔库中，并在下次需要绘制该样式的图案时再次使用该画笔样式。选择要存储的画笔，单击"画笔"面板右上角的扩展按钮，在弹出的面板菜单中选择"存储画笔"命令，如下 **1** 所示。

弹出"存储"对话框，在对话框中选择画笔存储位置，如下 **2** 所示，再单击"保存"按钮，将画笔存入到画笔库中。

复位和替换画笔

菜单：复位/替换画笔
快捷键：-
版本：6.0，7.0，CS，CS2，CS3，CS4
适用于：绘制图像

在编辑图像时，为了绘制更丰富的图像效果，需要将多种不同类型的画笔添加到画笔库中，但是，画笔库中的画笔较多，容易造成选择画笔的麻烦，此时，可以对画笔进行复位操作。单击"画笔"面板上的扩展按钮，在弹出的面板菜单中选择"复位画笔"命令，如下 ① 所示。

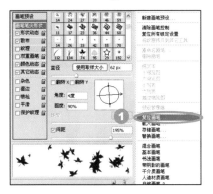

弹出提示对话框，询问是否使用默认画笔替换当前画笔，如下 ② 所示，单击"确定"按钮。

单击"画笔"选项栏中的画笔右侧的三角箭头，弹出"画笔"列表。此时，在"画笔"列表中只保留了系统默认的画笔，如下 ③ 所示。

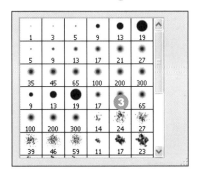

对于"画笔"面板中的画笔，我们可以使用其他样式的画笔将其替换。选择需要被替换的画笔，如下 ④ 所示。

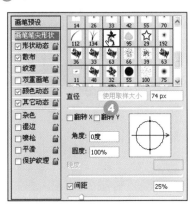

单击"画笔"面板上的扩展按钮，在弹出的面板菜单中选择"替换画笔"命令，如下 ⑤ 所示。

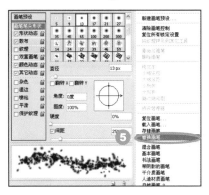

弹出"载入"对话框，在该对话框中选择替换的画笔，如下 ⑥ 所示，然后单击"载入"按钮。

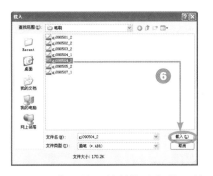

运用载入的画笔替换选择的画笔样式，如下 ⑦ 所示。

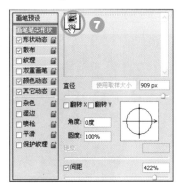

单击画笔库中已替换的画笔，在图像窗口中单击或拖曳，即可运用替换的画笔绘制图案，如下 ⑧ 所示。

提示

在运用"画笔"工具绘制图案时，按下键盘上的[或]键可以快速扩大或缩小画笔笔触大小。

对图像进行描边

菜单：描边
快捷键：-
版本：6.0，7.0，CS，CS2，CS3，CS4
适用于：绘制描边图案

在Photoshop中，可以对选区内的图像进行描边操作。选择工具箱中的"快速选择"工具，沿着人物图像单击，创建选区，如下 ① 所示。

选择"画笔"工具，单击选项栏中的画笔下拉箭头，选择"形"画笔，执行"编辑>描边"菜单命令，打开"描边"对话框，在该对话框中设置各项参数，如下 ② 所示，然后单击"确定"按钮。

对图像应用描边效果，如下 ③ 所示。

应用"画笔"工具描边选区制作个性签名

对图像进行描边可以得到特殊的图像效果。本实例中，应用"调整"命令对图像的亮度和色相/饱和度进行调整，适当加深图像，再应用"彩块化"滤镜和"深色线条"滤镜美化图像，减小图像的色彩细节，制作个性签名。

📁 素材文件：素材\Part 05\02.jpg　　　　　🎬 最终文件：源文件\Part 05\制作个性签名.psd

Before

After

STEP 01 执行"文件＞打开"菜单命令，打开随书光盘\素材\Part 05\02.jpg 文件，如下 ❶ 所示。

STEP 02 按下快捷键Ctrl+J，复制得到"图层1"图层，如下 ❷ 所示。

STEP 03 执行"图像＞调整＞亮度/对比度"菜单命令，在打开的对话框中设置参数，如下 ❸ 所示，设置后的图像效果如下 ❹ 所示。

STEP 04 执行"图像＞调整＞色相/饱和度"菜单命令，在打开的对话框中设置参数，如右上 ❺ 所示。

STEP 05 应用所设置的参数，调整图像的色彩，如下 ❻ 所示。

STEP 06 执行"滤镜>像素化>彩块化"菜单命令，减小图像的色彩细节，如下 **7** 所示。

STEP 07 执行"滤镜>画笔描边>深色线条"菜单命令，在弹出的对话框中设置参数，如下 **8** 所示，设置完成后应用此滤镜，效果如下 **9** 所示。

STEP 08 打开"图层"面板，单击"图层1"前方的眼睛图标，隐藏该图层，如下 **10** 所示。

STEP 09 选择"魔棒"工具，按下Shift键，在人物图像上连续单击，创建选区，如下 **11** 所示。

STEP 10 按下快捷键Ctrl+J，复制选区内的图像，得到"图层2"图层，然后将此图层移至所有图像的最上层，如下 **12** 所示。

> **提示**
> 执行"图像>排列"菜单命令，可以实现图层顺序的调整。

STEP 11 打开"图层"面板，再次单击"图层1"前方的眼睛图标，如下 **13** 所示，显示图层1，如下 **14** 所示。

STEP 12 选择"画笔"工具，执行"编辑>描边"菜单命令，在打开的"描边"对话框中设置参数，再单击"确定"按钮，如下 **15** 所示。

STEP 13 应用所设置的参数，对选区进行白色描边，如下 **16** 所示。

STEP 14 选择"横排文字"工具，在图像左下角输入文字，如下 **17** 所示。

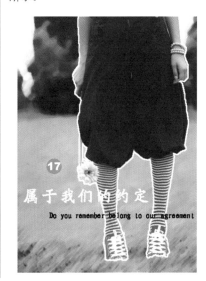

STEP 15 双击文字图层，打开"图层样式"对话框，在该对话框中勾选"描边"复选框，并设置描边参数，然后单击"确定"按钮，如下 **18** 所示。

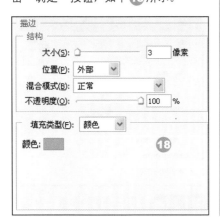

STEP 16 设置完成后，为文字添加描边样式，最终效果如下 **19** 所示。

03　绘制路径或图形

　　钢笔工具专门用来绘制各种不同形状的路径或图形。应用"钢笔"工具既可以绘制直线，也可以通过拖曳节点绘制曲线。掌握钢笔工具，将帮助我们绘制各种复杂的图形。

用钢笔工具绘制直线

菜单：-
快捷键：-
版本：6.0，7.0，CS，CS2，CS3，CS4
适用于：路径或形状

　　使用钢笔工具可以绘制各种简单的直线和图形，也可以绘制复杂的图案等。选择钢笔工具，将光标移动至图像窗口中，当光标变为 形状时，单击确定第一个锚点，如下 **1** 所示。

在图像中的不同位置多次单击，绘制直线路径，如右上 **2** 所示。

将光标移动至起始锚点上，如下 **3** 所示。

在起始锚点上单击鼠标，闭合路径，如下 **4** 所示。

用钢笔工具绘制曲线

菜单：-
快捷键：-
版本：6.0，7.0，CS，CS2，CS3，CS4
适用于：路径或形状

　　使用钢笔工具除了绘制直线，还可以沿曲线延伸方向拖曳鼠标绘制曲线。选择"钢笔"工具，当光标变为 形状时，单击确定锚点，如下页 **1** 所示。

在另一处单击并拖曳鼠标就会产生一条曲线，如下 **2** 所示。

继续在图像中的其他位置单击并拖曳鼠标，如下 **3** 所示。

将光标移动至起始锚点上，光标变成 **&** 形状，如下 **4** 所示。

在起始锚点上单击鼠标，闭合路径，如下 **5** 所示。

将简单曲线调整为复杂形状

菜单：-
快捷键：-
版本：6.0，7.0，CS，CS2，CS3，CS4
适用于：路径或形状

在绘制曲线后，可以运用"添加锚点"工具、"删除锚点工具"和"转换"工具将绘制的简单曲线转换成复杂的形状。如下 **1** 所示是运用椭圆工具绘制的一个椭圆。

选择"添加锚点"工具，将光标移至曲线上，如下 **2** 所示。

单击，在曲线上添加锚点，如下 **3** 所示。

拖曳锚点，调整曲线形状，如下 **4** 所示。

再继续对其他位置的锚点和曲线进行拖曳并调整，如下 **5** 所示。

最终完成后，可以应用"描边"命令对路径进行描边处理，或是在路径上输入文字等。

在同一图层绘制多个形状

菜单：-
快捷键：-
版本：6.0，7.0，CS，CS2，CS3，CS4
适用于：形状

在图像中绘制图形时，单击工具选项栏中的从形状内添加或删除按钮可以进行多个形状的绘制。首选运用"钢笔"工具绘制一个形状，然后单击"添加到形状区域"按钮，可以在图像上绘制多个形状。选择"钢笔"工具，在图像上绘制一个形状，如下 ❶ 所示。

单击"添加到形状区域"按钮，重新选择一种形状，在图像上拖曳绘制形状，如下 ❷ 所示。

04 路径与选区的转换

在Photoshop中，可以将路径转换为选区，也可以将选区转换为路径。通过在"路径"面板中对路径和选区进行转换操作，可以绘制出丰富的图像效果。

从路径转换为选区

菜单："路径"面板菜单
快捷键：-
版本：6.0，7.0，CS，CS2，CS3，CS4
适用于：路径与选区转换

运用"形状"工具或"路径"工具创建工作路径后，可以将所创建的路径转换为选区，然后进行编辑。首先选择"钢笔"工具，沿着腿部创建路径，如下 ❶ 所示。

打开"路径"面板，单击"将路径作为选区载入"按钮，如右上 ❷ 所示。

将创建的路径转换为选区，如下 ❸ 所示。

从选区转换为路径

菜单："路径"面板菜单
快捷键：-
版本：6.0，7.0，CS，CS2，CS3，CS4
适用于：路径与选区转换

既然路径可以转换为选区，那么，我们也可以将所创建的选区转换为工作路径。选择"快速选择"工具，沿着手套连续单击，创建不规则选区，如下 ❶ 所示。

打开"路径"面板，单击"从选区生成工作路径"按钮，如下 **2** 所示。

将不规则的选区转换为工作路径，如下 **3** 所示。

将选区转换为路径时，如果所得到的路径不准确，可以应用路径编辑工具对路径进行调整，如下 **4** 所示。

应用路径工具绘制卡通人物

使用路径绘制工具可以在图像上绘制各种不同的图案。本实例中，主要应用"钢笔"工具绘制人物各个部位的形状路径，再将所绘制的路径转换为选区，并为选区内的图像填充不同的颜色，制作卡通美女图像。

📁 素材文件：素材\Part 05\03.jpg、04.psd　　🎬 最终文件：源文件\Part 05\绘制卡通人物.psd

Before

After

STEP 01 执行"文件＞打开"菜单命令，打开随书光盘\素材\Part 05\03.jpg文件，如下 **1** 所示。

STEP 02 选择"矩形选框"工具，单击并拖曳鼠标，绘制与背景相同大小的矩形边框，如下 **2** 所示。

STEP 03 单击"从选区中减去"按钮，继续在图像中间绘制一个矩形选区，如下 **3** 所示。

STEP 04 设置前景色为黑色，新建"图层1"图层，按下快捷键Alt+Delete，对选区进行前景填充，如下④所示。

STEP 05 选择工具箱中的"钢笔"工具⬧，单击并拖曳鼠标绘制曲线，如下⑤所示。

STEP 06 按下Alt键，转换曲线点，如下⑥所示。

STEP 07 当绘制的起点位置和终点位置重合时，完成路径的绘制，如下⑦所示。

STEP 08 打开"路径"面板，单击"将路径作为选区载入"按钮◯，载入路径选区，如下⑧所示。

STEP 09 设置前景色为R245、G1、B13，新建"图层2"图层，按下快捷键Alt+Delete，对选区进行前景填充，如下⑨所示。

STEP 10 使用"钢笔"工具⬧，绘制头饰路径，如下⑩所示。

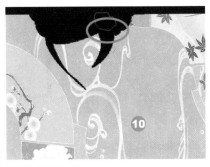

STEP 11 按下快捷键Ctrl+Delete，将路径转换为选区，如下⑪所示。

STEP 12 设置前景色为黑色，新建"图层3"图层，按下快捷键Alt+Delete，对选区进行前景填充，如下⑫所示。

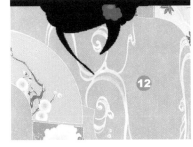

STEP 13 选择"钢笔"工具⬧，沿着头发边缘绘制脸部形状，如下⑬所示。

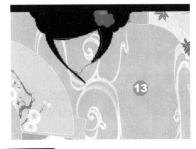

STEP 14 打开"路径"面板，单击"将路径作为选区载入"按钮◯，载入选区，如下⑭所示。

STEP 15 设置前景色为R255、G231、B221，新建"图层4"图层，按下快捷键Alt+Delete，填充脸部选区，如下⑮所示。

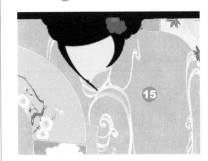

STEP 16 双击"图层4"图层，打开"图层样式"对话框，勾选"描边"复选框，再设置各项参数，如下**16**所示。

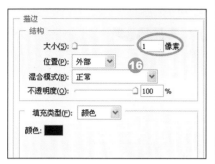

STEP 17 设置完成后，为图像添加黑色的描边效果，如下**17**所示。

STEP 18 继续使用相同的方法，绘制人物的其他部分，如下**18**所示。

STEP 19 设置前景色为红色，在"图层5"上方新建"图层17"，选择"柔角"画笔，将"流量"和"不透明度"设置为40，在眼睛部位涂抹，涂抹后的图像如下**19**所示。

STEP 20 执行"文件＞打开"菜单命令，打开随书光盘\素材\Part 05\04.psd文件，并将图像移至人物身上，如下**20**所示。

STEP 21 按下快捷键Ctrl+J，复制多个底纹图形，分别调整其位置，如下**21**所示。

STEP 22 选择"橡皮擦"工具，擦除手臂上的图案，如下**22**所示。

STEP 23 选择"圆角矩形"工具，设置"半径"为3px，单击"形状图层"按钮，在图像上绘制白色圆角矩形，如下**23**所示。

STEP 24 双击形状图层，打开"图层样式"对话框，勾选"描边"复选框，并设置各项参数，如下**24**所示。

STEP 25 设置完成后，应用所设置的参数，对图像进行描边操作，如下**25**所示。

STEP 26 选择"自定形状"工具，单击三角箭头，在弹出的列表中选择"梅花"选项，新建"图层16"图层，绘制黑色梅花图案，如下**26**所示。

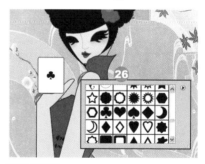

STEP 27 按下快捷键Ctrl+J，复制两个梅花图案，再分别调整它们的大小和位置，如下**27**所示。

STEP 28 选择"直排文字"工具，输入字母A，如下 ②⑧ 所示。

STEP 29 按下快捷键Ctrl+J，复制文字，再执行"编辑＞变换＞垂直翻转"菜单命令，翻转文字并调整位置，如下 ②⑨ 所示。

STEP 30 选取扑克牌图案，按下快捷键Ctrl+Alt+E，合并图层，再按下快捷键Ctrl+J，复制多个图案，如右上 ③⓪ 所示。

STEP 31 选择"图层13"图层，按下快捷键Ctrl+J，复制图层，并将其移至最上层，效果如下 ③① 所示。

STEP 32 选取所有人像图层，按下快捷键Ctrl+Shift+Alt+E，合并图层，如下 ③② 所示。

STEP 33 按下快捷键Ctrl+T，右击编辑框内的图像，在弹出的快捷菜单中选择"水平翻转"命令，如下 ③③ 所示。

STEP 34 翻转图像，并向右移动图像，调整其位置，如下 ③④ 所示。

05 进行绘画创作

应用形状工具能够实现各种图像的制作。通过在图像上进行绘画，可以为简单的图像添加漂亮的图案。在Photoshop中，可以利用形状类工具绘制圆形或方形的图案，还能够使用"自定义形状"工具绘制复杂的图形。

绘制圆形或方形

菜单：-
快捷键：U
版本：6.0，7.0，CS，CS2，CS3，CS4
适用于：绘图

应用工具箱中的形状工具可以绘制不同的图形，如圆形或方形等。如果需要绘制圆形，则首先选择"椭圆"工具，按下Shift键单击并拖曳鼠标，如右 ① 所示。

拖曳至合适大小后，释放鼠标，绘制圆形，如下 ② 所示。

连续单击拖曳，可以绘制更多大小不一的圆形，如下 **3** 所示。

如果要绘制方形，则选择"矩形"工具，按下Shift键单击并拖曳鼠标，如下 **4** 所示。

拖曳至合适大小后，释放鼠标，绘制方形，如下 **5** 所示。

选择"矩形"工具，单击该工具选项栏中的"自定形状"工具右侧的三角箭头，打开"矩形选项"面板，在该面板中选中"方形"单选按钮，如下 **6** 所示。

在图像上单击并拖曳鼠标，即可绘制方形，如下 **7** 所示。

绘制自定义形状

菜单：	-
快捷键：	U
版本：	6.0，7.0，CS，CS2，CS3，CS4
适用于：	绘图

在Photoshop中绘制图像时，不仅可以绘制比较规则的图形，如圆形或方形，也可以绘制各种不同形状的图形。在绘制复杂的形状时，选择"自定形状"工具，单击选项栏上"形状"右侧的三角箭头，打开"形状"列表框，选择其中一个形状，如下 **1** 所示。

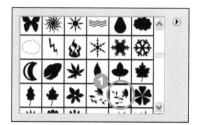

在需要绘制图形的位置单击并拖曳鼠标，如下 **2** 所示。

释放鼠标，绘制自定义的形状。连续单击并拖曳鼠标，可以绘制更多的图案，如下 **3** 所示。

使用画笔绘制图像

菜单：	-
快捷键：	B
版本：	6.0，7.0，CS，CS2，CS3，CS4
适用于：	绘图

为了丰富图像，我们需要使用画笔在图像上涂抹各式各样的图案。在绘制图像时，选择"画笔"工具，单击选项栏中画笔右侧的下三角箭头，弹出画笔列表，选择其中一种画笔，如下 **1** 所示。

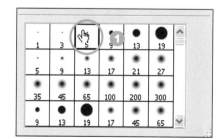

在图像上单击，绘制小圆点，如下 ❷ 所示。

按下[键或]键，调整画笔大小。连续单击，可以绘制更多的小圆点，如下 ❸ 所示。

为数码照片增效

菜单：-
快捷键：-
版本：6.0，7.0，CS，CS2，CS3，CS4
适用于：数码照片

使用绘图工具可以为照片添加各种不同的艺术效果，如制作艺术边框、添加个性文字和图案等。选择要用于添加效果的照片，如下 ❶ 所示。

设置前景色为R136、G237、B17，打开"图层"面板，单击"创建新图层"按钮，新建"图层1"图层，如下 ❷ 所示。

选择"圆角矩形"工具，设置"半径"为10px，如下 ❸ 所示，在图像上单击并拖曳鼠标，如下 ❹ 所示。

释放鼠标，绘制一个绿色的圆角矩形，如下 ❺ 所示。

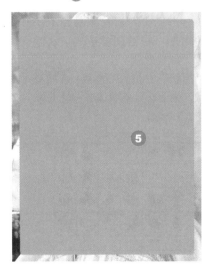

选择矩形所在的"图层1"图层，将混合模式更改为"柔光"，如下 ❻ 所示。

设置完成后，圆角矩形与人像混合，效果如下 ❼ 所示。

选择"自定形状"工具，选择"拼贴4"，如下 ❽ 所示。

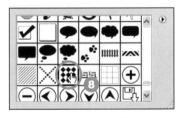

按下Shift键，单击并拖曳鼠标，如下 ❾ 所示。

提示

选择"自定形状"工具绘制图形时,在其选项栏中单击"路径"按钮,可以绘制各种形状的路径,同时可以单击"钢笔"按钮对路径进行编辑。

拖曳至内矩形边线位置时,释放鼠标,绘制出拼贴图形,如下⑩所示。

继续使用同样的方法,绘制更多的拼贴图形,如下⑪所示。

按下快捷键Ctrl+J,复制所绘制的图像,如右⑫所示。最后降低"图层1"的不透明度,设置为60%,效果如右⑬所示。

06 填充和描边应用

应用"油漆桶"工具可以为图像或选区填充颜色或图案。在对选区进行填充时,还能够对选区内的图像进行描边,描边选区中的对象可以增加选区的轮廓效果。

用颜色填充选区或图层

菜单:编辑>填充
快捷键:-
版本:6.0,7.0,CS,CS2,CS3,CS4
适用于:图层或选区

在图像中创建选区后,使用"油漆桶"工具或"渐变"工具为它们填充不同的颜色,通过不同的颜色来表现不同的效果。首先选择选区工具,创建选区,如下①所示。

设置前景颜色,再选择"油漆桶"工具,在所创建的选区内单击,或按快捷键Alt+Delete,为选区填充设置的颜色,如下②所示。

填充工作画布

菜单:编辑>填充
快捷键:-
版本:6.0,7.0,CS,CS2,CS3,CS4
适用于:图层

新建一个空白的图像文件后,画

布背景默认为白色,此时,我们可以为其填充各种不同的颜色。首先单击"拾色器"图标,在弹出的对话框中设置要用于画布的前景色,如下①所示。

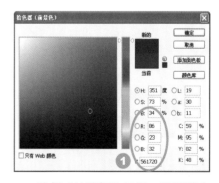

选择"油漆桶"工具,设置填充到"前景",如下②所示。

按下Shift键,在工作画布中单击,填充画布,如下页③所示。

设置描边粗细为13px，描边图像，效果如下 3 所示。

用颜色对选区或图层描边

菜单：编辑＞描边
快捷键：-
版本：6.0，7.0，CS，CS2，CS3，CS4
适用于：图层或选区

单击"描边"对话框中的颜色块，弹出"选取描边颜色"对话框，在该对话框中设置描边颜色，如下 4 所示。

用图案填充选区

菜单：编辑＞填充
快捷键：-
版本：6.0，7.0，CS，CS2，CS3，CS4
适用于：选区

应用"油漆桶"工具，可以为选区填充各种不同样式的图案。选择"快速选择"工具，在图像上连续单击创建选区，如下 1 所示，然后选择"油漆桶"工具，设置填充到"图案"，如下 2 所示。

应用选区工具能够在图像中创建各种形态的选区；应用"描边"命令可以对创建的选区或所选的图层进行描边操作。执行"编辑＞描边"菜单命令，打开"描边"对话框，如下 1 所示。

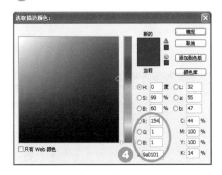

单击"确定"按钮，返回到"描边"对话框，单击"确定"按钮，将运用设置的颜色对选区或图层进行描边，如下 5 所示。

在该对话框中可以对描边粗细进行设置，设置的值越大，描边越宽，效果越明显。设置描边粗细为3px，描边图像，效果如下 2 所示。

激活"图案"选项，单击右侧下三角箭头，弹出"图案"列表，选择其中一个图案，如右上 3 所示，在选区内单击，填充图案，如右上 4 所示。

对图像进行描边时，可以选择不同的描边位置。选中"内部"单选按钮，将在内部应用描边操作，如下 ⑥ 所示。

选中"居中"单选按钮，将在选区或图层的中间应用描边操作，如下 ⑦ 所示。

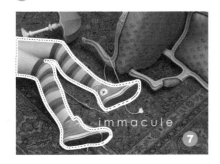

选中"居外"单选按钮，将在选区或图层的外侧应用描边操作，如下 ⑧ 所示。

用颜色对路径描边

菜单：编辑＞描边
快捷键：-
版本：6.0，7.0，CS，CS2，CS3，CS4
适用于：路径

使用形状工具或钢笔工具在图像上创建工作路径，再打开"路径"面板，单击"用画笔描边路径"按钮，如右上 ① 所示。

应用选择的画笔描边路径，如下 ② 所示。

07　从导航器查看效果

在"导航器"面板中可以直观地查看所编辑的图像效果，同时也可以通过"导航器"面板快速地定位图像，并查看图像中的各个细节。

分析"导航器"面板

菜单：窗口＞导航器
快捷键：-
版本：6.0，7.0，CS，CS2，CS3，CS4
适用于：图像

使用"导航器"面板，可以帮助我们查看编辑图像后的效果，并快速对图像进行定位或更改图片的视图等。执行"窗口＞导航器"菜单命令，打开"导航器"面板，如右上 ① 所示，对图像进行编辑后，在"导航器"面板的缩览图中将显示编辑的图像效果。

如果要更改代理视图区域的颜色，则单击"导航器"面板右上角的扩展按钮，在弹出的面板菜单中选择"面板选项"命令，弹出"面板选项"对话框，如下 ② 所示。

在"颜色"下拉列表中选择其中一种颜色，或单击颜色块重新设置颜色，弹出"选择显示框颜色"对话框，在该对话框中重新选择颜色，如下页 ③ 所示。

设置完成后，"导航器"面板中的代理视图区域的颜色将自动更改为所设置的颜色，如下 ④ 所示。

提示

编辑处理图像时，可以对面板进行任意组合，将经常使用的面板组合成一个全新的面板组，方便处理图像。如可以将"导航器"面板拖曳至"图层"面板组中，然后直接单击面板组中该面板选项卡，即可显示该面板。

从导航器查看细节

菜单: -
快捷键: -
版本: 6.0，7.0，CS，CS2，CS3，CS4
适用于: 图像

通过使用"导航器"面板放大或缩小图像，可以对图像中的各个细节进行查看。在"导航器"面板中的缩放文本框中输入缩放值，可以进行图像的缩放操作，如右上 ① 所示。当然，也可以直接拖曳"导航器"面板下方的缩放滑块缩放图像，如右上 ② 所示。

应用"导航器"面板放大或缩小图像时，以不同大小缩放，可以查看图像中最细小的图像信息。拖曳缩放滑块至20.19%，此时，在"缩放"文本框中也将显示相应的参数值，如下 ③ 所示。

拖曳后，得到如下 ④ 所示的缩放效果。

将缩放滑块拖曳至50%时，得到如下 ⑤ 所示的显示效果。

将缩放滑块拖曳至150%时，得到如下 ⑥ 所示的显示效果。

快速定位图像

菜单: -
快捷键: -
版本: 6.0，7.0，CS，CS2，CS3，CS4
适用于: 图像

用光标在"导航器"面板中单击，可以快速定位图像中的某一位置的图像，同时进行定点图像的查看。将图像大小设置为200%显示，如下 ① 所示。

打开"导航器"面板，此时光标所在位置如下页 ② 所示。

在工具箱内选择任意工具，在"导航器"面板中单击，如下 3 所示。

此时，在图像窗口中的对象将自动定位于鼠标所单击的位置，如下 4 所示。

单击"导航器"面板右上角的扩展按钮，在弹出的面板菜单中选择"关闭"命令，如下 5 所示，则关闭"导航器"面板；如果选择"关闭选项卡组"命令，则将"导航器"面板所在的面板组关闭。

选择"导航器"面板菜单中的"面板选项"命令，弹出"面板选项"对话框，如下 6 所示。

提示

"导航器"面板最适合在图像颜色或色调调整时使用，运用"调整"命令调整后，应用"导航器"面板可以直接查看图像颜色或色调的变化。

08　混合模式

应用混合模式可以对图像进行特殊效果的混合。在Photoshop中，将混合模式分为基本、加深、减淡等6大类，25种混合模式，不同的混合模式均有各自的特点，所得到的混合效果也会根据模式的不同而发生变化。

了解混合模式

菜单：图像＞模式
快捷键：-
版本：6.0, 7.0, CS, CS2, CS3, CS4
适用于：图像

图层混合模式即是将上、下两个图层以特殊的方式进行混合。在需要对图像应用某一混合模式时，可以在选项栏中指定混合模式，以控制图像中的像素如何受绘画或编辑工具的影响。在应用图层混合模式前，需要了解何为基色、混合色和结果色。基色是图像中的原稿颜色，如下 1 所示。

混合色是通过绘画或编辑工具应用的颜色，如下 2 所示。

结果色是混合后得到的颜色，如下 ③ 所示。

认识混合模式列表

菜单：图像>模式
快捷键：-
版本：6.0，7.0，CS，CS2，CS3，CS4
适用于：图像

在Photoshop中，根据效果的不同将图层混合模式分为6大类，分别为基本型混合模式、加深型混合模式、减淡型混合模式、光照型混合模式、特殊型混合模式、颜色型混合模式。

1. 基本型混合模式

在基本型混合模式中包括 "正常" 和 "溶解" 两种混合模式，如下 ① 所示。

> 正常
> 溶解　①

- 正常： 编辑或绘制每个像素，使其成为结果色。
- 溶解： 编辑或绘制每个像素，使其成为结果色，根据任何像素位置的不透明度，结果色由基色或混合色的像素随机替换。

2. 加深型混合模式

加深型混合模式包括"变暗"、"正片叠底"、"颜色加深"、"线性加深"和"深色"5种混合模式，如下 ② 所示。

> 变暗
> 正片叠底
> 颜色加深
> 线性加深　②
> 深色

- 变暗： 查看每个通道中的颜色信息，并选择基色或混合色中较暗的颜色作为结果色。
- 正片叠底：查看每个通道中的

颜色信息，并将基色与混合色进行正片叠底。结果色总是较暗的颜色。任何颜色与黑色正片叠底产生黑色；任何颜色与白色正片叠底保持不变。

- 颜色加深：查看每个通道中的颜色信息，并通过增加对比度使基色变暗以反映混合色。与白色混合后不产生变化。
- 线性加深：查看每个通道中的颜色信息，并通过减小亮度使基色变暗以反映混合色。与白色混合后不产生变化。
- 深色： 比较混合色和基色的所有通道值的总和，并显示值较小的颜色。

3. 减淡型混合模式

减淡型混合模式包括"变亮"、"滤色"、"颜色减淡"、"线性减淡（添加）"和"浅色"5种混合模式，如下 ③ 所示。

> 变亮
> 滤色
> 颜色减淡
> 线性减淡（添加）
> 浅色　③

- 变亮： 查看每个通道中的颜色信息，并选择基色或混合色中较亮的颜色作为结果色。比混合色暗的像素被替换，比混合色亮的像素保持不变。
- 滤色： 查看每个通道的颜色信息，并将混合色的互补色与基色进行正片叠底。结果色总是较亮的颜色。用黑色过滤时颜色保持不变；用白色过滤将产生白色。
- 颜色减淡：查看每个通道中的颜色信息，并通过减小对比度使基色变亮以反映混合色。与黑色混合则不发生变化。
- 线性减淡（添加）：查看每个通道中的颜色信息，并通过增加亮度使基色变亮以反映混合色。与黑色混合则不发生变化。
- 浅色： 比较混合色和基色的所有通道值的总和，并显示值较大的颜色。

4. 光照型混合模式

光照型混合模式包括"叠加"、"柔光"、"强光"、"亮光"、"线性光"、"点光"和"实色混合"7种混合模式，如下 ④ 所示。

> 叠加
> 柔光
> 强光
> 亮光　④
> 线性光
> 点光
> 实色混合

- 叠加： 对颜色进行正片叠底或过滤，具体取决于基色。图案或颜色在现有像素上叠加，同时保留基色的明暗对比。不替换基色，但基色与混合色混合，以反映原色的亮度或暗度。
- 柔光： 使颜色变暗或变亮，具体取决于混合色。
- 强光： 对颜色进行正片叠底或过滤，具体取决于混合色。
- 亮光： 通过增加或减小对比度来加深或减淡颜色，具体取决于混合色。
- 线性光： 通过减小或增加亮度来加深或减淡颜色，具体取决于混合色。
- 点光： 根据混合色替换颜色。如果混合色比 50% 灰色亮，则替换比混合色暗的像素；如果混合色比 50% 灰色暗，则替换比混合色亮的像素。
- 实色混合： 将混合颜色的红色、绿色和蓝色通道值添加到基色的 RGB 值。

5. 特殊型混合模式

特殊型混合模式包括了"差值"和"排除"两种混合模式，如下 ⑤ 所示。

> 差值
> 排除　⑤

- 差值： 查看每个通道中的颜色信息，并从基色中减去混合色，或从混合色中减去基色，具体取决于哪一个颜色的亮度值更大。与白色混合将反转基色值；与黑色混合则不产生变化。

- 排除：创建一种与"差值"模式相似，但对比度更低的效果。

6. 颜色型混合模式

颜色型混合模式包括"色相"、"饱和度"、"颜色"和"明度"4种混合模式，如下 ⑥ 所示。

- 色相：用基色的明亮度和饱和度以及混合色的色相创建结果色。
- 饱和度：用基色的明亮度和色相以及混合色的饱和度创建结果色。
- 颜色：用基色的明亮度以及混合色的色相和饱和度创建结果色。
- 明度：用基色的色相和饱和度以及混合色的明亮度创建结果色。此模式与"颜色"模式的效果相反。

混合模式效果示例

菜单：-
快捷键：-
版本：6.0，7.0，CS，CS2，CS3，CS4
适用于：图层

在前面对各类混合模式中的每个混合模式都做了详细的说明，以下示例显示了在图像中应用各种混合模式的图像效果。

正常

溶解

变暗

正片叠底

深色

滤色

颜色减淡

浅色

叠加

强光

柔光

亮光

线性光

排除

颜色

实色混合

色相

明度

差值

饱和度

应用混合模式制作房产广告

　　混合模式是合成图像时非常重要的一项设置，通过设置合适的混合模式，能够得到更完美的合成效果。本实例是一个典型的房产广告，选择"移动"工具将房屋、小鸟等元素移至黑色背景图像上，再更改图像的大小和混合模式，合成整个广告的主体对象，最后还需要在图像上输入文字，完成广告的制作。

素材文件：素材\Part 05\05.jpg、06.psd、07.jpg　　最终文件：源文件\Part 05\制作房产广告.psd

Before

After

STEP 01 执行"文件>打开"菜单命令，打开随书光盘\素材\Part 05\05.jpg文件，如下 1 所示。

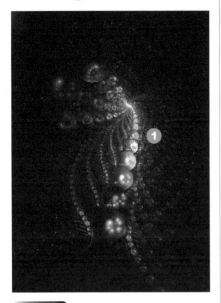

STEP 02 选择"渐变"工具█，单击"渐变编辑器"按钮，打开"渐变编辑器"对话框，在该对话框中设置渐变参数，如下 2 所示。

STEP 03 新建"图层1"图层，单击选项栏上的"径向渐变"按钮█，从图像的中间位置往外拖曳鼠标，如下 3 所示。

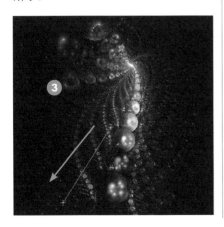

STEP 04 释放鼠标，绘制渐变背景，如下 4 所示。

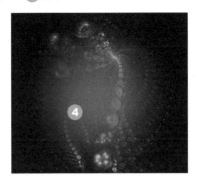

STEP 05 执行"文件>打开"菜单命令，打开随书光盘\素材\Part 05\06.psd文件，并选择"移动"工具，将鸟儿图像移至背景上方，如下 5 所示。

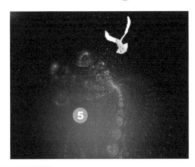

STEP 06 按Ctrl键，单击鸟所在的图层，载入小鸟选区，如下 6 所示。

STEP 07 设置前景色为白色，新建"图层3"图层，选择"油漆桶"工具█并在选区内单击填充白色，如下 7 所示。

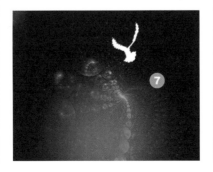

STEP 08 单击前景拾色器图标，打开"拾色器（前景色）"对话框，然后设置前景色，如下 8 所示。

STEP 09 设置完成后，选择"柔角"画笔，在选区内涂抹，添加颜色，如下 9 所示。

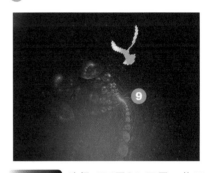

STEP 10 选择"图层3"图层，将图层混合模式设置为"颜色加深"，设置后的图像效果如下 10 所示。

STEP 11 选择"图层2"和"图层3"图层，按下快捷键Ctrl+Alt+E，合并生成图层，并调整该图层中小鸟的大小和位置，如下 11 所示。

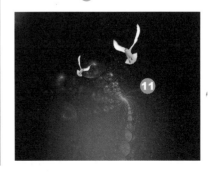

STEP 12 执行"文件＞打开"菜单命令，打开随书光盘\素材\Part 05\05.jpg文件，并将图像移至背景上方，如下⑫所示。

STEP 13 单击"添加图层蒙版"按钮，为"图层4"添加蒙版，设置前景色为黑色，再选择"柔角"画笔，在蒙版中涂抹，隐藏下方边缘，如下⑬所示。

STEP 14 单击"调整"面板中的"亮度/对比度"按钮，打开参数面板，设置各项参数，如下⑭所示。

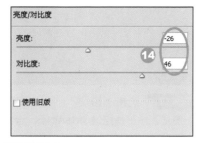

STEP 15 设置完成后，应用所设置的亮度/对比度参数，效果如下⑮所示。

STEP 16 选择"亮度/对比度1"图层，将图层混合模式设置为"叠加"，效果如下⑯所示。

STEP 17 执行"文件＞打开"菜单命令，打开随书光盘\素材\Part 05\07.jpg文件，如下⑰所示。

STEP 18 选择"移动"工具，将花朵图像移至图像中间位置，并适当调整其大小，如下⑱所示。

STEP 19 选择"画笔"工具，按下[或]键，调整画笔大小，然后在图像上涂抹，擦除多余图像，如右上⑲所示。

提示

在"画笔"列表中，设置的硬度越小，画笔边缘越柔和。

STEP 20 选择"图层5"图层，将图层混合模式设置为"强光"，如下⑳所示。

STEP 21 设置完成后，图像与背景更融合，如下㉑所示。

STEP 22 按下快捷键Ctrl+J，复制得到"图层5 副本"图层，如下㉒所示。

STEP 23 执行"编辑>变换>水平翻转"菜单命令,翻转图像,如下23所示。

STEP 24 选择"移动"工具 ⊕,调整图像位置,如下24所示。

STEP 25 新建"图层6"图层,选择"画笔"工具 ✐,选择"交叉排线"画笔,并调整画笔大小,然后在图像上绘制图案,如下25所示。

STEP 26 选择"椭圆选区"工具 ⊙,按下Shift键,绘制多个正圆选区,如下26所示。

STEP 27 执行"选择>修改>羽化"菜单命令,打开"羽化选区"对话框,设置羽化半径,如下27所示

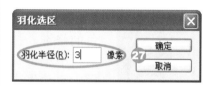

STEP 28 新建"图层7"图层,按下快捷键Alt+Delete,填充选区,如下28所示,填充完成后,选择"图层6"和"图层7"图层,将两个图层合并为"图层6"图层。

STEP 29 选择"横排文字"工具 T,单击"切换字符和段落面板"按钮 ▤,打开"字符"面板,然后在该面板中设置各项参数,如下29所示。

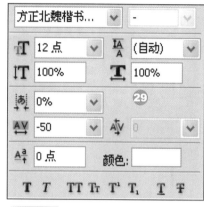

STEP 30 输入主体文字,最终效果如下30所示。

读书笔记

Part 06
修饰和变换功能

图像的编辑除了前面已经介绍的基本的处理外，还需要进一步对图像进行修饰和变换。在Photoshop中，图像的修饰和变换即是对图像的颜色和形状进行更改。

用户可以运用"调整"命令对图像进行颜色的修饰。打开不同的调整对话框，在"调整"面板中单击相应的调整命令，则会在"图层"面板中自动生成一个对应的调整图层，通过设置参数，实现图像颜色的变换，实现多张不同照片的合成，如下❶、❷、❸所示；Photoshop还能对图像进行清晰或模糊的变换，通过设置不同的模糊滤镜可以将图像变得模糊，反之，如果选择不同的锐化滤镜，则可以将模糊的图像变得清晰，如下❹、❺所示。所以，在图像的修饰和变换上，Photoshop也充分表现了强大的图像编辑功能。

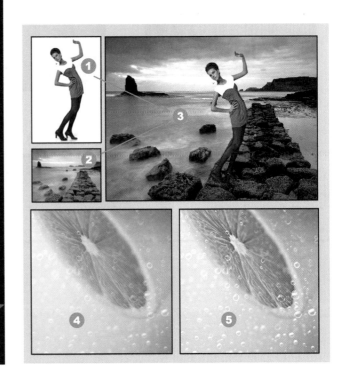

01 图像的修剪

利用Photoshop CS4中的裁剪功能，可以对图像的边缘进行裁剪并修齐操作，获得更为直观的图像效果。

裁剪图像变换透视

菜单：-
快捷键：-
版本：6.0，7.0，CS，CS2，CS3，CS4
适用于：图像

应用"裁剪"工具可以对图像的透视角度进行更改，即可以实现照片的透视效果的编辑。选择"裁剪"工具，在需要裁剪的图像中沿对角线方向拖曳，设置裁剪的框架，如下①所示。

勾选选项栏中的"透视"复选框，再将光标移动至裁剪框右上角的位置，单击并拖曳，如下②所示。

合适后，单击"提交当前裁剪操作"按钮，提交裁剪效果，如右上③所示。

裁剪并修齐照片

菜单：文件>自动>裁剪并修齐照片
快捷键：-
版本：6.0，7.0，CS，CS2，CS3，CS4
适用于：图像

利用相机拍摄数码照片时，由于拍摄角度的不正确，可能造成拍摄出来的照片倾斜，如下①所示。此时，应用"自动"功能能够裁剪并修齐照片。

执行"文件>自动>裁剪并修齐照片"菜单命令，修齐照片，如下②所示。

制作画框

菜单：图像>画布大小
快捷键：-
版本：6.0，7.0，CS，CS2，CS3，CS4
适用于：图像

应用"画布大小"命令可以制作画框效果。执行"图像>画布大小"菜单命令，打开"画布大小"对话框，此时，在该对话框中将显示原图像的宽度和高度，如下①所示。

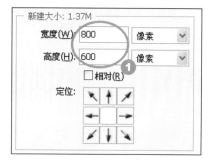

在"宽度"和"高度"文本框中输入新的宽度和高度值，如下②所示。

输入完成后，单击"确定"按钮。在默认情况下，以背景色作为图像边缘，如下③所示。

应用裁剪工具修整照片

　　应用"裁剪"工具可以对照片进行正确的修饰，调整照片的透视角度。本实例通过使用"裁剪"工具创建裁剪框，然后在选项栏中勾选"透视"复选框，调整图像的透视角度，裁切照片。

素材文件：素材\Part 06\01.jpg　　　　　　最终文件：源文件\Part 06\修整照片.jpg

Before  After

STEP 01 执行"文件＞打开"菜单命令，打开随书光盘\素材\Part 06\01.jpg 文件，如下 **1** 所示。

STEP 02 选择"裁剪"工具，在图像中间位置单击并拖曳鼠标，如下 **2** 所示。

STEP 03 释放鼠标，创建裁剪框，并适当调整其位置，如下 **3** 所示。

STEP 04 勾选选项栏中的"透视"复选框，再单击并拖曳右上角的控制点，如下 **4** 所示。

STEP 05 继续单击并拖曳裁剪框左上角的控制点，如下 **5** 所示。

STEP 06 单击"提交当前裁剪操作"按钮，提交当前所做的编辑，裁剪图像，如下 **6** 所示。

STEP 07 执行"图像＞画布大小"菜单命令，打开"画布大小"对话框，在该对话框中将"宽度"和"高度"都设置为5.2厘米，如右 **7** 所示，单击"确定"按钮，添加边框，如右 **8** 所示。

| 宽度(W): | 5.2 | 厘米 |
| 高度(H): | 5.2 | 厘米 |

02 对色彩进行校样

使用不同的调整命令可以对偏色的照片进行颜色的校正。在Photoshop中，可以使用色阶、色彩平衡以及变化命令对色彩进行校样。通过对图像的色彩进行校样，不仅可以修复偏色的照片，还可以对照片进行不同颜色的更改。

偏色照片的处理

菜单：图像＞调整＞色阶
快捷键：-
版本：6.0，7.0，CS，CS2，CS3，CS4
适用于：色彩校样

在拍摄数码照片时，由于光线或相机的原因，易造成照片偏色，如下 **1** 所示。对于偏色的数码照片，可以应用"色阶"命令对各个通道中的颜色重新混合，纠正偏色的照片。

执行"图像＞调整＞色阶"菜单命令，打开"色阶"对话框，选择"红"通道，再拖曳色阶图下方的色阶滑块，如下 **2** 所示。

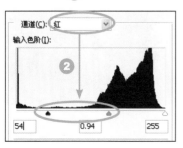

选择"绿"通道，再拖曳色阶图下方的滑块，如下 **3** 所示。

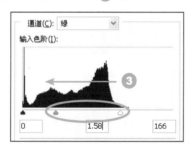

选择"蓝"通道，再拖曳色阶图下方的滑块，如下 **4** 所示。

通过对各个通道内的图像进行调整，将猫的照片还原真实的色彩，如下 **5** 所示。

通过变化调整命令进行色彩校样

菜单：图像＞调整＞变化
快捷键：-
版本：6.0，7.0，CS，CS2，CS3，CS4
适用于：色彩校样

"变化"命令主要是通过在对话框的中心区域对颜色进行调整，其中列举了7种图像示例，每一个图像都代表了一个主色，通过对各个颜色的调整，最终对图像进行色彩的校正和照片颜色调整。如下 **1** 所示为原图像。

在对话框左下部分，单击一次"加深洋红"，再单击一次"加深黄色"，如下 **2** 所示。

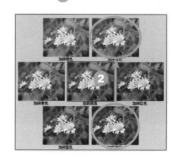

在对话框右侧单击"较亮",如下  所示。

设置完成后,单击"确定"按钮完成图像颜色的校正,效果如下  所示。

通过色彩平衡进行色彩校样

菜单:图像>模式
快捷键:-
版本:6.0,7.0,CS,CS2,CS3,CS4
适用于:图像

色彩平衡是通过对图像中各个颜色混合后的比例进行调整,得到调整后的颜色新生成比例的图像效果。运用"色彩平衡"命令能够快速对照片进行色彩校样。选择要校正的偏红照片,如下  所示。

执行"图像>调整>色彩平衡"菜单命令,在弹出的对话框中,选中"中间调"单选按钮,并设置各项参数,如下 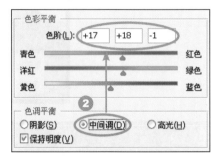 所示。

选中"阴影"单选按钮,并设置各项参数,如下 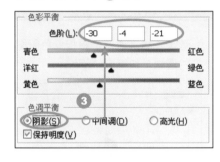 所示。

选中"高光"单选按钮,并设置各项参数,如下 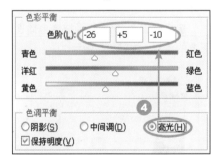 所示。

设置完成后,单击"确定"按钮,即可完成对图像颜色的校正,如下  所示。

CMYK模式下的颜色校样

菜单:图像>调整>色彩平衡
快捷键:-
版本:6.0,7.0,CS,CS2,CS3,CS4
适用于:CMYK图像颜色校正

不同颜色模式下的图像都可以通过调整命令对其颜色进行校正,而且在Photoshop中,还可以根据图像的颜色选择合适的颜色校正方式。选择偏蓝的CMYK图像,如下  所示。

执行"图像>调整>色彩平衡"菜单命令,打开"色彩平衡"对话框,在该对话框设置各项参数,如下 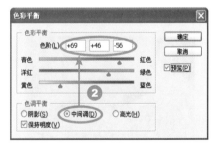 所示。

设置完成后,单击"确定"按钮,即可对图像的颜色进行校正,最终效果如下  所示。

通过色彩调整制作海边风景照片合成

通过调整照片的色彩，可以将多张照片合成为特殊的照片效果。在本实例中，先应用"色阶"和"色彩平衡"命令对照片的颜色进行调整，然后将人物图像移至调整后的背景上，为了使人与背景融合，对人物的颜色进行更改，并添加投影，合成海景照片。

素材文件：素材\Part 06\02.jpg、03.jpg　　　最终文件：源文件\Part 06\制作海边风景照片合成.psd

Before

After

STEP 01 执行"文件>打开"菜单命令，打开随书光盘\素材\Part 06\02.jpg 文件，如下 **1** 所示。

STEP 02 单击"调整"面板中的"色阶"按钮，在弹出的参数面板中设置各项参数，如下 **2** 所示。

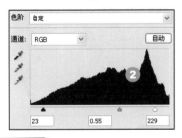

STEP 03 应用所设置的参数，更改图像的色调，如下 **3** 所示。

STEP 04 单击"调整"面板中的"色彩平衡"按钮，在弹出的参数面板中设置各项参数，如下 **4** 所示。

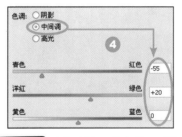

STEP 05 应用所设置的参数，调整图像颜色，如下 **5** 所示。

STEP 06 单击"调整"面板中的"色相/饱和度"按钮，在弹出的参数面板中设置各项参数，如下 **6** 所示。

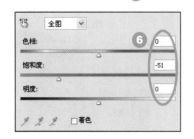

STEP 07 应用所设置的参数，调整图像颜色，如下 **7** 所示。

STEP 08 执行"文件>打开"菜单命令，打开随书光盘\素材\Part 06\03.jpg 文件，如下 **8** 所示。

STEP 09 选择"钢笔"工具 ✐，沿着人物图像绘制路径，如下 **9** 所示。

STEP 10 将整个人物图像创建为一个封闭的工具路径，如下 **10** 所示。

STEP 11 打开"路径"面板，单击"将路径作为选区载入"按钮 ◯，如下 **11** 所示。

STEP 12 将绘制的工作路径转换为选区，如下 **12** 所示。

STEP 13 选择"移动"工具 ▶ ，将选区内的人物移至调整好颜色的照片中，如下 **13** 所示。

STEP 14 选择人物图层，单击"调整"面板中的"色相/饱和度"按钮 ▦，在弹出的参数面板中设置各项参数，如下 **14** 所示。

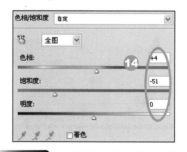

STEP 15 应用所设置的参数，调整人像颜色，如下 **15** 所示。

STEP 16 单击"调整"面板中的"色阶"按钮 ⣿，在弹出的参数面板中设置各项参数，如下 **16** 所示。

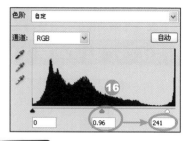

STEP 17 应用所设置的色阶参数，加深人物图像，如下 **17** 所示。

STEP 18 选择"图层1"图层，执行"图像>调整>变化"菜单命令，打开"变化"对话框，在该对话框中选择"中间色调"选项，单击一次"加深青色"，再单击一次"加深蓝色"，最后单击"确定"按钮，如下 **18** 所示。

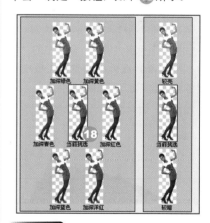

STEP 19 应用"变化"命令调整图像颜色，效果如下 **19** 所示。

STEP 20 双击"图层1"图层,打开"图层样式"对话框,在该对话框中勾选"投影"复选框,然后单击"确定"按钮,如下 ⑳ 所示。

STEP 21 为"图层1"中的图像添加投影效果,如下 ㉑ 所示。

STEP 22 右击"图层1"中的图层样式,在弹出的快捷键菜单中选择"创建图层"命令,如下 ㉒ 所示。

STEP 23 弹出Adobe Photoshop CS4 Extended提示对话框,单击"确定"按钮,如下 ㉓ 所示。

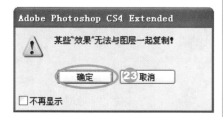

STEP 24 创建"图层1的投影"图层,如下 ㉔ 所示。

STEP 25 执行"编辑>变换>旋转"菜单命令,调整旋转点,将鼠标指针移至右上角的控制点上,当其变为折线箭头时,拖曳鼠标,如下 ㉕ 所示。

STEP 26 将鼠标指针移至右上角的控制为上,当其变为双向箭头时,向内拖曳缩小图像,如下 ㉖ 所示。

STEP 27 执行"编辑>变换>透视"菜单命令,调整图像的透视角度,如下 ㉗ 所示。

STEP 28 将影子图像调整至合适大小后,单击选项栏中的"进行变换"按钮,完成影子的变形,如下 ㉘ 所示。

STEP 29 选择"图层1的投影"图层,将该图层的混合模式设置为"明度","不透明度"设置为60%,效果如下 ㉙ 所示。

STEP 30 双击"图层1"图层,打开"图层样式"对话框,勾选"内阴影"复选框,然后设置各项参数,如下 ㉚ 所示。

STEP 31 应用所设置的参数,为图像添加内阴影效果,最终效果如下 ㉛ 所示。

03　对明暗进行校样

在拍摄照片时，由于光线或人为的原因，造成所拍摄的样片明暗的偏差。此时，可以将照片放置到Photoshop中，再应用调整命令对照片的明暗进行校正。

曝光度调整命令设置明暗

菜单：图像＞调整＞曝光度
快捷键：-
版本：6.0，7.0，CS，CS2，CS3，CS4
适用于：图像明暗校正

应用"曝光度"命令不仅可以对低曝光率的照片进行曝光度的调整，在适当的时候，还可以调整平时所拍摄的较暗的照片，如下 ① 所示。

执行"图像＞调整＞曝光度"菜单命令，打开"曝光度"对话框，然后向左拖曳"灰度系数校正"滑块，如下 ② 所示。

加亮图像，效果如下 ③ 所示。

通过曲线的绘制设置明暗

菜单：图像＞曲线
快捷键：-
版本：6.0，7.0，CS，CS2，CS3，CS4
适用于：图像明暗校正

在调整图像明暗时，可以在"曲线"对话框中选择铅笔来绘制曲线以调整图像的明暗。如下 ① 所示为原图像效果。

按下快捷键Ctrl+M，打开"曲线"对话框，单击"铅笔"按钮，然后在曲线图上绘制，如下 ② 所示。

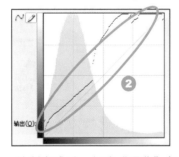

绘制完成后，勾选"预览"复选框，即可看到绘制后的图像，如下 ③ 所示。

通过重新设置黑白场校正明暗

菜单：图像＞曲线
快捷键：-
版本：6.0，7.0，CS，CS2，CS3，CS4
适用于：图像明暗校正

利用"曲线"对话框中的"设置黑场"和"设置白场"按钮，可以在图像上设置取样点，以实现对图像明暗的调整。单击"设置黑场"按钮，将光标移至图像上较暗的位置上，如下 ① 所示。

单击鼠标，将该取样点位置作为图像中的最暗区域，如下 ② 所示。

单击"设置白场"按钮，将光标移到图像较亮的区域，如下页 ③ 所示。

单击鼠标，将取样点位置作为图像中的最亮区域，效果如下 ④ 所示。

通过阴影/高光校正明暗

菜单：图像＞调整＞阴影/高光
快捷键：-
版本：6.0，7.0，CS，CS2，CS3，CS4
适用于：图像明暗样正

"阴影/高光"命令用于校正由强逆光而形成剪影的照片，或校正由于太接近相机闪光灯而有些发白的焦点。在用其他方式采光的图像中，这种调整也可用于使阴影区域变亮。使用"阴影/高光"命令不仅是简单地使图像变亮或变暗，而且它是基于阴影或高光中的周围像素增亮或变暗，所以，在"阴影/高光"对话框中可以分别对阴影和高光进行设置。如下 ① 所示为拍摄的一张特写照片，可以看出图像稍显灰暗。

执行"图像＞调整＞阴影/高光"菜单命令，打开"阴影/高光"对话框，如下 ② 所示。

应用该对话框中默认的参数，对照片的光线进行校正，如下 ③ 所示。

勾选"显示更多选项"复选框，弹出详细的参数选项，包括"阴影"选项设置、"高光"选项设置和"调整"选项设置。

在"调整"选项组中设置的"颜色校正"参数将对图像的颜色进行校正。向左拖曳该滑块，降低颜色，效果如右上 ④ 所示。

向右拖曳"颜色校正"滑块，增强颜色，效果如下 ⑤ 所示。

此时，再向右拖曳"中间对比度"滑块，将增加图像中的中间色调的对比度，如下 ⑥ 所示。

在"阴影/高光"对话框中单击"存储为默认值"按钮，会将当前所设置的各项参数存储为默认值。

制作高对比度照片效果

　　通过照片明暗的校正，能够将照片转换为照片的色调，制作各种不同的艺术效果。本实例中，通过应用"曲线"命令调整图像的明暗对比度，使猫变得更加白亮，再继续选择"色彩平衡"命令调整一个颜色，制作高对比度照片。

📁 素材文件：素材\Part 06\04.jpg　　　　🎬 最终文件：源文件\Part 06\制作高对比度照片效果.psd

Before　　　　　　　　　　　　After

STEP 01 执行"文件＞打开"菜单命令，打开随书光盘\素材\Part 06\04.jpg文件，如下 ❶ 所示。

STEP 03 选择"图层1"图层，设置图层混合模式为"滤色"，"不透明度"为70%，如下 ❸ 所示。

STEP 05 单击"调整"面板中的"曲线"按钮，弹出参数面板，单击"设置黑场"按钮，然后在图像中的较暗区域单击，如下 ❺ 所示。

STEP 02 按下快捷键Ctrl+J，复制得到"图层1"图层，如下 ❷ 所示。

STEP 04 设置完成后，增加图像的亮度，如下 ❹ 所示。

STEP 06 单击"设置白场"按钮，然后在图像中较亮的区域单击，如下 ❻ 所示。

STEP 07 单击"调整"面板中的"色彩平衡"按钮 ▆▆，弹出参数面板，然后在该面板中选中"中间调"单选按钮，设置各项参数，如下 ⑦ 所示。

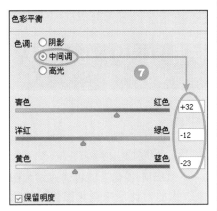

STEP 08 在该面板中选中"阴影"单选按钮，设置各项参数，如下 ⑧ 所示。

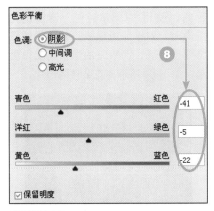

STEP 09 设置色彩平衡后，效果如下 ⑨ 所示。

STEP 10 单击"调整"面板中的"色阶"按钮，弹出参数面板，设置各项参数，如右上 ⑩ 所示。

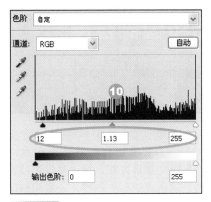

STEP 11 在"通道"下拉列表中选择"红"通道，设置"红"通道色阶参数，如下 ⑪ 所示。

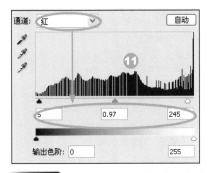

STEP 12 在"通道"下拉列表中选择"绿"通道，设置"绿"通道色阶参数，如下 ⑫ 所示。

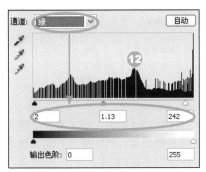

STEP 13 在"通道"下拉列表中选择"蓝"通道，设置"蓝"通道色阶参数，如下 ⑬ 所示。

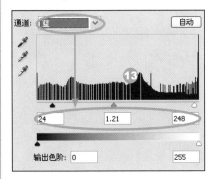

STEP 14 设置色阶后，调整照片颜色，如下 ⑭ 所示。

STEP 15 单击"调整"面板中的"自然饱和度"按钮，弹出参数面板，设置各项参数，如下 ⑮ 所示。

STEP 16 设置完成后，应用所设置的自然饱和度参数调整图像，如下 ⑯ 所示。

STEP 17 选择"自然饱和度1"图层，将图层混合模式设置为"滤色"，"不透明度"设置为20%，效果如下 ⑰ 所示。

04 设置图像的锐化和模糊程度

应用"锐化"滤镜组和"模糊"滤镜组中的滤镜,可以对图像的锐化程度和模糊程度进行处理。通过应用不同的锐化滤镜可以清晰图像,而应用不同的模糊滤镜则可以将清楚的图像变得模糊,结合这两种滤镜可以制作出景深的图像效果。

使用"智能锐化"滤镜进行处理

菜单:图像>锐化>智能锐化
快捷键:-
版本:6.0,7.0,CS,CS2,CS3,CS4
适用于:模糊图像

"智能锐化"滤镜具有较强的锐化控制功能,常用于清晰模糊的图像。使用"智能锐化"滤镜可以通过设置锐化算法,或控制在阴影和高光区域中进行的锐化量,锐化图像。如下①所示为模糊的图像。

执行"滤镜>锐化>智能锐化"菜单命令,打开"智能锐化"对话框,在该对话框中设置各项参数,如下②所示。设置完成后,应用所设置的参数锐化图像,效果如下③所示。

在"智能锐化"对话框中选中"高级"单选按钮,弹出高级选项设置,单击"阴影"标签,设置阴影区域的锐化程度,如下④所示。

单击"高光"标签,设置高光区域的锐化程度,如下⑤所示。

通过对"阴影"和"高光"进行锐化参数设置,对图像进行更精确的锐化,如下⑥所示。

使用"USM锐化"滤镜进行处理

菜单:图像>锐化>USM锐化
快捷键:-
版本:6.0,7.0,CS,CS2,CS3,CS4
适用于:模糊图像

"USM 锐化"滤镜通过增加图像边缘的对比度来锐化图像。应用"USM锐化"滤镜锐化图像时,将不检测图像中的边缘,且按照指定的阈值找到值与周围像素不同的像素,再按指定的量增强邻近像素的对比度。因此,使用"USM锐化"滤镜锐化图像时,对于邻近像素,较亮的像素将变得更亮,而较暗的像素将变得更暗。如下①所示为花朵特写照片。

执行"滤镜>锐化>USM锐化"菜单命令,打开"USM锐化"对话框,在该对话框中可以分别拖曳各个滑块,设置锐化参数,如下②所示。

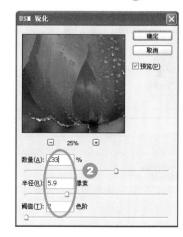

拖曳"数量"滑块或输入数值，确定增加像素对比度的数量。设置"数量"为9，效果如下 ❸ 所示。

设置"数量"为150，效果如下 ❹ 所示。

拖曳"半径"滑块或输入数值，确定边缘像素周围影响锐化的像素数目，半径值越大，边缘效果的范围越广，锐化也就越明显。设置"半径"为1.8，效果如下 ❺ 所示。

设置"半径"为61.8，效果如下 ❻ 所示。

拖动"阈值"滑块或输入数值，确定锐化的像素必须与周围区域相差一定的值，才被滤镜看作边缘像素并被锐化。设置"阈值"为1，效果如下 ❼ 所示。

设置"阈值"为80，效果如下 ❽ 所示。

选择性锐化

菜单：图像＞其他＞高反差保留
快捷键：-
版本：6.0，7.0，CS，CS2，CS3，CS4
适用于：模糊锐化

通过使用蒙版或选区，可以对图像进行局部锐化。如果是对选区进行锐化，则运用选区创建工具，创建选区，或使用USM锐化。如下 ❶ 所示，选择图像。

执行"滤镜＞锐化＞USM锐化"菜单命令，打开"USM锐化"对话框，设置各项参数，如下 ❷ 所示。

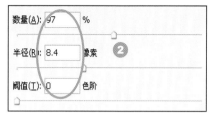

设置完成后，应用所设置的参数锐化选区，效果如下 ❸ 所示。

除了使用选区工具对选区内的图像进行选择性锐化外，还可以应用其他滤镜对图像进行选择性锐化。首先选择"背景"图层，并将其拖曳至"创建新图层"按钮上，复制得到"背景 副本"图层，如下 ❹ 所示。

执行"滤镜＞其他＞高反差保留"菜单命令，打开"高反差保留"对话框，在该对话框中设置半径值，如下页 ❺ 所示。

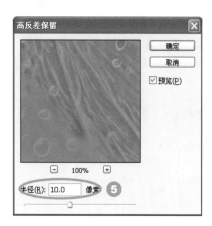

设置完成后，单击"确定"按钮，得到如下 **6** 所示的效果。

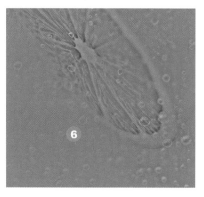

选择"背景副本"图层，将混合模式设置为"叠加"，如下 **7** 所示。

设置完成后，实现图像的锐化操作，效果如下 **8** 所示。

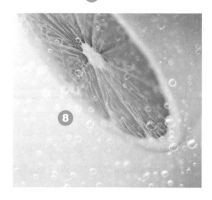

添加镜头模糊

菜单：图像＞模糊＞镜头模糊
快捷键：-
版本：6.0，7.0，CS，CS2，CS3，CS4
适用于：图像

　　"镜头模糊"滤镜可以在图像上表现镜头似的模糊效果。首先选择选区工具，在图像上创建选区，如下 **1** 所示。

　　执行"滤镜＞模糊＞镜头模糊"菜单命令，在弹出的对话框中设置各项参数，如下 **2** 所示。

　　应用所设置的参数，模糊图像，如下 **3** 所示。

动态模糊

菜单：图像＞模糊＞动态模糊
快捷键：-
版本：6.0，7.0，CS，CS2，CS3，CS4
适用于：图像

　　应用"动态模糊"滤镜，可以为图像添加动态的艺术效果，使图像更具动感。选择一张用于添加动态模糊的图像，如下 **1** 所示。

　　执行"滤镜＞模糊＞动感模糊"菜单命令，在弹出的对话框中设置各项参数，如下 **2** 所示。

　　设置完成后，应用所设置的动感模糊参数，模糊图像，如下 **3** 所示。

模糊图像后，选择"还原历史记录"画笔，在选项栏中将"模糊"设置为"叠加"，"流量"和"不透明度"设置18%，在人像上涂抹，还原人物，如下  所示。

动感模糊图像时，"距离"选项用于控制图像的残像长度，距离值越大，图像的残像长度就越长，模糊的效果也就越明显。设置"距离"为7，效果如下  所示。

设置"距离"为30，效果如下  所示。

设置"距离"为60，效果如下  所示。

设置高反差的景深效果

菜单：图像＞模糊＞高斯模糊
快捷键：-
版本：6.0，7.0，CS，CS2，CS3，CS4
适用于：图像

应用"高斯模糊"滤镜可以控制模糊半径，对图像进行模糊，制作景深效果。选择"快速选择"工具"，在图像中单击，创建选区，如下 ① 所示。

执行"选择＞反向"菜单命令，反向选择选区，如下 ② 所示。

执行"滤镜＞模糊＞高斯模糊"菜单命令，打开"高斯模糊"对话框，在该对话框中设置半径值，如右上 ③ 所示。

高斯模糊

确定
取消
☑ 预览(P)

100%

半径(R)：3 像素 ③

设置完成后，模糊选区内的背景图像，如下 ④ 所示。

应用高斯模糊图像时，半径值越大，图像越模糊，效果也自然越明显。设置"半径"为6，效果如下 ⑤ 所示。

应用模糊滤镜制作动感背景

在"模糊"滤镜组中包括多个不同的模糊滤镜，应用这些滤镜可以制作各种不同的模糊效果。在本实例中，先使用选区工具，选择背景选区，再应用"动感模糊"滤镜和"高斯模糊"滤镜对背景选区进行模糊处理，制作动感的背景效果。

素材文件：素材\Part 06\05.jpg　　　　　最终文件：源文件\Part 06\制作动感背景.psd

Before  After

STEP 01 执行"文件>打开"菜单命令，打开随书光盘\素材\Part 06\05.jpg 文件，如下 **1** 所示。

STEP 02 选择"背景"图层，并将其拖曳至"创建新图层"按钮上 ，复制得到"背景 副本"图层，如右上 **2** 所示。

STEP 03 选择"快速选择"工具 ，在图像上连续单击，创建不规则选区，如下 **3** 所示。

STEP 04 执行"选择>修改>羽化"菜单命令，弹出"羽化选区"对话框，在该对话框中设置羽化半径，如下 **4** 所示。

STEP 05 执行上一步操作后，羽化选区，再按下快捷键Ctrl+Shift+I，反选选区，如下 **5** 所示。

STEP 06 执行"滤镜>模糊>动感模糊"菜单命令，打开"动感模糊"对话框，在该对话框中设置模糊距离，如下 ⑥ 所示的参数。

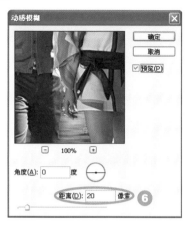

STEP 07 设置完成后，应用所设置的"动感模糊"滤镜模糊图像，如下 ⑦ 所示。

STEP 08 执行"滤镜>模糊>高斯模糊"菜单命令，打开"高斯模糊"对话框，设置"半径"为1，如下 ⑧ 所示。

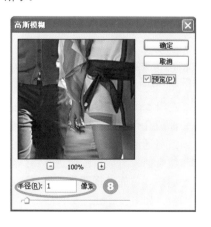

STEP 09 设置完成后，应用"高斯模糊"滤镜模糊图像，如下 ⑨ 所示。

STEP 10 选择"加深"工具，设置"曝光度"为50%，选择"柔角"画笔，在图像的四周涂抹，加深图像，如下 ⑩ 所示。

STEP 11 设置前景色为黑色，新建"图层1"图层，按下快捷键Alt+Delete，填充图层，如下 ⑪ 所示。

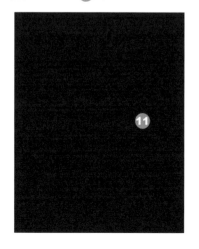

STEP 12 选择"橡皮擦"工具，设置"不透明度"为20%，然后涂抹，擦除中间的黑色图像，如下 ⑫ 所示。

STEP 13 选择"图层1"图层，将混合模式设置为"叠加"，效果如下 ⑬ 所示。

STEP 14 复制"背景 副本"图层，并将其移至"图层"面板的最上层，图像效果如下 ⑭ 所示。

STEP 15 执行"滤镜＞模糊＞特殊模糊"菜单命令，在打开的对话框中设置如下 ⑮ 所示的参数，模糊图像，效果如下 ⑯ 所示。

STEP 16 选择"背景 副本2"图层，将其混合模式设置为"滤色"，"不透明度"设置为30%，最终效果如下 ⑰ 所示。

05　通道的高级应用

通道反映了所打开图像的所有颜色信息，使用"通道"面板可以对各个通道内的图像进行颜色调整。通过在通道中进行图像的复制，可以随意更改原图像的色调，且在通道中可以应用图像或计算图像，并添加相应的滤镜，制作特殊效果的合成等。

复制通道进行图像处理

菜单：-
快捷键：-
版本：6.0，7.0，CS，CS2，CS3，CS4
适用于：通道

复制通道是指选择相应的通道，以及该通道内的颜色信息，并复制，然后将所复制的通道信息粘贴至另外的通道中，从而得到另外的图像效果。复制通道时，首先选择要复制的通道，如下 ❶ 所示。

按下快捷键 Ctrl+C，复制所选区域，再选择"蓝"通道，如下 ❸ 所示。

按下快捷键 Ctrl+V，粘贴所复制的图像，效果如右上 ❹ 所示。

通道的分离和重新组合

菜单：-
快捷键：-
版本：6.0，7.0，CS，CS2，CS3，CS4
适用于：通道

在Photoshop CS4中，可以将通道分离成几个灰度图像，然后通过合并通道将通道进行重新组合。使用分离和组合通道可以对图像进行特殊效果的调整。首先选择要用于分离通道的图像，如下页 ❶ 所示。

按下快捷键 Ctrl+A，将该通道中的图像区域选取，如右上 ❷ 所示。

单击"通道"面板右上角的扩展按钮，在弹出的面板菜单中选择"分离通道"命令，如下❷所示。

分离通道后，原图像被分成多个灰度图像，如下❸所示。

单击"通道"面板右上角的扩展按钮，在弹出的面板菜单中选择"合并通道"命令，如下❹所示。

打开"合并通道"对话框，在该对话框中选择重新组合的通道模式，如右上❺所示，再单击"确定"按钮。

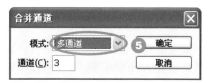

弹出"合并多通道"对话框，在该对话框中分别确定合并的通道，如下❻、❼、❽所示。

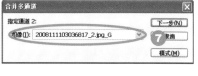

确定要合并的通道后，单击"确定"按钮，合并通道，如下❾所示。合并后，当前通道中的图像效果如下❿所示。

如果要查看所有通道效果，则单击通道前的"查看通道可视性"按钮，显示最后得到的多通道图像效果，如下⓫所示。

通过应用图像校正色彩

菜单：图像>应用图像
快捷键：-
版本：6.0，7.0，CS，CS2，CS3，CS4
适用于：图像

可以使用"应用图像"命令，将一个图像的图层和通道与现用图像的图层和通道混合，以对图像的颜色进行更改。在需要应用图像时，要选择两种用于应用图像的源图像，如下❶、❷所示。

执行"图像>应用图像"菜单命令，打开"应用图像"对话框，如下❸所示，在该对话框中选取要与目标组合的源图像、图层和通道。

在"混合"下拉列表中可以选择应用图像的混合模式。选择"变亮"模式，效果如下❹所示。

选择"相加"模式，效果如下  所示。

选择"减去"模式，效果如下  所示。

勾选"反相"复选框，将在应用图像中使用通道内空的负片效果，如下  所示。

在"不透明度"文本框中输入参数，用来指定应用图像的效果强度。设置"不透明度"为10%，得到如下  所示的效果。

设置"不透明度"为80%，得到如下  所示的效果。

勾选"蒙版"复选框，将激活蒙版选项，并通过蒙版应用混合。在通过蒙版应用图像时，可以选择任何颜色通道或 Alpha 通道以用作蒙版。如下  所示为选择"蓝"通道应用图像效果。

选择"红"通道作为蒙版，应用图像，效果如下  所示。

> **提示**
>
> 如果只将应用图像的结果应用到结果图层中的不透明区域，则应勾选"保留不透明区域"复选框。

通过计算进行图像处理

菜单：图像>计算
快捷键：-
版本：6.0，7.0，CS，CS2，CS3，CS4
适用于：图像

"计算"命令用于混合两个来自一个或多个源图像的单个通道，然后可以将结果应用到新图像或新通道，或现用图像的选区中，但是"计算"命令不能用于复合通道。在计算图像前，需要选择用于计算的图像，如下 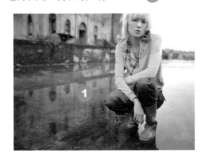 所示。

执行"图像>计算"菜单命令，打开"计算"对话框，在该对话框中可以选择图像、图层和通道等，如下  所示。

在"计算"对话框中可以随意设置混合模式。选择"柔光"混合模式，效果如下  所示。

选择"相加"混合模式，效果如下  所示。

选择"实色混合"混合模式，效果如下  所示。

勾选"反相"复选框,将在计算中使用通道内空的负片效果。勾选"源1"右侧的"反相"复选框,得到如下 6 所示的图像。

勾选"源2"右侧的"反相"复选框,得到如下 7 所示的图像。

在计算图像时,可以使用不同的方式保存计算图像结果。选择"新建文档"选项,则将计算结果新生成一个图像,如下 8 所示。

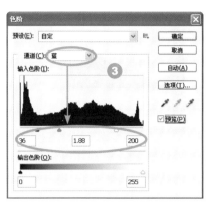

选择"新建通道"选项,则将计算的结果创建为一个新通道,如下 9 所示。

选择"选区"选项,则将计算结果载入到选区中,如下 10 所示。

利用通道进行调色处理

菜单:-
快捷键:-
版本:6.0,7.0,CS,CS2,CS3,CS4
适用于:通道

在Photoshop中,不仅可以直接对图像的颜色进行调整,可以利用"通道"面板选择单个通道,再分别对各个通道进行调整,实现图像的调色处理。如下 1 所示为原RGB图像。

打开"通道"面板,选择"蓝"通道图像,如下 2 所示。

执行"图像>调整>色阶"菜单命令,打开"色阶"对话框,在该对话框中设置各项参数,如下 3 所示。设置完成后单击"确定"按钮,返回图像。

调整后,增强"蓝"通道的图像对比度,如下 4 所示。

打开"通道"面板,再选择"红"通道图像,如下 5 所示。

按下快捷键Ctrl+L，打开"色阶"对话框，在该对话框中设置各项参数，如下 **6** 所示。

调整后，增强"红"通道的图像对比度，如下 **7** 所示。

调整完成后，单击"通道"面板中的RGB复合通道，即可查看调整后的图像，如下 **8** 所示。

提示

在Photoshop中，除了可以对整个通道中的对象进行颜色的调整外，还可以按下Ctrl键，再单击"通道"面板中的某个通道缩览图，将该通道以选区的方式载入图像中。

对单一通道进行滤镜的添加

菜单：滤镜
快捷键：-
版本：6.0，7.0，CS，CS2，CS3，CS4
适用于：通道

在单个通道中，可以应用"滤镜"菜单中的各个滤镜效果。在通道中添加滤镜的方法与图像添加滤镜的方法类似，选择一个用于添加滤镜的图像，如下 **1** 所示。

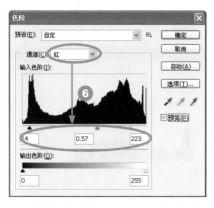

在"通道"面板中，选择"绿"通道图像，如下 **2** 所示。

执行"滤镜＞扭曲＞扩散亮光"菜单命令，打开"扩散亮光"对话框，在该对话框中设置各项参数，如下 **3** 所示。

设置完成后，在"绿"通道中应用"扩散亮光"滤镜，如下 **4** 所示。

在单个通道中应用滤镜后，单击选择RGB颜色通道，此时，在图像上能够看到单通道中应用滤镜后的图像效果，如下 **5** 所示。

应用通道面板调整照片色调

通过直接在"通道"面板中复制、粘贴单个通道至另一个通道中，能够实现照片颜色的变换。在本实例中，首先应用通道复制和粘贴的方式对照片的整体色调进行更改。然后在"调整"面板中选择适当的调整命令修饰颜色，最后将调整后的照片移至背景图像中以完成整个实例的制作。

素材文件：素材\Part 06\06.jpg、07.jpg　　最终文件：源文件\Part 06\调整照片色调.psd

Before

After

STEP 01 执行"文件>打开"菜单命令，打开随书光盘\素材\Part 06\06.jpg 文件，如下 **1** 所示。

STEP 02 选择"背景"图层，并将其拖曳至"创建新图层"按钮 上，得到"背景 副本"图层，如下 **2** 所示。

STEP 03 切换至"通道"面板，选择"绿"通道，如下 **3** 所示。

STEP 04 按下快捷键Ctrl+A，再按下快捷键Ctrl+C，复制"绿"通道图像，如下 **4** 所示。

STEP 05 选择"蓝"通道，按下两次快捷键Ctrl+V，如下 **5** 所示。

STEP 06 将"绿"通道图像复制至"蓝"通道中，如下 **6** 所示。

STEP 07 单击"通道"面板中的RGB颜色通道，得到粘贴复制后的图像，如下 **7** 所示。

STEP 08 切换至"通道"面板，选择"蓝"通道，如下 **8** 所示。

STEP 09 执行"图像>计算"菜单命令，打开"计算"对话框，在该对话框中设置各项参数，如下 **9** 所示。

STEP 10 设置完成后，单击"确定"按钮，得到一个新的Alpha1通道，如下❿所示。

STEP 11 按下Ctrl键，单击Alpha1通道，载入通道内的图像，如下⓫所示。

STEP 12 执行"选择＞反向"菜单命令，反选选区，如下⓬所示。

STEP 13 按下快捷键Ctrl+C，再选择"蓝"通道图像，如下⓭所示。

STEP 14 显示"蓝"通道图像，得到如下⓮所示的通道选区。

提示

在将两个图层进行合并时，如果图像中包括图层蒙版，则直接合并将删除图层蒙版；如需保留蒙版，则必须先将蒙版复制到其他图层，然后执行合并操作。

STEP 15 按下快捷键Ctrl+V，粘贴所复制的图像，如下⓯所示。

STEP 16 单击"通道"面板中的RGB颜色通道，得到粘贴复制后的图像，如下⓰所示。

STEP 17 单击"调整"面板中的"色相/饱和度"按钮，在弹出的"色相/饱和度"面板中设置各项参数，如下⓱所示。

STEP 18 设置完成后，应用所设置的"色相/饱和度"参数，调整图像，如下⓲所示。

STEP 19 单击"调整"面板中的"色阶"按钮，在弹出的"色阶"面板中设置各项参数，如下⓳所示。

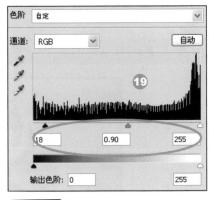

STEP 20 设置完成后，应用所设置的"色阶"参数，调整图像，如下⓴所示。

STEP 21 选择"椭圆选框"工具◯，在图像右下角拖曳绘制选区，如下㉑所示。

STEP 22 执行"选择＞修改＞羽化"菜单命令，打开"羽化选区"对话框，在该对话框中设置各项参数，如下㉒所示。

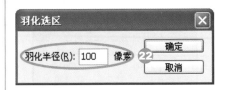

STEP 23 设置完成后，羽化所绘制的选区，如下 23 所示。

STEP 24 单击"调整"面板中的"曲线"按钮，在弹出的"曲线"面板中设置各项参数，如下 24 所示。

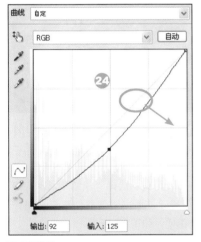

STEP 25 设置完成后，应用所设置的"曲线"参数，加深图像边缘，如下 25 所示。

STEP 26 使用同样的方法，加深右上角的图像，如下 26 所示。

STEP 27 选择"椭圆选框"工具 ○，在图像中间绘制圆形选区，如下 27 所示。

STEP 28 执行"选择＞修改＞羽化"菜单命令，打开"羽化选区"对话框，在该对话框中设置羽化半径，如下 28 所示。

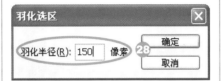

STEP 29 执行上一步操作后，应用所设置的半径值，羽化创建的椭圆选区，如下 29 所示。

STEP 30 选择"背景 副本"图层，执行"图像＞调整＞亮度/对比度"菜单命令，打开"亮度/对比度"对话框，在该对话框中设置亮度/对比度参数，如下 30 所示。

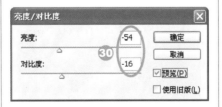

提示

在单独对某个通道进行亮度/对比度等调整时，为了确保参数正确，可以打开"导航器"面板，查看图像的预览效果。

STEP 31 设置完成后，应用所设置"亮度/对比度"参数，调整图像的亮度以及对比度，如下 31 所示。

STEP 32 按下快捷键Ctrl+Shift+Alt+E，盖印并生成"图层1"图层，如下 32 所示。

STEP 33 执行"文件＞打开"菜单命令，打开随书光盘\素材\Part 06\07.jpg文件，如下 33 所示。

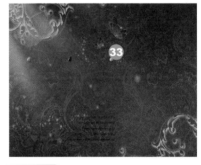

STEP 34 切换至"通道"面板，选择"绿"通道，按下快捷键Ctrl+A，再按下快捷键Ctrl+C，如下 34 所示。

STEP 35 得到"绿"通道图像选区，如下 35 所示。

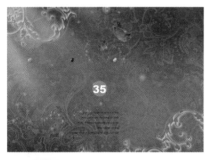

STEP 36 选择"红"通道，显示"红"通道图像，如下 36 所示。

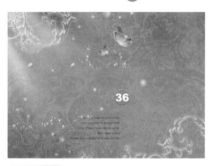

STEP 37 按下快捷键Ctrl+C，粘贴"绿"通道图像至"红"通道中，得到如下 37 所示的图像效果。

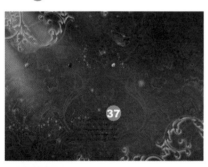

STEP 38 单击"调整"面板中的"通道混合器"按钮，在弹出的"通道混合器"面板中设置各项参数，如下 38 所示。

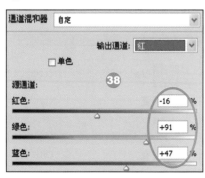

STEP 39 设置完成后，略微增加图像的红色，如下 39 所示。

STEP 40 设置前景色为白色，新建"图层2"图层，选择"矩形"工具，绘制一个白色矩形，如下 40 所示。

STEP 41 按下快捷键Ctrl+T，调整矩形方向，如下 41 所示。

STEP 42 选择"移动"工具，将调色后的人物移至背景图像上，并调整其大小和位置，如下 42 所示。

STEP 43 选择"图层1"和"图层2"图层，按下快捷键Ctrl+Alt+E，盖印合并图像，再进行复制操作，并适当调整图像位置，如右上 43 所示。

STEP 44 选择"横排文字"工具和"直排文字"工具，在图像上添加修饰文字，如下 44 所示。

STEP 45 设置前景色为R11、G61、B31，新建"图层3"图层，选择"自定形状"工具，单击"形状"右侧的三角箭头，选择"领结"形状，如下 45 所示，单击"填充像素"按钮，绘制图案，如下 46 所示。

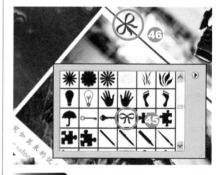

STEP 46 按下快捷键Ctrl+J，复制图案，并调整其位置，最终效果如下 47 所示。

06 变形的更改

在Photoshop CS4中，能够运用不同的命令对图像或图像中的部分选区进行变形。通过使用"镜头校正"菜单命令或"扭曲"滤镜组中的菜单命令变形图像，更改原图像的效果。

校正镜头扭曲并调整透视

菜单：滤镜>扭曲>镜头校正
快捷键：-
版本：6.0，7.0，CS，CS2，CS3，CS4
适用于：图像或选区

"镜头校正"滤镜可修复常见的镜头瑕疵，如桶形和枕形失真、晕影和色差等，而且此滤镜只可处理8位/通道和16位/通道的图像。

同时，也可以使用"镜头校正"滤镜来旋转图像，或修复由于相机垂直或水平倾斜而导致的图像透视现象。如下 ① 所示，该图像的透视效果不太准确。

执行"滤镜>扭曲>镜头校正"菜单命令，打开"镜头校正"对话框，如下 ② 所示，在该对话框中取消勾选"显示网格"复选框，则可以取消网格的显示。

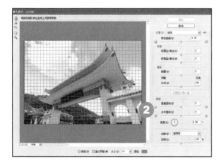

选择"移动扭曲"工具，向内拖曳图像，校正失真，如右上 ③ 所示。

选择"拉直"工具，从右向左拖曳，如下 ④ 所示。

绘制一条线，以将图像拉直，校正角度，如下 ⑤ 所示。

校正后，通过"边缘"选项来决定如何处理由于枕形失真、旋转或透视校正而产生的空白区域。选择"边缘扩展"选项，则应用图像中的区域扩展空白区域，如下 ⑥ 所示。

选择"透明"选项，则校正后边缘的空白区域将显示为透明图像，如下 ⑦ 所示。

选择"前景色"选项，则应用设置的背景色填充产生的空白区域，如下 ⑧ 所示。

在"镜头校正"对话框中拖曳"比例"滑块，可以缩放图像。向左拖曳，缩小图像，如下 ⑨ 所示。

向右拖曳，则放大图像，如下 ⑩ 所示。

减少图像杂色

菜单：滤镜＞杂色＞减少杂色
快捷键：-
版本：6.0，7.0，CS，CS2，CS3，CS4
适用于：杂色图像

应用"减少杂色"滤镜，去除图像中的杂色。如果使用较高的ISO设置拍照或曝光不足拍照时，容易出现杂色。图像杂色分为明亮度灰度杂色和颜色杂色。明亮度灰度杂色会使图像看起来斑斑点点；颜色杂色通常看起来像是图像中的彩色伪像，如下①所示。

选择"缩放"工具，此时可以清楚地看到在图像上有明显的杂色，如下②所示。

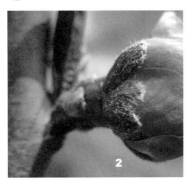

执行"滤镜＞杂色＞减少杂色"菜单命令，打开"减少杂色"对话框，在该对话框中设置各项参数，如下③所示。

设置完成后，去除图像上的杂色，如下④所示。

选中"高级"单选按钮，将打开高级选项设置，单击"每通道"标签，如下⑤所示，在"通道"下拉列表中选择颜色通道。

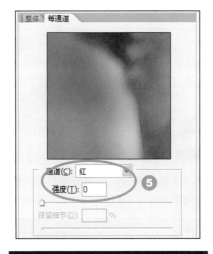

通过选区对部分图像进行变形

菜单：滤镜＞扭曲
快捷键：-
版本：6.0，7.0，CS，CS2，CS3，CS4
适用于：选区

使用"滤镜"菜单中的"扭曲"滤镜可以对选区中的部分图像进行扭曲，得到特殊的图像效果。要对部分图像进行变形，首先选择"快速选择"工具，创建选区，如下①所示。

执行"滤镜＞扭曲＞波浪"菜单命令，打开"波浪"对话框，在该对话框中设置各项参数，如下②所示。

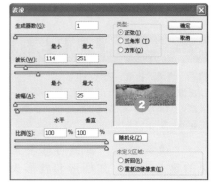

设置完成后，应用所设置的参数，变形选区图像，如下③所示。

置换图像

菜单：滤镜＞扭曲＞置换
快捷键：-
版本：6.0，7.0，CS，CS2，CS3，CS4
适用于：扭曲图像

应用"置换"滤镜，可以对原图像进行特殊效果的扭曲。首先选择一张用于转换的原图像，如下①所示。

执行"文件＞另存为"菜单命令，弹出"存储为"对话框，在该对话框将图像存储为PSD格式，如下页②所示。

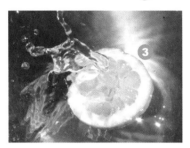

单击"保存"按钮,保存图像,再打开一张素材图像,如下 ③ 所示。

执行"滤镜>扭曲>置换"菜单命令,打开"置换"对话框,在该对话框中设置各项参数,然后单击"确定"按钮,如下 ④ 所示。

弹出"选择一个置换图"对话框,在该对话框中选择所保存的置换图,然后单击"打开"按钮,如下 ⑤ 所示。

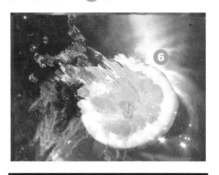

应用所选择的置换图来扭曲图像,效果如下 ⑥ 所示。

应用扭曲滤镜制作夸张图像

菜单:滤镜>扭曲>挤压
快捷键:-
版本:6.0、7.0、CS、CS2、CS3、CS4
适用于:变形图像

使用"扭曲"滤镜,可以对图像进行不同的扭曲操作;而应用"挤压"滤镜,可以使图像从中心位置进行挤压,制作漩涡效果。选择一幅用于挤压的图像,如右上 ① 所示。

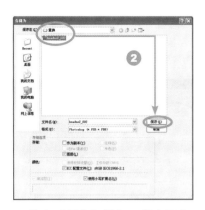

执行"滤镜>扭曲>挤压"菜单命令,打开"挤压"对话框,在该对话框中向左拖曳"数量"滑块,如下 ② 所示。

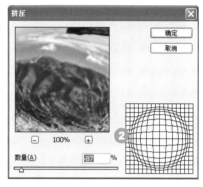

单击"确定"按钮,即可实现图像的挤压操作,如下 ③ 所示。

应用扭曲滤镜变换背景

应用扭曲滤镜,可以对图像或选区内的图像进行任意形状的变化。在本实例中,先在背景图像上创建一个渐变图层,然后应用"旋转扭曲"滤镜,对渐变图层进行旋转扭曲,变换背景图像的颜色。

 素材文件:素材\Part 06\08.jpg、09.jpg、10.jpg、11.jpg　　　最终文件:源文件\Part 06\变换背景.psd

Before

After

STEP 01 执行"文件＞打开"菜单命令，打开随书光盘\素材\Part 06\08.jpg文件，如下 **1** 所示。

STEP 02 选择"钢笔"工具，沿着显示器连续单击并拖曳，创建工作路径，如下 **2** 所示。

STEP 03 按下快捷键Ctrl+Enter，将路径转换为选区，如下 **3** 所示。

STEP 04 按下快捷键Ctrl+J，复制得到"图层1"图层，如下 **4** 所示。

STEP 05 按下快捷键Ctrl+T，单击并拖曳鼠标，放大显示器图像并调整其亮度，如下 **5** 所示。

STEP 06 选择"渐变"工具，单击"渐变编辑器"按钮，在弹出的对话框中设置各项参数，如下 **6** 所示。

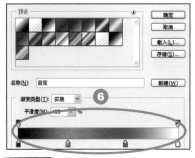

STEP 07 设置完成后，单击"创建新图层"按钮，新建"图层2"图层，再单击"径向渐变"按钮，并由内向外拖曳鼠标，绘制渐变色，如下 **7** 所示。

STEP 08 执行"滤镜＞扭曲＞旋转扭曲"菜单命令，打开"旋转扭曲"对话框，在该对话框中设置各项参数，如下 **8** 所示。

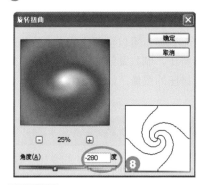

STEP 09 设置完成后，单击"确定"按钮，旋转扭曲图像，如下 **9** 所示。

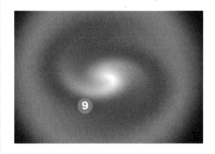

STEP 10 选择"图层2"图层，将混合模式设置为"滤色"，如下 **10** 所示。

STEP 11 设置完成后，在图像中应用滤色效果混合图像，如下 **11** 所示。

STEP 12 选择"橡皮擦"工具，设置"流量"为50%，"不透明度"为50%，在屏幕中过亮的区域涂抹，擦除图像，如下 **12** 所示。

STEP 13 执行"文件＞打开"菜单命令，打开随书光盘\素材\Part 06\09.jpg文件，如下 **13** 所示。

STEP 14 选择"移动"工具 ▶⊕，将人物图像移至背景图像中，再适当调整其大小，如下 14 所示。

STEP 15 执行"编辑>变换>缩放"菜单命令，显示编辑框，按下Ctrl键，单击并拖曳右上角的锚点，变形图像，如下 15 所示。

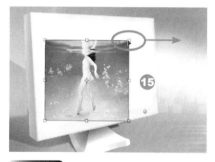

STEP 16 继续拖曳其他的锚点，使其与空白的屏幕重合，如下 16 所示。

STEP 17 选择"椭圆选框"工具 ○，在人物上单击并拖曳创建椭圆选区，如下 17 所示。

STEP 18 按下快捷键Ctrl+J，复制得到"图层4"图层，如下 18 所示。

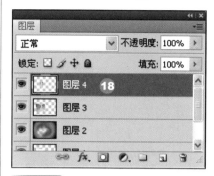

STEP 19 隐藏"图层4"图层，选择"图层3"图层，执行"滤镜>扭曲>海洋波纹"菜单命令，在弹出的"海洋波纹"对话框中设置各项参数，如下 19 所示。

STEP 20 设置完成后，在"图层3"中的图像上应用"海洋波纹"滤镜，效果如下 20 所示。

STEP 21 单击"图层4"前方的"指示图层可见性"图标 ●，显示"图层4"中的图像，如下 21 所示。

STEP 22 选择"橡皮擦"工具 ◢，设置"流量"和"不透明度"为20，在图像的边缘涂抹，柔化图像边缘，如下 22 所示。

STEP 23 执行"文件>打开"菜单命令，打开随书光盘\素材\Part 06\10.jpg文件，选择"快速选择"工具 ◣创建选区，如下 23 所示。

STEP 24 选择"移动"工具 ▶⊕，将选区内的手移至背景的左上角位置，如下 24 所示。

STEP 25 单击"调整"面板中的"可选颜色"按钮 ▨，在弹出的参数面板中选择"颜色"为"红色"，再设置各项参数，如下 25 所示。

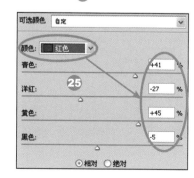

STEP 26 选择"颜色"为"黄色",继续在下方设置各项参数,如下 **26** 所示。

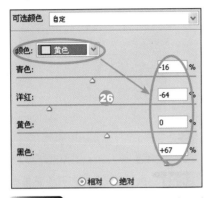

STEP 27 设置完成后,图像中的手臂变得更加白皙,如下 **27** 所示。

STEP 28 单击"调整"面板中的"亮度/对比度"按钮 ☀,在弹出的参数面板中设置亮度/对比度,如下 **28** 所示。

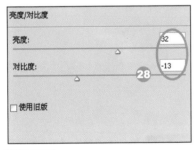

STEP 29 设置完成后,应用所设置的"亮度/对比度"参数,增加手臂亮度,如下 **29** 所示。

STEP 30 执行"文件>打开"菜单命令,打开随书光盘\素材\Part 06\11.jpg 文件,选择"快速选择"工具 ✎,创建选区,如下 **30** 所示。

STEP 31 执行"选择>反向"菜单命令,反选选区,如下 **31** 所示。

STEP 32 选择"移动"工具 ►₊,将选区内的图像移至背景图像中,如下 **32** 所示。

STEP 33 按下快捷键Ctrl+T,显示编辑框,调整图像大小,并旋转其角度,如下 **33** 所示。

STEP 34 选择"图层6"图层,将混合模式设置为"叠加",如下 **34** 所示。

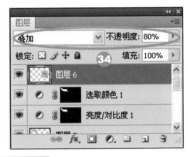

STEP 35 设置完成后,应用"叠加"混合模式混合图像,混合后的图像如下 **35** 所示。

STEP 36 选择"横排文字"工具 T,在选项栏中单击"切换字符和段落面板"按钮 ▤,打开"字符"面板,设置文字属性,如下 **36** 所示。

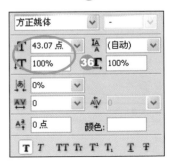

STEP 37 在图像的右侧单击并输入文字，如下 **37** 所示。

STEP 38 按下快捷键Ctrl+T，打开编辑框，再按下Ctrl键并单击，在文字右上角的位置拖曳鼠标，如下 **38** 所示。

STEP 39 拖曳合适后，释放鼠标，倾斜文字，如下 **39** 所示。

STEP 40 选择"横排文字"工具T，在选项栏中单击"切换字符和段落面板"按钮，打开"字符"面板，重新设置文字属性，如下 **40** 所示。

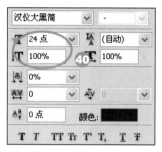

STEP 41 在已输入文字的下方单击并输入文字，如下 **41** 所示。

STEP 42 再次选择"横排文字"工具T，并打开"字符"面板，设置文字属性，如下 **42** 所示。

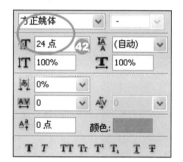

STEP 43 在文字下方继续输入不同大小和颜色的文本，如下 **43** 所示。

STEP 44 继续使用同样的方法，输入更多修饰性文字，最终效果如下 **44** 所示。

读书笔记

Part 07
排版功能

在一幅图像中，文字能起到很好的修饰图像的作用，Photoshop在文字处理上，虽然不能与专业的排版软件相比，但是其完善的文字排版功能，也是不容忽视的。

在Photoshop中，通过应用"字符"和"段落"面板对文字进行排版设计。执行"窗口>字符"菜单命令，可以调出"字符"面板，如果执行"窗口>段落"菜单命令，则会调出"段落"面板。另外，还有一种可以直接同时打开两个面板的操作方法。首先在工具箱中选择其中一种文字工具单击文字工具选项栏上的"切换字符和段落面板"按钮，同时调出两个面板。默认情况下，显示的是"字符"面板，如下❶所示。应用"字符"面板对输入的点文字进行编排设置，如下❷、❸所示；单击"段落"选项卡，将自动切换至"段落"面板，如下❹所示，在"段落"面板中，则可以对输入的段落文本进行编辑设置，如下❺所示。

01 文字的创建

文字可以很好地达到修饰图像的效果，同时也能将图像变得更完整。在Photoshop中，应用文字工具能够在图像上创建点文字和段落文字，并实现点文字与段落文字的转换。

了解文字和文字图层

菜单: -
快捷键: -
版本: 6.0, 7.0, CS, CS2, CS3, CS4
适用于: 文字

选择文字工具，然后在图像上单击并输入文字，即可在"图层"面板中添加一个文字图层，如下 ① 所示。

对于多通道、位图或索引颜色模式的图像，将不会创建文字图层，因为这些模式不支持图层。在这些模式中，文字将以栅格化文本的形式出现在背景上，如下 ② 所示。

文字图层可以通过"栅格化文字"命令将其转换为普通图像图层，而栅格化文字后，将不能再对文字进行属性的设置。

输入点文字

菜单: -
快捷键: T
版本: 6.0, 7.0, CS, CS2, CS3, CS4
适用于: 文字

当输入点文字时，每一行文字都是相对独立的，且行的长度会随着编辑增加或缩短而不会换行，如果选择文字工具后，直接输入点文字，那么所输入的文字将出现在文字图层中。选择文字工具，然后将光标移动图像中，此时光标会变为I形，如下 ① 所示。

在图像中单击鼠标，为文字设置插入点，如下 ② 所示。

开始输入文字，如果要开始新的一行文字输入，则需按Enter键，如下 ③ 所示。

输入完成后，在选项栏中单击"提交所有当前编辑"按钮，完成输入，如下 ④ 所示。

提交文字后，在"图层"面板中将显示输入文字后的文字图层，如下 ⑤ 所示。

输入段落文字

菜单：-
快捷键：T
版本：6.0，7.0，CS，CS2，CS3，CS4
适用于：段落文字

使用"横排文字"工具或"直排文字"工具输入段落文字时，文字会基于外框的尺寸换行，同时可以输入多个段落并选择段落调整选项。选择文字工具，将光标移至要输入文本的位置，如下 所示。

单击并沿对角线方向拖曳鼠标，如下 ② 所示。

释放鼠标，创建文本框，如下 ③ 所示。

在文本框中开始输入文字，如下 ④ 所示，输入完成后，单击选项栏中的"提交所有当前编辑"按钮，完成段落文字的输入。

变换文字外框

菜单：-
快捷键：-
版本：6.0，7.0，CS，CS2，CS3，CS4
适用于：段落文字

调整外框的大小，可以使文字在调整后的外框内重新排列。如果需要，可调整外框的大小，旋转或斜切外框。若要调整外框的大小，将鼠标指针定位在手柄上，此时鼠标指针将变为双向箭头，按住 Shift 键拖曳鼠标，可在保持外框的比例的情况下进行外框调整，如下 ① 所示。

若要旋转外框，则将鼠标指针定位在外框外，当鼠标指针变为弯曲的双向箭头时，单击并拖曳，如右上 ② 所示。

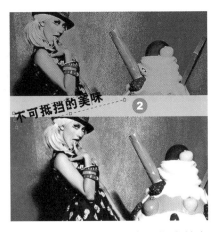

按住 Shift 键拖动可将旋转角度以15°增量进行旋转，如下 ③ 所示。

如果是点文本，需要更改旋转中心，按下 Ctrl 键并将中心点拖动到新位置，如下 ④ 所示。中心点可以在外框外。

如果需要斜切外框，按下 Ctrl 键鼠标指针将变为一个箭头，如下页 ⑤ 所示。

单击并拖曳文字右侧的控制手柄，变形文字外框，如下 6 所示。

按住 Alt 键单击并拖曳角手柄，可以从中心点调整外框的大小，如下 7 所示。

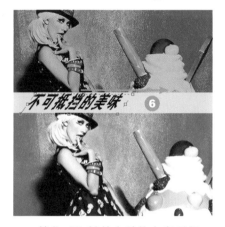

提 示

在输入段落文本后，拖曳文本框，更改其大小时，在该文本框内的文字会随着文本框大小的变化而自动调整其位置。

在点文字和段落文字之间转换

菜单：	-
快捷键：	-
版本：	6.0，7.0，CS，CS2，CS3，CS4
适用于：	点文字或段落文字

在Photoshop中，可以将点文字转换为段落文字，以便在外框内调整字符排列；或者将段落文字转换为点文字，以便使各文本行彼此独立地排列。在"图层"面板中选择文字图层，如下 1 所示。

执行"图层＞文字＞转换为段落文本"菜单命令，如下 2 所示。

将点文本转换为段落文本，如下 3 所示。

选择文字工具并在文本上单击，即可显示段落文本框，如下 4 所示。

将段落文字转换为点文字时，所有溢出外框的字符都被删除，所以为了避免丢失文本，需要调整合适外框，使全部文字在转换前都可见。

执行"图层＞文字＞转换为点文本"菜单，如下 5 所示。

将段落文字转换为点文字后，除最后一行外，每个文字行的末尾都会添加一个回车符，如下 6 所示。

应用文字修饰图像

　　在一幅图像中添加上一些文字，可以起到很好的修饰作用。本实例中，将笔记本和鱼儿图像移至背景图像上，再选择"横排文字"工具，在图像上输入文字，然后应用"字符"面板更改文字颜色，丰富图像，使得整个版面完整而统一。

　素材文件：素材\Part 07\01.jpg、02.psd、03.jpg、04.jpg、05.psd　　最终文件：源文件\Part 07\修饰图像.psd

Before

After

STEP 01 执行"文件＞打开"菜单命令，打开随书光盘\素材\Part 07\01.jpg文件，如下 ❶ 所示。

STEP 02 打开随书光盘\素材\Part 07\02.psd文件，如下 ❷ 所示。

STEP 03 选择"移动"工具，将笔记本图像移至人物图像上，并适当调整其大小和方向，如下 ❸ 所示。

STEP 04 双击"图层1"图层，打开"图层样式"对话框，在对话框中先勾选"投影"复选框，再设置各项参数，如下 ❹ 所示。

STEP 05 勾选"内阴影"复选框，并设置内阴影参数，如下 ❺ 所示。

STEP 06 勾选"外发光"复选框，并设置外发光参数，然后单击"确定"按钮，如下 ❻ 所示。

STEP 07 为笔记本图像添加上所设置的图层样式，如下 ❼ 所示。

STEP 08 执行"文件＞打开"菜单命令，打开随书光盘\素材\Part 07\03.jpg文件，如下 ❽ 所示。

STEP 09 选择"移动"工具，将鱼儿图像移动至人物图像中，并使用"橡皮擦"工具，将多余的白色区域擦除，如下页 ❾ 所示。

STEP 10 执行"编辑＞变换＞水平翻转"菜单命令，水平翻转图像，然后执行"编辑＞变换＞垂直翻转"，垂直翻转图像，再适当调整一下图像的角度，如下 10 所示。

STEP 11 执行"文件＞打开"菜单命令，打开随书光盘\素材\Part 07\04.jpg 文件，如下 11 所示。

STEP 12 选择"移动"工具 ，将鱼儿图像移动至人物图像中，并使用"橡皮擦"工具 ，将多余的白色区域擦除，如下 12 所示。

STEP 13 新建"图层4"图层，设置前景色为白色，选择"圆角矩形"工具 ，设置"半径"为3，在图像右上角单击并拖曳，绘制白色矩形，如下 13 所示。

> **提示**
>
> 选择"圆角矩形"工具，按下Shift键再进行单击并拖曳操作，将绘制方形的矩形。

STEP 14 双击"图层4"图层，打开"图层样式"对话框，在该对话框中勾选"描边"复选框，并设置描边参数，如下 14 所示。

STEP 15 设置完成后，为矩形图像添加描边样式，如下 15 所示。

STEP 16 继续选择"圆角矩形"工具 ，在白色矩形上方绘制一个黑色的矩形，如下 16 所示。

STEP 17 执行"文件＞打开"菜单命令，打开随书光盘\素材\Part 07\05.psd 文件，并将其移至所绘制的黑色矩形上，如下 17 所示。

STEP 18 选择"矩形选框"工具 ，在图像的中间位置单击并拖曳，绘制矩形选区，如下 18 所示。

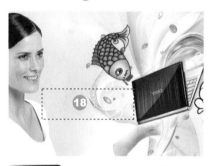

STEP 19 新建"图层6"图层，执行"编辑＞描边"菜单命令，打开"描边"对话框，在该对话框中设置描边宽度和描边颜色，然后单击"确定"按钮，如下 19 所示。

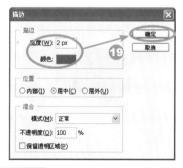

STEP 20 对矩形选区进行描边，描边后的图像效果如下 20 所示。

STEP 21 选择"横排文字"工具 T.,打开"字符"面板,设置文字属性,如下 21 所示。

方正毡笔黑简体	∨	-	∨
T 24 点 ∨		**IA** 11 点 ∨	
IT 100%		**T** 100%	
あ 0% ∨		**21**	
AV 0		**AV** 0 ∨	
A² 0 点		颜色:	
T *T* TT Tr T¹ T₁ **T** **T**			

STEP 22 在图像的右侧输入文字,如下 22 所示。

STEP 23 选择"横排文字"工具 T.,输入"专"字,如下 23 所示。

STEP 24 应用"横排文字"工具 T.,单击并拖曳将文字选中,如下 24 所示。

STEP 25 打开"字符"面板,重新设置字体大小和字体颜色,如下 25 所示。

方正毡笔黑简体	∨	-	∨
T 43.23 点 ∨		**IA** 15.85 点 ∨	
IT 100%		**T** 100%	
あ 0%		**25**	
AV 0		**AV** 0 ∨	
A² 0 点		颜色:	
T *T* TT Tr T¹ T₁ **T** **T**			

STEP 26 设置完成后,被选中的文字自动应用重新设置的参数,变换大小和颜色,如下 26 所示。

STEP 27 执行"编辑>变换>自由变换"菜单命令,显示编辑框,如下 27 所示。

STEP 28 将光标移至编辑四角的控制点上,当其变为折线箭头时,拖曳鼠标旋转文字,旋转后的文字效果如下 28 所示。

STEP 29 选择"横排文字"工具 T.,输入"业"字,如下 29 所示。

STEP 30 使用"横排文字"工具 T.,选中"业"字,如下 30 所示。

STEP 31 打开"字符"面板,重新设置文字大小和文本颜色,如下 31 所示。

方正毡笔黑简体	∨	-	∨
T 27.88 点 ∨		**IA** 15.85 点 ∨	
IT 100%		**T** 100%	
あ 0%		**31**	
AV 0		**AV** 0 ∨	
A² 0 点		颜色:	
T *T* TT Tr T¹ T₁ **T** **T**			

STEP 32 设置完成后,自动更正字体大小和颜色,如下 32 所示。

STEP 33 执行"编辑＞自由变换"菜单命令，显示编辑框，然后将光标移至编辑四角的控制点上，当其变为折线箭头时，拖曳鼠标，如下 33 所示。

STEP 34 旋转至合适角度后，在选项栏中单击"进行变换"按钮✔，完成文字的旋转，如下 34 所示。

STEP 35 选择"横排文字"工具 T，在已输入的文字下方再输入文字，如下 35 所示。

STEP 36 应用"横排文字"工具 T，单击并拖曳选取"鱼"字，如下 36 所示。

STEP 37 打开"字符"面板，重新设置文字字号和文本颜色，如下 37 所示。

STEP 38 设置完成后，文字自动更正为新的大小和颜色，如下 38 所示。

STEP 39 选择"横排文字"工具 T，在图像中间的矩形框中单击并拖曳创建文本框，如下 39 所示。

STEP 40 在文本框中输入相应的文字，如下 40 所示。

STEP 41 继续在图像右侧输入更多的文字，输入文字后的图像效果如下 41 所示。

STEP 42 应用"横排文字"工具 T，单击并拖曳选取字母R，如下 42 所示。

STEP 43 打开"字符"面板，单击"上标"按钮 T，设置该字母为上标，如下 43 所示。

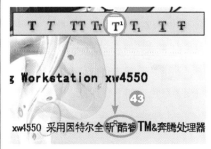

STEP 44 选择"横排文字"工具 T，选取字母TM，如下 44 所示。

STEP 45 打开"字符"面板，单击"上标"按钮 T，将字母设置为上标，如下页 45 所示。

STEP 46 选择"横排文字"工具 T,选取图像最上端的一排文字,如下 **46** 所示。

STEP 47 打开"字符"面板,设置字体、字号以及文本颜色等属性,如下 **47** 所示。

STEP 48 设置完成后,所选取的文本将变为红色,如下 **48** 所示。

STEP 49 打开"字符"面板,继续设置文字属性,如下 **49** 所示。

STEP 50 在图像下端已输入的文字中间输入文字,如下 **50** 所示。

STEP 51 打开"字符"面板,设置标志文字的属性,如下 **51** 所示。

STEP 52 在右上角的黑色矩形内输入标志文字YL,如下 **52** 所示。

STEP 53 选择"横排文字"工具 T,在白色矩形上单击并拖曳,创建文本框,如下 **53** 所示。

STEP 54 在文本框中输入文字,如下 **54** 所示。

STEP 55 执行"窗口>段落"菜单命令,打开"段落"面板,单击"全部对齐"按钮 ▤,如下 **55** 所示。

STEP 56 对文本框中的文字进行强制性的对齐操作,如下 **56** 所示。

STEP 57 选择"横排文字"工具 T,在标志图像下方再输入文字,最后的图像效果如下 **57** 所示。

02 设置文字

对于图像中已经输入的文字，可以应用"字符"面板对它们的属性进行更改，如调整字体，重新设置行距和字距，指定基线偏移，更改文本颜色，以及设置上标或下标等。通过对各个文字设置不同的属性，将会表现不同的图像效果。

选择文字

菜单：-
快捷键：T
版本：6.0，7.0，CS，CS2，CS3，CS4
适用于：文字

若要编辑某个或多个文字，首先需要选择文字。在工具箱中选择"横排文字"工具或"直排文字"工具，然后在文字上单击，即可选中文字，如下 ① 所示。

在"图层"面板中也将自动选择文字图层，如下 ② 所示。

在文本中定位到插入点，并拖曳可以选择一个或多个字符，如右上 ③ 所示。

在某横排文字的起点位置双击，可以选择该排的所有文字，如下 ④ 所示。如果是直排文字，双击则会选择该列文字。

> **提示**
> 选择文字工具，双击一个字可以选择该字；双击一行的起点位置，可以选择整行文字；三次连续单击一段，可以选择整段文字；若在文本中的任何地方连续单击5次，则可以选取外框中的所有文字。

调整字体

菜单：-
快捷键：-
版本：6.0，7.0，CS，CS2，CS3，CS4
适用于：文字

在"字符"面板或选项栏中的"字体系列"菜单中选取一个字体，可以对输入文字的字体进行更改。如果计算机中安装了同种字体的一个以上的副本，则字体名称后面会有一个缩写：T1表示Type 1字体，TT表示TrueType字体，OT表示 OpenType字体。选择文字工具，选择要更改字体的文字，如下 ① 所示。

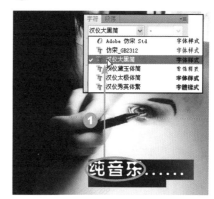

打开"字符"面板，在"字体"下拉列表中选择其中一种字体，设置完成后调整字体，效果如下 ② 所示。

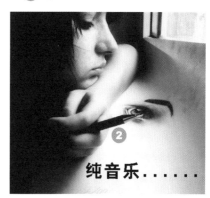

调整行距和字距

菜单："字符"面板菜单
快捷键：-
版本：6.0，7.0，CS，CS2，CS3，CS4
适用于：文字

所谓行距，即各个文字行之间的垂直间距，是从一行文字的基线到它的上一行文字的基线的距离。可以在同一段落中应用一个以上的行距量，但是，文字行中的最大行距值决定该行的行距值。选择要更改的文字图层，如下 所示。

打开"字符"面板，设置行距值为12点，效果如下 ② 所示。

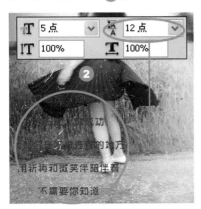

设置行距为9点，效果如右上 ③ 所示。

字距调整是放宽或收紧选定文本或整个文本块中字符之间的间距的过程。单击两个字母之间放置插入点时，将在"字符"面板中显示字距调整值，如下 ④ 所示。

如果需要对字距进行调整，则选择要调整的字符范围或文字对象，然后在"字符"面板中设置字距，设置后的文字效果如下 ⑤ 所示。

调整基线偏移

菜单："字符"面板菜单
快捷键：-
版本：6.0，7.0，CS，CS2，CS3，CS4
适用于：文字

基线是一条看不见的直线，默认情况下，大部分文字都位于这条线的上面。在某些时候，为了调整文字效果，可以重新设置基线偏移，在"图层"面板中选择文字图层，如下  所示。

在"字符"面板中的"基线偏移"文本框内输入"10点"，效果如下 ② 所示。

更改文字大小

菜单："字符"面板菜单
快捷键：-
版本：6.0，7.0，CS，CS2，CS3，CS4
适用于：文字

　　文字大小用于确定文字在图像中显示的大小。在默认情况下，文字以点为单位，在"字体大小"文本框中输入数值，设置字体大小，设置的点数越大，所输入的文字越大，反之则相反。设置字号为20点，效果如下 ① 所示。

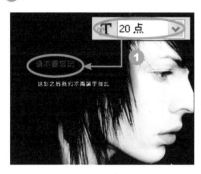

　　设置字号为40点，效果如下 ② 所示。

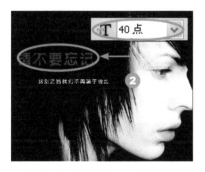

　　设置字号为60点，效果如下 ③ 所示。

> **提示**
> 在"首选项"对话框的"单位和标尺"选项组中，能够更改默认的文字度量单位。

变换文字颜色

菜单："字符"面板菜单
快捷键：-
版本：6.0，7.0，CS，CS2，CS3，CS4
适用于：文字

　　在Photoshop中，可以任意更改当前输入的文字颜色或编辑文字图层中的文字颜色。选择"图层"面板中的文字图层，如下 ① 所示。

　　在"字符"面板中单击颜色块，弹出"选择文本颜色"对话框，在该对话框中设置文本颜色，如下 ② 所示。

　　应用所设置的颜色更改文字颜色，效果如下 ③ 所示。

指定各个字母的颜色

菜单：-
快捷键：T
版本：6.0，7.0，CS，CS2，CS3，CS4
适用于：文字

　　除了可以对文字图层中所有文字进行颜色的调整外，还可以分别对各个字母的颜色进行更改。选择文字工具，拖曳选中要更改的字母，如下 ① 所示。

　　在"字符"面板中单击颜色块，弹出"选择文本颜色"对话框，在该对话框中设置文字颜色，如下 ② 所示。

　　设置完成后，更改所选中的字母颜色，如下 ③ 所示。

为文字添加下划线或删除线

菜单：-
快捷键：Ctrl+Shift+U
版本：6.0，7.0，CS，CS2，CS3，CS4
适用于：文字

利用"字符"面板，可以为文字添加下划线和删除线，下划线位于文字下方，而删除线则是一条贯穿横排文字或直排文字的直线，线的颜色总是与文字颜色相同。选择要添加直线的文字，如下 ① 所示。

单击"字符"面板下方的"下划线"按钮，添加下划线，效果如下 ② 所示。

单击"字符"面板下方的"删除线"按钮，添加删除线，如下 ③ 所示。

应用全部大写字母或小写字母

菜单：-
快捷键：-
版本：6.0，7.0，CS，CS2，CS3，CS4
适用于：文字

应用"字符"面板，可以输入大写字符或将文字设置为大写字符格式，即全部大写字母或小型大写字母。将文本格式设置为小型大写字母时，Photoshop会自动使用作为字体一部分的小型大写字母字符；如果字体中不包含小型大写字母，则 Photoshop 生成仿小型大写字母。选择文本工具，输入文字，如下 ① 所示。

单击"字符"面板下方的"全部大写字母"按钮，效果如下 ② 所示。

单击"字符"面板下方的"小型大写字母"按钮，效果如下 ③ 所示。

指定上标字符或下标字符

菜单：-
快捷键：-
版本：6.0，7.0，CS，CS2，CS3，CS4
适用于：文字

上标和下标文本是将字体基线上升或下降的文本，如果字体不包含上标或下标字符，则Photoshop 将生成仿上标或仿下标字符。选择要更改的文字，如下 ① 所示。

单击"字符"面板中的"上标"按钮 T，设置上标字符，如下 ② 所示。

单击"字符"面板中的"下标"按钮 T，设置下标字符，如下 ③ 所示。

> **提示**
> 单击"字符"面板右上角的扩展按钮，在弹出的面板菜单中选择"上标"或"下标"命令，可以将文字设置为上标字符或下标字符。

设置并添加文字制作海报

应用文字工具，能够在图像中添加各式各样、不同大小、不同字体的文字。本实例中，选用"横排文字"工具在图像上输入文字，执行"编辑＞变换"菜单命令，旋转文字方向，制作海报图像。

素材文件：素材\Part 07\06.jpg、07.psd　　　　最终文件：源文件\Part 07\制作海报psd

Before
After

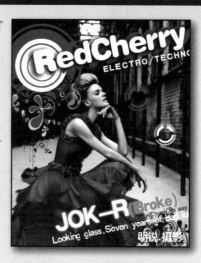

STEP 01 执行"文件＞打开"菜单命令，打开随书光盘\素材\Part 07\06.jpg文件，如下 ① 所示。

STEP 03 设置完成后，应用所设置的参数，增加图像的色相/饱和度，如下 ③ 所示。

STEP 05 设置完成后，应用所设置的参数，增加图像的亮度/对比度，如下 ⑤ 所示。

STEP 06 新建"图层1"图层，设置前景色为R168、G0、B48，选择"椭圆"工具 ，单击并拖曳绘制正圆，如下 ⑥ 所示。

STEP 02 单击"调整"面板中的"色相/饱和度"按钮 ，在弹出的面板中设置各项参数，如下 ② 所示。

STEP 04 单击"调整"面板中的"亮度/对比度"按钮 ，在弹出的面板中设置各项参数，如下 ④ 所示。

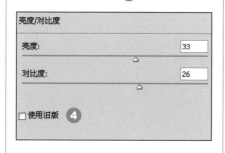

STEP 07 新建"图层3"图层，选择"椭圆选框"工具○，再次绘制正圆选区，如下 **7** 所示。

STEP 08 执行"编辑＞描边"菜单命令，打开"描边"对话框，在该对话框中设置各项参数，如下 **8** 所示。

STEP 09 设置完成后，对所绘制的正圆选区进行描边，描边后的图像效果如下 **9** 所示。

STEP 10 新建"图层4"图层，设置前景色为白色，选择"椭圆"工具○，单击并拖曳绘制正圆，如下 **10** 所示。

STEP 11 新建"图层5"图层，选择"椭圆选框"工具，按下Shift键单击并拖曳，绘制正圆选区，如下 **11** 所示。

STEP 12 执行"编辑＞描边"菜单命令，打开"描边"对话框，在对话框中设置各项参数，如下 **12** 所示。

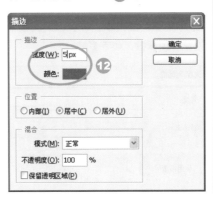

STEP 13 设置完成后，对所绘制的正圆选区进行描边，描边后的图像效果如下 **13** 所示。

STEP 14 选择"图层5"图层，按下快捷键Ctrl+J，复制得到"图层5 副本"图层，调整副本图层中的图像大小和位置，如下 **14** 所示。

STEP 15 使用同样的方法，在图像的右侧绘制更多的正圆形，如下 **15** 所示。

STEP 16 执行"文件>打开"菜单命令，打开随书光盘\素材\Part 07\07.psd文件，并将其移动至人物的左侧，如下16所示。

STEP 17 单击"调整"面板中的"色相/饱和度"按钮，在弹出的面板中设置各项参数，如下17所示。

STEP 18 设置完成后，应用所设置的参数，增加图像的色相/饱和度，如下18所示。

STEP 19 选择"图层6"和"色相/饱和度2"图层，按下快捷键Ctrl+Alt+E，盖印拼合图层，并调整新生成的图层中的图像大小和位置，如右上19所示。

STEP 20 新建"图层7"图层，设置前景色为R168、G0、B48，再选择"矩形"工具，单击并拖曳绘制矩形，如下20所示。

STEP 21 旋转绘制的矩形，并连续按下快捷键Ctrl+J，复制多个倾斜矩形，并分别调整它们的位置，如下21所示。

STEP 22 选取所有矩形图层，按下快捷键Ctrl+E合并图层，再选择"橡皮擦"工具，将矩形边缘擦除，如右上22所示。

STEP 23 选择"横排文字"工具T，在图像中输入主体文字，如下23所示。

STEP 24 单击"切换字符和段落面板"按钮，打开"字符/段落"面板，选择"字符"面板，然后在该面板中设置文字属性，如下24所示。

STEP 25 设置完成后，应用所设置的文字参数，更改字体、字号等，并加粗文字，如下页25所示。

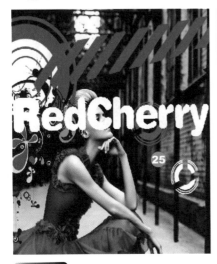

STEP 26 按下快捷键Ctrl+T，显示编辑框，再将光标移至文字右上角位置，单击并拖曳鼠标，旋转文字，如下 26 所示。

STEP 27 双击文字图层，打开"图层样式"对话框，在该对话框中勾选"投影"复选框，并设置各项参数，如下 27 所示。

投影
结构
混合模式(B): 正片叠底
不透明度(O): 75 %
角度(A): 30 度 ☑ 使用全局光(G)
距离(D): 11 像素
扩展(R): 13 %
大小(S): 18 像素

STEP 28 设置完成后，为输入的文字添加投影效果，如右上 28 所示。

STEP 29 继续选择"横排文字"工具 T，在图像中输入主体文字，并设置文字属性，如下 29 所示。

45.93 点 | 18.79 点
100% | 100%
0%
-50 | 0
0 点 | 颜色

STEP 30 按下快捷键Ctrl+T，单击并拖曳鼠标，旋转文字，如下 30 所示。

STEP 31 双击文字图层，打开"图层样式"对话框，在该对话框中勾选"投影"复选框，并设置各项参数，如下 31 所示。

投影
结构
混合模式(B): 正片叠底
不透明度(O): 75 %
角度(A): 30 度 ☑ 使用全局光(G)
距离(D): 5 像素
扩展(R): 6 像素
大小(S): 24 像素

STEP 32 设置完成后，为输入的文字添加投影效果，如下 32 所示。

STEP 33 继续选择"横排文字"工具 T，在图像中输入更多的修饰性文字，完成图像的制作，如下 33 所示。

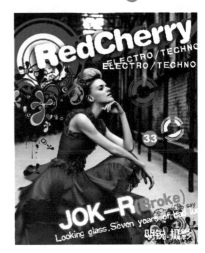

提示

如果需要更改文字大小，可以通过执行"编辑＞变换＞自由变换"菜单命令，调出文本编辑框，再拖曳编辑框，可以实现文字大小的调整。

03 段落文字的设置

应用文字工具，单击并拖曳，在图像上输入段落文本，然后打开"段落"面板，对输入的段落文本进行参数设置，如设置段落文本的对齐方式、字符间距以及段落缩进等。

指定对齐方式

菜单：图像＞模式
快捷键：-
版本：6.0，7.0，CS，CS2，CS3，CS4
适用于：文字

在Photoshop中，可以将文字与段落的某个边缘对齐，对齐选项只可用于段落文字，包括了左对齐文本、居中对齐文本、右对齐文本等7种对齐方式。

左对齐文本是将文字左对齐，使段落右端参差不齐，如下❶所示。

居中对齐文本是将文字居中对齐，使段落两端参差不齐，如下❷所示。

右对齐文本是将文字右对齐，使段落左端参差不齐，如上❸所示。

将光标定位于文本中，单击"最后一行右对齐"按钮右对齐文本，如下❹所示。

将光标定位于文本中，单击"最后行左对齐"按钮左对齐文本，如下❺所示。

将光标定位于文本中，单击"最后一行居中对齐"按钮居中对齐文本，如右上❻所示。

将光标定位于某一行时，单击"两端对齐"按钮，则只对光标所在行的文本进行两端对齐操作，如下❼所示。

如果直接选择段落文字图层，则是对所有文本进行两端对齐操作，如下❽所示。

调整段落字符间距

菜单: -
快捷键: -
版本: 6.0, 7.0, CS, CS2, CS3, CS4
适用于: 文字

对于图像中输入的段落文本，我们可以根据需要重新设置字符间距，设置的数值越大，段落间的字符间距就越大。在调整段落字符间距前，将光标移至段落文本中，单击选择要调整间距的段落文本，如下 ❶ 所示。

在"段落"面板中，在"段前添加空格"文本框中输入"10点"，在段前添加空格，如下 ❷ 所示。

在"段后添加空格"文本框中输入"20点"，在段后添加空格，如下 ❸ 所示。

直接在"图层"面板中选择文本图层，如下 ❹ 所示。

在"段落"面板中输入"段前添加空格"和"段后添加空格"值后，将对整个段落的间距进行调整，如下 ❺ 所示。

缩进段落

菜单: -
快捷键: -
版本: 6.0, 7.0, CS, CS2, CS3, CS4
适用于: 文字

应用缩进段落的方式，可以为文本创建各种不同的缩进效果。在Photoshop中，段落的缩进方式有三种，分别为左缩进、右缩进和首行缩进。在需要对文本进行缩进操作时，首先选中要缩进的段落文本，如下 ❶ 所示。

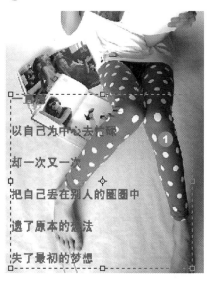

左缩进是根据在"左缩进"文本框中输入的数值，将段落文本向左缩进，如下 ❷ 所示。

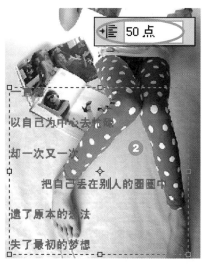

右缩进是根据在"右缩进"文本框中输入的数值，将段落文本向右缩进，如下页 ❸ 所示。

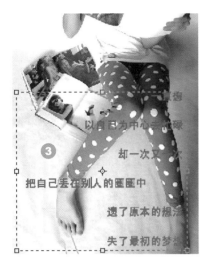

首行缩进是根据在"首行缩进"文本框中输入的数值，对段落文本中的第一行文字进行缩进，如下④所示。

在未选择某行段落文本时，设置的缩进参数将应用于整个段落文本，如下⑤所示。

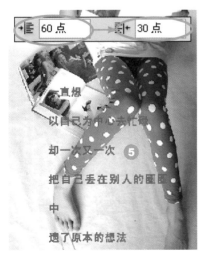

排版方法

菜单：-
快捷键：-
版本：CS，CS2，CS3，CS4
适用于：文字

排版是图像上的文字外观的一个复杂的交互过程。通过使用选取的单词间距、字母间距、符号间距和连字符连接等选项，Adobe 应用程序评估可能的换行方式，并选取最能支持我们所指定的参数的换行方式。选择文字工具，设置文字属性，输入文字，如下①所示。

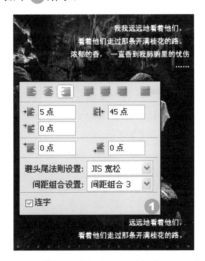

通常情况下，可以选择Adobe 多行书写器和 Adobe 单行书写器两种排版方法，应用这两种方法都会评估可能的换行方式，并选择能够最好地支持所设置的参数的各种换行方式。如果要选择其中一种换行方式，则将光标定位于段落中，如下②所示。

单击"段落"面板右上角的扩展按钮，在弹出的面板菜单中可以选择其中任意一种排版方式，如下③所示。

多行书写器综合考虑特定范围的行中的各换行点，并优化段落中前面的行，以专门消除后面出现的不美观换行，如下④所示。

而单行书写器提供了一种一次编排一行文字的传统编排方法。如果需要手动控制换行方式，则采用单行书写器的排版方式对文字进行排版。单行书写器在考虑断点时，相对于较短的文本行而言，更适合在较长的文字行中设置断点；如果在两端对齐的文本中，压缩或扩展单词的间距，应用单行书写器更为合适。

结合图形和文本制作公司主页

在实际操作时，怎样有效地将文字与图形组合得到完整的图像是必须掌握的知识。在本实例中，应用"路径"工具绘制网站导航按钮，然后将素材图像移至背景图像上，并将多余的部分删除，此时就完成了网站图像的制作，最后在图像中输入公司的一些相关信息即可。

素材文件：素材\Part 07\08.jpg、09.jpg、10.psd、11.jpg、12.jpg、13.jpg 、14.psd
最终文件：源文件\Part 07\制作公司主页.psd

Before

After

STEP 01 执行"文件＞打开"菜单命令，打开随书光盘\素材\Part 07\08.jpg文件，如下 ❶ 所示。

STEP 02 单击"调整"面板中的"色阶"按钮，在弹出的面板中设置各项参数，如下 ❷ 所示。

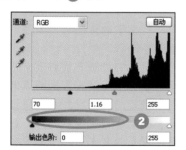

STEP 03 应用所设置的色阶参数，调整图像颜色，如下 ❸ 所示。

STEP 04 执行"文件＞打开"菜单命令，打开随书光盘\素材\Part 07\09.jpg文件，如下 ❹ 所示。

STEP 05 选择工具箱的"移动"工具，将天空图像移至背景图像上，如下 ❺ 所示。

STEP 06 调整图像大小，选择"橡皮擦"工具，将下方多余的图像擦除，如下 ❻ 所示。

STEP 07 单击"调整"面板中的"色彩平衡"按钮，在弹出的面板中设置各项参数，如下 ❼ 所示。

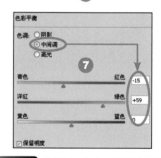

STEP 08 设置完成后，应用所设置的参数，调整图像，如下 ❽ 所示。

STEP 09 设置前景色为R212、G83、B8，新建"图层2"图层，选择"矩形"工具，单击并拖曳绘制矩形，如下 ❾ 所示。

STEP 10 选择"减淡"工具 🔍，在矩形中间涂抹，减淡图像，如下 **10** 所示。

STEP 11 设置前景色为白色，新建"图层3"图层，选择"矩形"工具 ▣，单击并拖曳绘制白色矩形，如下 **11** 所示。

STEP 12 执行"滤镜＞模糊＞高斯模糊"菜单命令，打开"高斯模糊"对话框，在该对话框中设置半径值，如下 **12** 所示。

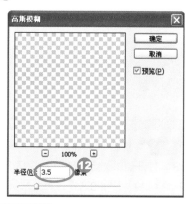

STEP 13 设置完成后，应用高斯模糊滤镜模糊白色矩形，如下 **13** 所示。

STEP 14 按下快捷键Ctrl+J，复制红色矩形和白色矩形，分别调整其位置，效果如下 **14** 所示。

STEP 15 执行"文件＞打开"菜单命令，打开随书光盘\素材\Part 07\10.psd文件，如下 **15** 所示。

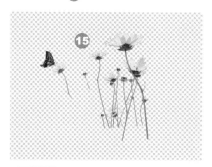

STEP 16 选择"移动"工具 ▸⊕，将花朵图像移至背景图像上，并适当缩小图像，再调整其位置，如下 **16** 所示。

STEP 17 连续按下快捷键Ctrl+J，复制多个花朵图像，分别调整它们的大小和位置，如下 **17** 所示。

STEP 18 选择"圆角矩形"工具 ▣，设置半径为40px，然后在图像上单击并拖曳，绘制路径，如右上 **18** 所示。

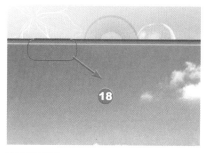

STEP 19 按下快捷键Ctrl+Enter或单击"路径"面板中的"将路径作为选区载入"按钮 ◌，将路径转换为选区，如下 **19** 所示。

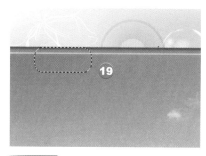

STEP 20 选择"渐变"工具 ▣，单击"渐变编辑器"按钮，打开"渐变编辑器"对话框，然后在该对话框中设置渐变颜色，如下 **20** 所示。

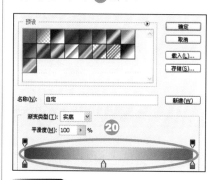

STEP 21 新建"图层4"图层，单击"线性渐变"按钮 ▣，然后在选区内从上向下拖曳鼠标，如下 **21** 所示。

STEP 22 释放鼠标，填充渐变颜色，如下页 **22** 所示。

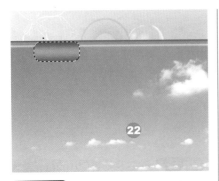

STEP 23 选择"加深"工具，设置"曝光度"为30，在选区边缘涂抹，加深边缘图像，如下 23 所示。

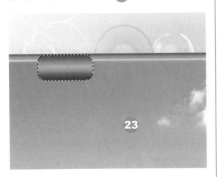

STEP 24 连续按下快捷键Ctrl+J，复制多个矩形图像，如下 24 所示。

STEP 25 选择"副本"图层，执行"编辑>变换>变形"菜单命令，显示变形框，单击并拖曳节点和曲线，变形图像，如下 25 所示。

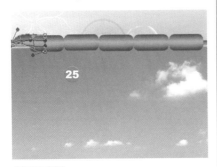

STEP 26 满意后，在选项栏中单击"进行变换"按钮，完成图像的变形操作，如右上 26 所示。

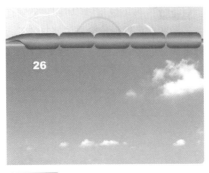

STEP 27 选择"圆角矩形"工具，在其选项栏中单击"路径"按钮，在图像上绘制矩形路径。绘制完成后，按下快捷键Ctrl+Enter，将路径转换为选区，如下 27 所示。

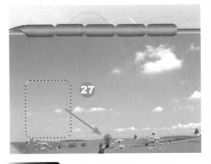

STEP 28 选择"渐变"工具，单击"渐变编辑器"按钮，打开"渐变编辑器"对话框，然后在该对话框中设置渐变颜色，如下 28 所示。

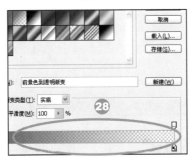

STEP 29 新建"图层6"图层，单击"线性渐变"按钮，然后在选区内从上向下拖曳鼠标，填充渐变颜色，如下 29 所示。

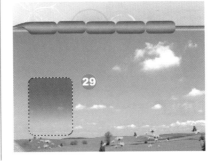

STEP 30 双击"图层6"图层，打开"图层样式"对话框，然后在该对话框中勾选"投影"复选框，再设置各项参数，如下 30 所示。

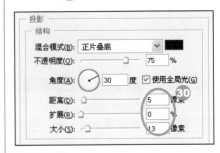

STEP 31 设置完成后，为矩形添加投影效果，如下 31 所示。

STEP 32 使用同样的方法，再绘制两个矩形，如下 32 所示。

STEP 33 执行"文件>打开"菜单命令，打开随书光盘\素材\Part 07\11.jpg、12.jpg、13.jpg文件，再分别将其移动至背景图像，并调整它们的大小和位置，如下 33 所示。

STEP 34 选择"图层7"图层，然后选择"椭圆选框"工具◯，按下Shift键绘制正圆选区，如下 **34** 所示。

STEP 35 执行"选择＞反向"菜单命令，反选选区，按下Delete键，删除选区内的图像，如下 **35** 所示。

STEP 36 使用同样的方法，处理另外两张素材图像，如下 **36** 所示。

STEP 37 选择"椭圆选框"工具◯，按下Shift键绘制正圆选区，然后单击"从选区中减去"按钮▣，继续在该选区中绘制选区，绘制后得到如下 **37** 所示的效果。

STEP 38 设置前景色为R211、G80、B0，新建"图层12"图层，选择"油漆桶"工具◹，然后在选区中单击，填充颜色，如下 **38** 所示。

STEP 39 选择"减淡"工具◉，设置"曝光度"为50%，然后在圆上涂抹，减淡部分颜色，如下 **39** 所示。

STEP 40 使用同样的方法，继续绘制另外两个圆圈，如下 **40** 所示。

STEP 41 选择"直排文字"工具▣，单击并拖曳鼠标，创建文本框，如下 **41** 所示。

STEP 42 输入段落文本，效果如下 **42** 所示。

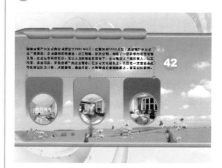

STEP 43 继续选择"横排文字"工具▣，然后在图像上单击并拖曳，创建文本框，并在文本框中输入文字，如下 **43** 所示。

STEP 44 使用同样的方法，输入更多的文本，如下 **44** 所示。

STEP 45 执行"文件＞打开"菜单命令，打开随书光盘\素材\Part 07\14.psd文件，并将其移至图像的右侧，得到最终的完成效果，如下 **45** 所示。

04　缩放和旋转文字

文字与图像一样，都可以任意地旋转或缩放。在Photoshop中，文字的缩放包括点文字的缩放和旋转、段落文本的缩放和旋转。通过对文字设置不同的缩放比例或旋转文字，可以制作不同的文字样式。

调整文字缩放比例

菜单：图像＞模式
快捷键：-
版本：6.0，7.0，CS，CS2，CS3，CS4
适用于：文字

在Photoshop中，可以相对字符的原始宽度和高度，为文字的高度和宽度指定比例。通常情况下，未缩放字符的值均为100%，如果对文字进行缩放操作，容易使文字失真，所以最好使用已紧缩或扩展的字体。选择要更改的字符或文字对象，如下 ❶ 所示。

在"字符"面板中，设置"垂直缩放"值为60%，"水平缩放"值为110%，设置后的效果如下 ❷ 所示。

如果未选择任何文本，则缩放比例会应用于所创建的新文本。

旋转文字

菜单：图像＞模式
快捷键：-
版本：6.0，7.0，CS，CS2，CS3，CS4
适用于：文字

对于输入的文字，可以进行任意角度的旋转操作。旋转文字时，先选择文字图层，然后使用任何旋转命令或"自由变换"命令对文字进行旋转操作。如下 ❶ 所示，选择第二个文字图层。

执行"编辑＞自由变换"菜单命令，显示文字外框，然后将光标移动至四角的位置上，当其变为折线箭头时，拖曳鼠标旋转文字，如下 ❷ 所示。

对于段落文字，也可以选择外框，并使用手柄来手动旋转文字。

旋转直排文字字符

菜单：图像＞模式
快捷键：-
版本：6.0，7.0，CS，CS2，CS3，CS4
适用于：文字

在处理直排文字时，可以将字符旋转90°。旋转后的字符是直立的；未旋转的字符是横向的。选择"直排文字"工具，在图像的左侧输入垂直方向的文字，效果如下 ❶ 所示。

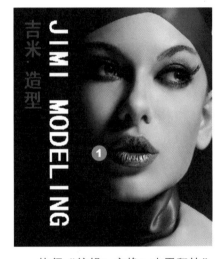

执行"编辑＞变换＞水平翻转"菜单命令，旋转字母和文字，旋转后的图像效果如下 ❷ 所示。

05 对文字应用样式

在图像上输入文字后，双击文字图层，可以为文字添加系统所提供的样式，也可以自己设置不同的样式效果。在Photoshop中，还可以对输入的文字应用"剪贴蒙版"的方式，对文字进行图案填充。

为文字添加投影

菜单: -
快捷键: -
版本: 6.0, 7.0, CS, CS2, CS3, CS4
适用于: 文字

应用图层样式可以为输入的文字添加各种不同的效果，如果需要为文字添加投影效果，则选中需要添加投影的文字图层，如下 ① 所示。

弹出"图层样式"对话框，在该对话框中勾选"投影"复选框，并设置各项参数，如下 ② 所示。

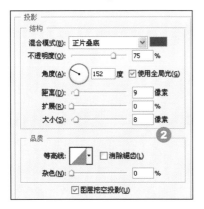

设置完成后，即可为该文字图层中的文本添加投影效果，如右上 ③ 所示。

提示

若要在另一图层上使用相同的投影样式，按下Alt键，并将"图层"面板中的投影样式拖曳至其他图层，然后释放鼠标，即可将投影样式应用于该图层上。

用图像填充文字

菜单: -
快捷键: -
版本: 6.0, 7.0, CS, CS2, CS3, CS4
适用于: 文本

应用剪贴蒙版，可以使用图像对文字进行填充，即将剪贴蒙版应用于"图层"面板中位于文本图层上方的图像图层，并用图像填充文字。在填充文字前，打开用于填充文字的图像，选择文字工具，在图像上输入文字，如下 ① 所示。

双击"背景"图层，将其转换为"图层0"图层，如下 ② 所示。

将转换后的"图层0"图层移至文字图层上方并遮盖文字，如下 ③ 所示。

执行"图层＞创建剪贴蒙版"菜单命令，即可使用图像图层中的图案填充所输入的文字，如下 ④ 所示。

选择"移动"工具，然后拖动图像，可以调整图像在文本内的位置。

06 文字图层的变换

应用文字工具在图像中输入文字后，可以将其转换为工作路径或是形状，通过文字图层可以对其进行形状的调整，变形文字。

基于文字创建工作路径

菜单：图层＞文字＞创建工作路径
快捷键：-
版本：6.0，7.0，CS，CS2，CS3，CS4
适用于：文字

通过将文字转换为工作路径，将这些文字字符用作矢量形状来编辑。将文字转换为工作路径后，可以像处理其他路径一样对该路径进行存储和编辑操作。首先选择文字工具，输入文字，如下 ❶ 所示。

选择文字图层，执行"图层＞文字＞创建工作路径"菜单命令，转换工作路径。此时，在"路径"面板中将出现转换的工作路径，如下 ❷ 所示。

> **提示**
> 如果字体为粗体或仿粗体，则不能将其转换为工作路径。

将文字转换为形状

菜单：图层＞文字＞转换为形状
快捷键：-
版本：6.0，7.0，CS，CS2，CS3，CS4
适用于：文字

在将文字转换为形状时，文字图层被替换为具有矢量蒙版的图层。我们可以编辑矢量蒙版，并对图层应用各种样式。选择文字工具，在图像中输入文字，如下 ❶ 所示。

选择文字图层，然后执行"图层＞文字＞转换为形状"菜单命令，将文字转换为形状，而该文字图层也被转换为形状图层，如下 ❷ 所示。

创建文字选区边界

菜单：-
快捷键：T
版本：6.0，7.0，CS，CS2，CS3，CS4
适用于：文字

在使用"横排文字蒙版"工具或"直排文字蒙版"工具输入文字时，将创建一个文字形状的选区。对于创建的文字选区，可以随意地移动、复制填充或描边等。如果要填充或描边文字选区边界，则需要新建一个空白图层，如下 ❶ 所示。

选择"横排文字蒙版"工具，在图像上单击，则会在当前图层上出现一个红色的蒙版，如下 ❷ 所示。

输入相应的文字，如下 ③ 所示。

输入完成后，在选项栏中单击"提交所有当前编辑"按钮，即可得到文字选区，如下 ④ 所示。

选择"画笔"工具，单击选项栏上的黑色三角箭头，在弹出的面板中选择柔角画笔，如下 ⑤ 所示。

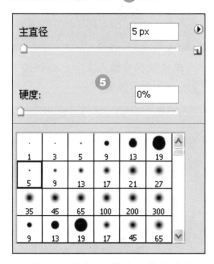

执行"编辑＞描边"菜单命令，打开"描边"对话框，在该对话框中单击颜色块，如右上 ⑥ 所示。

弹出"选择描边颜色"对话框，在该对话框中设置描边颜色，如下 ⑦ 所示。

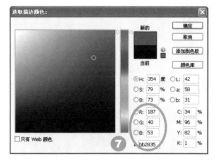

设置颜色后，单击"确定"按钮，返回到"描边"对话框，再继续设置各项参数，如下 ⑧ 所示。

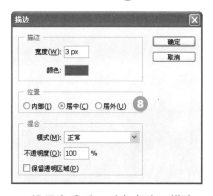

设置完成后，对文字选区描边，如下 ⑨ 所示。

按下快捷键Ctrl+D，取消选区，如下 ⑩ 所示。

同理，使用"直排文字蒙版"工具，也可以在图像上创建垂直的文字选区，如下 ⑪ 所示。

对于创建的选区，除了描边外，还可以应用"渐变"工具为选区填充渐变颜色，如下 ⑫ 所示。

07　路径文字的应用

在图像中创建工作路径后，可以在路径上输入文字，创建路径文字。路径文字包括在开放路径上创建路径文字和在封闭路径上创建路径文字。在路径上创建文字可以实现文字排列方式的变化，同时也可以应用"变形"命令，对文字进行变形操作。

在路径上创建和编辑文字

菜单：-
快捷键：-
版本：6.0，7.0，CS，CS2，CS3，CS4
适用于：路径文本

在Photoshop中，可以沿着用钢笔或形状工具创建的工作路径的边缘输入文字。当沿着路径输入文字时，文字将沿着锚点被添加到路径的方向排列。在路径上输入横排文字，会导致字母与基线垂直，如下 ❶ 所示。

在路径上输入直排文字会导致文字方向与基线平行，如下 ❷ 所示。

提示

选择"路径选择"工具或"移动"工具，单击并拖曳鼠标，可以将路径拖曳至新的位置。如果使用"路径选择"工具进行移动，需要确保指针为I型时再移动，否则会沿着路径移动文字。

在路径上创建和编辑文字，包括在开放路径上输入文字和在封闭路径上输入文字。如果需要在开放路径中输入文字，则选择路径绘制工具，绘制一条开放的工作路径，如下 ❸ 所示。

选择"横排文字"工具，将光标移至创建的路径上，此时鼠标指针将变为 形，如下 ❹ 所示。

单击鼠标并输入文字，得到如下 ❺ 所示的文字效果。

如果需要在封闭路径上添加文字，则在图像中绘制一个封闭的工作路径，如下 ❻ 所示。

选择"横排文字"工具，将光标移至创建的路径上，此时鼠标指针将变为 形，如下 ❼ 所示。

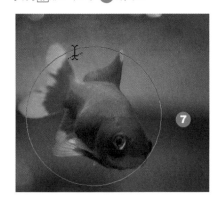

单击鼠标并输入文字，得到如下 ❽ 所示的文字效果。

使用文字变形或取消文字变形

菜单：图层＞文字＞文字变形
快捷键：-
版本：6.0，7.0，CS，CS2，CS3，CS4
适用于：文本

　　在Photoshop中，可以使文字变形，以创建特殊的文字效果，例如添加扇形或波浪等。在为图像添加变形样式后，可以随时更改变形的样式。在应用文字变形前，选择文字工具，在图像上输入文字，如下 1 所示。

　　单击"变形"按钮或执行"图层＞文字＞文字变形"菜单命令，打开"变形文字"对话框，如下 2 所示。在该对话框中的"样式"下拉列表中，可以选择不同的样式并设置各项参数。

　　选择"扇形"样式，再设置各项参数，得到如下 3 所示的变形文字效果。

　　选择"花冠"样式，变形文字，如下 4 所示。

　　选择"旗帜"样式，变形文字，如下 5 所示。

　　选择"增加"样式，变形文字，如下 6 所示。

　　在"变形文字"对话框中，选中"水平"或"垂直"单选按钮，更改变形效果的方向。选中"垂直"单选按钮后的"扇形"变形文字效果，如下 7 所示。

　　如果需要，可以重新设置其变形选项值。"弯曲"选项指定对图层应用变形的程度。设置"弯曲"值为-20时，效果如下 8 所示。

　　设置"弯曲"值为20时，效果如下 9 所示。

　　"水平扭曲"或"垂直扭曲"选项将对变形应用水平或垂直透视，设置参数，如下 10 所示，即可透视变形文字，如下 11 所示。

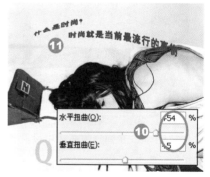

　　如果要取消文字变形，则选择已应用了变形的文字图层，再选择文字工具，单击选项栏中的"变形"按钮，或者执行"图层＞文字＞文字变形"菜单命令，弹出"变形文字"对话框，从"样式"下拉列表中选择"无"选项，即可取消文字变形。

应用文字工具制作杂志封面

使用文字工具能够输入或编辑文字。本实例中，先应用"加深"工具涂抹图像边缘，加深图像。背景图像制作完成后，下一步就是在图像上添加文字，然后为输入的文字设置不同的大小和颜色，得到最终的杂志封面效果。

素材文件：素材\Part 07\15.jpg、16.jpg、17.jpg　　最终文件：源文件\Part 07\制作书籍封面.psd

Before 　　　　**After**

STEP 01 执行"文件>打开"菜单命令，打开随书光盘\素材\Part 07\15.jpg文件，如下 ❶ 所示。

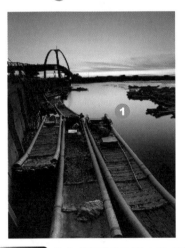

STEP 02 单击"调整"面板中的"色阶"按钮，在弹出的面板中设置各项参数，如下 ❷ 所示。

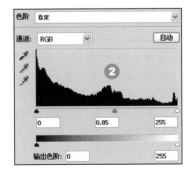

STEP 03 应用所设置的色阶参数，加深图像的色调，如下 ❸ 所示。

STEP 04 单击"调整"面板中的"曲线"按钮，在弹出的面板中设置各项参数，如下 ❹ 所示。

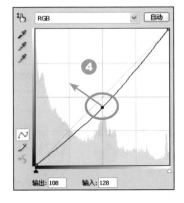

STEP 05 设置完成后，应用所设置的曲线参数，降低图像的亮度，如下 ❺ 所示。

STEP 06 选择"加深"工具，选择"范围"为"中间调"，设置"曝光度"为50%，然后在图像的边缘上涂抹，加深图像，如下 ❻ 所示。

STEP 07 设置前景色为R225、G2、B2，新建"图层1"图层，选择"矩形"工具，然后单击并拖曳绘制图形，如下 **7** 所示。

STEP 08 按下快捷键Ctrl+J，复制红色矩形，并调整其倾斜度，调整后的图像效果如下 **8** 所示。

STEP 09 设置前景色为R167、G134、B1，新建"图层2"图层，选择"矩形"工具，单击并拖曳绘制矩形，如下 **9** 所示。

STEP 10 按下快捷键Ctrl+T，旋转矩形图像，旋转后的图像效果如下 **10** 所示。

STEP 11 选择"图层2"图层，将其移动至"图层1 副本"图层下方，调整图层顺序，如下 **11** 所示。

STEP 12 调整顺序后，"图层2"中的部分图像被"图层1 副本"对象遮盖，如下 **12** 所示。

STEP 13 设置前景色为白色，新建"图层3"图层，选择"矩形"工具，单击并拖曳绘制矩形，如下 **13** 所示。

STEP 14 设置前景色分别为白色和黄色，新建"图层4"和"图层5"图层，选择"椭圆"工具，单击并拖曳绘制两个相同大小的正圆，如下 **14** 所示。

STEP 15 选择"橡皮擦"工具，将黄色正圆的下半部分擦除，并将其与白色正圆重合，如下 **15** 所示。

STEP 16 执行"文件>打开"菜单命令，打开随书光盘\素材\Part 07\16.jpg 文件，如下 16 所示。

STEP 17 选择"移动"工具 ，将人物素材移动至左下角位置，再适当调整其角度，如下 17 所示。

STEP 18 双击人物所在的"图层4"图层，打开"图层样式"对话框，在该对话框中勾选"描边"复选框，并设置各项参数，如下 18 所示。

STEP 19 设置完成后，为图像添加白色描边效果，如右上 19 所示。

STEP 20 选择"横排文字"工具 ，在图像顶端输入文字，并设置文字属性，如下 20 所示。

STEP 21 选择"横排文字"工具 ，在输入的文字上单击并拖曳，选中两个文字，如下 21 所示。

STEP 22 打开"字符"面板，单击颜色块，在弹出的"选择文本颜色"对话框中重新设置文字颜色,设置完成后单击"确定"按钮返回"字符"面板,如下 22 所示，更改文本颜色，如下 23 所示。

STEP 23 选择"横排文字"工具 ，继续在图像上输入文字，如下 24 所示。

STEP 24 选择"横排文字"工具 ，在输入的文字上单击并拖曳，选中"坏"字，如下 25 所示。

STEP 25 打开"字符"面板，然后在该面板中重新设置文字大小和文字颜色，如下 26 所示，设置后的文字效果如下 27 所示。

STEP 26 选择"横排文字"工具 T，在图像上输入更多的文字，如下 28 所示。

STEP 27 选择"横排文字"工具 T，在输入的文字上单击并拖曳，选中"影像月赛"，如下 29 所示。

STEP 28 打开"字符"面板，然后在该面板中重新设置文字大小和文字颜色，如下 30 所示，设置后的文字效果如下 31 所示。

STEP 29 选择"横排文字"工具 T，在图像右下角的红色矩形中输入文字，如下 32 所示。

STEP 30 选择"横排文字"工具 T，单击"切换字符和段落面板"按钮，打开"字符"面板，设置文字属性，如下 33 所示。

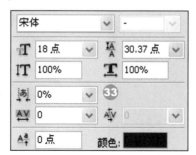

STEP 31 在右上角的黄色圆形和白色圆形中输入出版日期等，如右上 34 所示。

STEP 32 选择"横排文字"工具，在图像底端输入出版社名，如下 35 所示。

STEP 33 执行"文件>打开"菜单命令，打开随书光盘\素材\Part 07\17.jpg 文件，如下 36 所示。

STEP 34 选择"移动"工具，将条形码移到图像的右下角，并调整其大小，最后得到如下 37 所示的完成效果。

Part 08
3D功能

在Photoshop CS4中，为了更大性能地提高3D图像的打开、移动和编辑操作，需要在系统性能设置中启动OpenGL选项。启动此选项后，再结合工具箱中的3D查看工具和3D相机工具能够对3D图像进行任意角度或方向上的查看并编辑3D对象，创建更为丰富的图像效果。

选择3D图层，执行"窗口>3D"菜单命令，将打开3D面板。在3D面板中，会显示关联的3D文件的组件，即"场景"、"网格"、"材料"和"光源"，单击这4个按钮中的任意一个按钮，都会弹出相应的参数设置面板。使用 3D 场景面板设置可更改渲染模式、选择要在其上绘制的纹理或创建横截面，如下 ① 所示，同时也能实现3D模型颜色的转换，如下 ② 所示。在3D网格面板中，可以访问网格设置和3D面板底部的信息。3D材料面板顶部列出了在 3D 文件中使用的材料，如下 ③ 所示。用户可以使用一种或多种材料来创建模型的整体外观，如下 ④ 所示。3D 光源从不同角度照亮模型，从而添加逼真的深度和阴影，在3D光源面板中即可对Photoshop CS4提供的3种类型的光源进行设置。

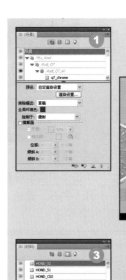

01 3D的创建

3D是Photoshop CS4新增的一个功能。添加3D功能后，更有利于对图像进行更大范围的编辑。应用3D菜单，可以快速创建3D模型的纹理以及3D模型等。

创建3D模型的纹理

菜单：-
快捷键：-
版本：CS4
适用于：3D

用户可以使用 Photoshop 的绘画工具和调整工具，创建 3D 文件中包含的纹理。选择一个3D图像，同时将纹理作为 2D 文件与 3D 模型一起导入至Photoshop中，如下 ❶ 所示。

打开"图层"面板，在"图层"面板中，嵌套于 3D 图层下方，并按以下映射类型编组：散射、凹凸、光泽度等，如下 ❷ 所示。

如果需要查看某纹理文件的缩览图，则只需将鼠标指针停放在"图层"面板中的该纹理名称上，如右上 ❸ 所示。

在Photoshop中，可以创建3种不同类型的纹理，分别是UV叠加纹理、重新参数化纹理映射和重复纹理的拼贴。

双击"图层"面板中的纹理，将其打开，执行"3D>创建UV叠加"菜单命令，能够选择不同的纹理叠加。选择"边框"，可以显示 UV 映射的边缘数据，如下 ❹ 所示。

"着色"显示使用实色渲染模式的模型区域，如下 ❺ 所示。

"正常映射"显示转换为 RGB 值的几何常值，R=X、G=Y、B=Z，如下 ❻ 所示为边框纹理效果。

执行"3D>重新参数化"菜单命令，将弹出Adobe Photoshop CS4 Extended提示对话框，如右上 ❼ 所示，在该对话框中可以对纹理效果进行设置或更改。

单击"低扭曲度"按钮，会使纹理图案保持不变，但会在模型表面产生较多接缝，如下 ❽ 所示。

单击"较少拼接"按钮，则会使模型上出现的接缝数量最小化，并产生更多的纹理拉伸或挤压，如下 ❾ 所示。

此外，还可以直接将2D图像创建为拼贴的纹理效果。选择并打开一幅用于创建拼贴纹理的图像，如下 ❿ 所示。

执行"3D>新建拼贴绘画"菜单命令，创建拼贴效果，如下  所示。

从2D图像创建3D对象

菜单：-	
快捷键：-	
版本：CS4	
适用于：3D	

Photoshop CS4可以将 2D 图层作为起始点，生成各种基本的 3D 对象。在创建 3D 对象后，可以运用3D工具随意地移动它，并通过设置参数更改3D对象的渲染设置或添加光源、材质等。打开 2D 图像，并选择要转换为明信片的图层，如下 ❶ 所示。

> **提示**
>
> 在2D图层中创建的3D明信片，可以拖曳至任何场景中，并对其进行编辑。

执行"3D>从图层新建3D明信片"菜单命令，可以将图像转换为3D平面，如右上 ❷ 所示。此时，原始2D图层作为3D明信片对象的"漫射"纹理映射出现在"图层"面板中，如右上 ❸ 所示。

执行"3D>从图层新建形状>锥形"菜单命令，可以将2D图像转换为3D锥形，如下 ❹ 所示。

执行"3D>从灰度新建网格"菜单命令，可将灰度图像转换为深度映射，将明度值转换为深度不一的表面。如下 ❺ 所示为原图像。

执行"3D>从灰度新建网格>平面"菜单命令，将图像转换为3D平面网格，如下 ❻ 所示。

执行"3D>从灰度新建网格>双面平面"菜单命令，创建两个沿中心轴对称的平面，并将深度映射数据应用于两个平面，如下 ❼ 所示。

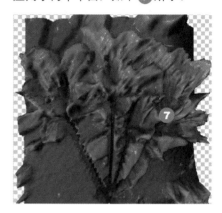

执行"3D>从灰度新建网格>圆柱体"菜单命令，创建从垂直轴中心向外应用深度映射数据，如下 ❽ 所示。

执行"3D>从灰度新建网格>球体"菜单命令，从中心点向外呈放射状地应用深度映射数据，如下 ❾ 所示。

应用3D功能制作包装盒

在"图层"面板中可以应用图层创建一些基本的3D模型。在本实例中，通过新建图层，执行"3D>从图层新建形状>立方体"菜单命令，创建模型，然后在立方体上添加图案纹理，制作成一个简单的产品包装盒。

素材文件：素材\Part 08\01.jpg

最终文件：源文件\Part 08\制作包装盒.psd

Before

After

STEP 01 执行"文件>新建"菜单命令，打开"新建"对话框，在该对话框中设置各项参数，如下 ① 所示。

STEP 02 新建一个宽10厘米，高10厘米的正方形图像，如下 ② 所示。

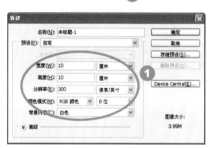

STEP 03 打开"图层"面板，新建"图层1"图层，选择"渐变"工具，单击"渐变编辑器"按钮，打开"渐变编辑器"对话框，在该对话框中设置渐变颜色，如右上 ③ 所示。

STEP 04 单击"径向渐变"按钮，从内向外拖曳填充径向渐变背景，如下 ④ 所示。

STEP 05 新建"图层2"图层，执行"3D>从图层新建形状>立方体"菜单命令，新建立方体，如右上 ⑤ 所示。

STEP 06 选择"3D比例"工具，向内拖曳鼠标，缩小模型，如下 ⑥ 所示。

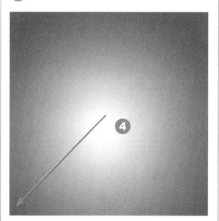

STEP 07 选择"3D旋转工具" ![图标]，向下方拖曳鼠标，旋转3D模型，如下 **7** 所示。

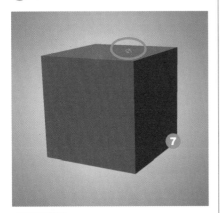

STEP 08 选择"3D滚动"工具 ![图标]，向下轻微拖曳鼠标，调整3D模型，如下 **8** 所示。

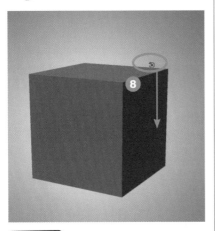

STEP 09 执行"窗口>3D"菜单命令，打开3D面板，选择"右侧材料"，单击"编辑漫射纹理"按钮 ![图标]，在弹出的菜单中选择"载入纹理"命令，如下 **9** 所示。

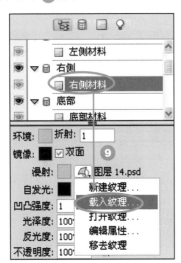

STEP 10 弹出"打开"对话框，然后选择需要载入的纹理，单击"打开"按钮，如下 **10** 所示。

STEP 11 载入右侧纹理，载入后的图像如下 **11** 所示。

STEP 12 选择"底部材料"，单击"编辑漫射纹理"按钮 ![图标]，在弹出的菜单中选择"载入纹理"命令，如下 **12** 所示。

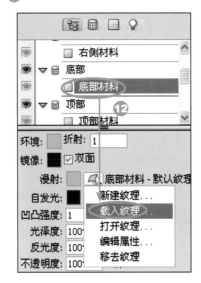

STEP 13 弹出"打开"对话框，然后选择需要载入的底部纹理，单击"打开"按钮，如下 **13** 所示。

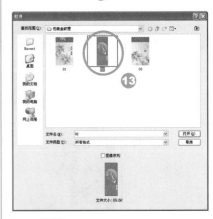

STEP 14 载入底部纹理，载入后的图像如下 **14** 所示。

STEP 15 使用同样的方法，继续载入其他侧面的纹理，载入所有纹理后的图像如下 **15** 所示。

STEP 16 单击"光源"按钮，选择"无限光2"，然后在下方设置光源强度，如下 16 所示。

STEP 17 应用所设置的光源强度参数，增加图像的亮度，如下 17 所示。

STEP 18 选择"多边形套索"工具，在图像上连续单击，创建选区，如下 18 所示。

STEP 19 单击"拾色器"图标，打开"拾色器（前景色）"对话框，然后设置前景色，再单击"确定"按钮，如下 19 所示。

STEP 20 新建"图层3"图层，选择"油漆桶"工具，在选区内单击，填充颜色，如下 20 所示。

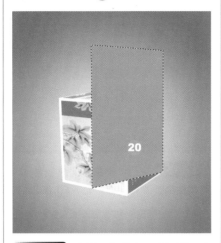

STEP 21 选择"钢笔"工具，在图像中间绘制一个封闭的工作路径，如下 21 所示。

STEP 22 按下快捷键Ctrl+Enter，将路径转换为选区，如下 22 所示。

STEP 23 按下Delete键，删除选区内的图像，如下 23 所示。

STEP 24 选择"图层3"图层，将其移至"图层2"下方，调整图层顺序，调整后的图像如下 24 所示。

STEP 25 选择"多边形套索"工具，在图像上单击，创建选区，如下 25 所示。

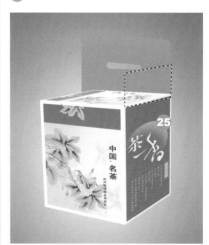

STEP 26 新建"图层4"图层，设置前景色为白色，按下快捷键Alt+Delete，填充选区，如下页26所示。

STEP 27 使用同样的方法，绘制另外一个白色图形，如下27所示。

STEP 28 执行"文件>打开"菜单命令，打开随书光盘\素材\Part 08\01.jpg文件，如下28所示。

STEP 29 选择"移动"工具，将图像移动至3D图像中，如下29所示。

STEP 30 执行"编辑>变换>旋转"菜单命令，旋转图像，如下30所示。

STEP 31 执行"编辑>变换>缩放"菜单命令，缩小图像，如下31所示。

STEP 32 按下快捷键Ctrl+T，显示编辑框，按下Ctrl键，单击并拖曳图像右上角的控制点，如下32所示。

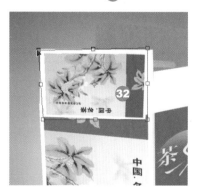

STEP 33 应用同样的方法，拖曳其他控制点，调整图像的透视效果，如下33所示。

STEP 34 按下快捷键Ctrl+J，复制一个图像，并对其大小和位置进行调整，调整后的图像如下34所示。

STEP 35 选取除"背景"和"图层1"外的所有图层，按下快捷键Ctrl+Alt+E，盖印生成"图层8（合并）"图层，然后双击该图层，打开"图层样式"对话框，勾选"投影"复选框，再设置各项参数，并单击"确定"按钮，如下35所示。

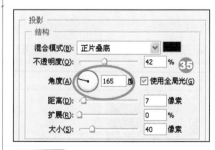

STEP 36 应用所设置的图层样式，添加投影效果，如下页36所示。

STEP 37 选择"图层2"图层，选择"多边形套索"工具，在图像上单击，创建选区，如下 **37** 所示。

STEP 38 按下快捷键Ctrl+J，复制得到"图层9"图层，如下 **38** 所示，选取复制的图像，调整其位置，调整后的图像如下 **39** 所示。

STEP 39 按下快捷键Ctrl+T，显示编辑框，按下 Ctrl 键单击并拖曳鼠标，如下 **40** 所示。

STEP 40 拖曳至两个图像吻合后，单击选项栏中的"进行变换"按钮，变形图像，如下 **41** 所示。

STEP 41 选择"图层9"图层，将该图层的混合模式设置为"滤色"，设置后的图像如下 **42** 所示。

STEP 42 打开"图层"面板，单击"添加图层蒙版"按钮，添加蒙版，如下 **43** 所示。选择"柔角"画笔，设置前景色为黑色，在图像上涂抹，隐藏部分图像，如下 **44** 所示。

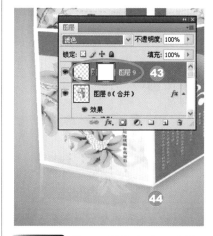

STEP 43 使用同样的方法，绘制另一侧面的投影效果，最终效果如下 **45** 所示。

02　3D图像的编辑

3D图像与普通图像一样，可以应用工具箱中的工具对其进行编辑或绘制图形等。在3D图像上添加纹理后，双击打开纹理，再对其进行编辑可以创建更为完整的贴图效果。

编辑3D模型的纹理

菜单：
快捷键：-
版本：CS4
适用于：3D

在3D对象上的纹理，可以像编辑单一图像一样，对其进行编辑，以使纹理变得更加漂亮。先打开3D图像，如右上 **1** 所示。

在"图层"面板中选取并双击需要编辑的纹理，如右 **2** 所示。

或者在"材料"面板中选择包括纹理的材料，然后单击要编辑的纹理的菜单图标，选择"打开纹理"命令，如下 ③ 所示。

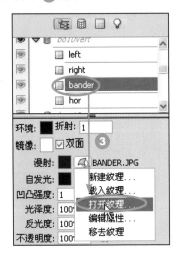

此时，纹理将被作为一个智能对象而在一个独立的文档窗口中打开，如下 ④ 所示。

选择Photoshop CS4中的工具，对纹理进行任意编辑或更改，如下 ⑤ 所示。

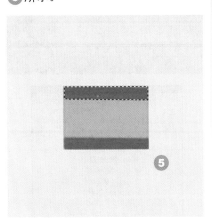

> **提示**
> 应用选区工具，同样可以在3D模型的纹理图像上创建各种形状的选区。

设置颜色值为R125、G2、B2，选择蝴蝶形状的画笔，在选区内涂抹绘画，如下 ⑥ 所示。

继续运用画笔，在图像上绘制其他图案，如下 ⑦ 所示。

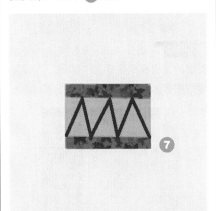

在对纹理进行编辑后，激活3D模型窗口，即可看到应用于模型的原纹理已被编辑后的纹理替换，如下 ⑧ 所示。

复合3D对象

菜单：
快捷键：-
版本：CS4
适用于：3D

在Photoshop CS4中，能够将3D图层与一个或多个2D图层合并，以创建复合效果。在复合3D对象时，首先打开2D图像，如下 ① 所示，执行"3D＞从3D文件新建图层"菜单命令。

弹出"打开"对话框，在该对话框中选择要打开的3D对象，单击"打开"按钮，如下 ② 所示。

在打开2D图像的同时，也将3D文件在图像中打开，如下 ③ 所示。

选择3D对象图层，单击"图层"面板右上角的扩展按钮，如下 4 所示。

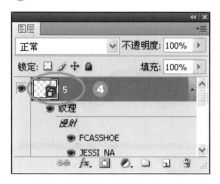

弹出"图层"面板菜单，在该菜单中选择"合并可见图层"命令，如下 5 所示。

创建剪贴蒙版(C)	Alt+Ctrl+G
链接图层(K)	
选择链接图层(S)	
向下合并(E)	Ctrl+E
合并可见图层(V)	Shift+Ctrl+E
拼合图像(F)	
动画选项	▶
面板选项...	
关闭	
关闭选项卡组	

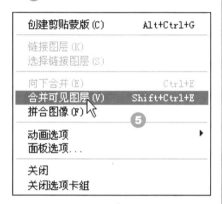

执行该命令后，合并2D图层和3D图层，得到合并后的"背景"图层，如右上 6 所示。

提示

选择"合并可见图层"命令，将合并图像中所有可见图层，而未显示出来的图层则不会被合并；执行"拼合图层"命令，则将当前打开图像的所有图层都合并为一个背景图层。

在3D对象上进行绘画

菜单：
快捷键：-
版本：CS4
适用于：3D

编辑3D图像时，可以使用任何Photoshop绘画工具，直接在3D模型上绘画，就如同在2D图层上绘画一样。如果是在弯曲或不规则表面上绘画，则在绘制之前，将会收到关于绘画效果最佳区域的可视反馈信息。执行"3D>选择可绘画区域"菜单命令，选择可绘画的选区，如右上 1 所示。

选择"画笔"工具，在"画笔"列表中选择一种画笔，选中3D图层，在3D对象上绘画即可，如下 2 所示。

应用3D场景面板更改3D模型颜色

应用3D场景面板可以对3D对象的颜色进行更改。在本实例中，运用3D场景面板，设置橙色的车身颜色，然后将橘子图像添加至背景图像中，制作一个汽车广告。

素材文件：素材\Part 08\02.3ds、03.jpg　　　最终文件：源文件\Part 08\更改3D模型颜色.psd

Before

After

STEP 01 执行"文件>新建"菜单命令，打开"新建"对话框，在该对话框中设置文件大小以及分辨率，然后单击"确定"按钮，如下 **1** 所示。

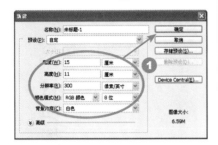

STEP 02 新建一个宽15厘米，高11厘米的图像，如下 **2** 所示。

STEP 03 选择"渐变"工具，单击"渐变编辑器"按钮，弹出"渐变编辑器"对话框，在该对话框中设置渐变颜色，如下 **3** 所示。

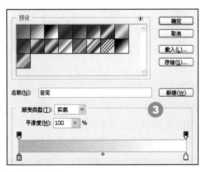

STEP 04 新建"图层1"图层，在选项栏中单击"径向渐变"按钮，并勾选"反向"复选框，然后在图像上由内向外拖曳，绘制渐变背景，如下 **4** 所示。

STEP 05 新建"图层2"图层，选择"矩形"工具，在图像底端绘制黑色矩形，如下 **5** 所示。

STEP 06 执行"文件>打开"菜单命令，打开随书光盘\素材\Part 08\02.3ds文件，如下 **6** 所示。

STEP 07 选择"移动"工具，将3D对象移动到新建的图像中，并选择"3D旋转"工具，调整角度，如下 **7** 所示。

STEP 08 在3D工具选项栏中选择"右视图"显示方式，如下 **8** 所示。

STEP 09 选择"3D比例"工具，向外拖曳鼠标，放大车子模型，如下 **9** 所示。

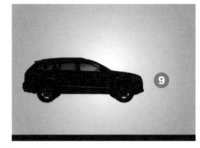

STEP 10 执行"窗口>3D"菜单命令，打开3D面板，单击"光源"按钮，选择Infinite Light 2并设置强度，如下 **10** 所示。

STEP 11 设置完成后，3D对象整体变亮，如下 **11** 所示。

STEP 12 选择Infinite Light 3，然后设置强度，如下 **12** 所示。

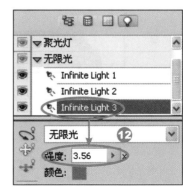

STEP 13 应用所设置的参数，调整暗部区域的亮度，如下 13 所示。

STEP 14 单击"场景"按钮，选择"q7_chrome"，再单击"漫射"颜色块，如下 14 所示。

STEP 15 弹出"选择漫射颜色"对话框，在该对话框中设置颜色，然后单击"确定"按钮，如下 15 所示。

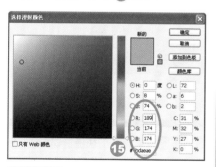

STEP 16 设置完成后，应用所设置的参数，更改车窗玻璃颜色，如下 16 所示。

STEP 17 在"场景"面板中选择"q7_body"，然后单击"漫射"颜色块，如下 17 所示。

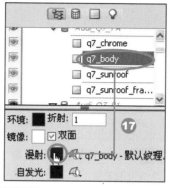

STEP 18 弹出"选择漫射颜色"对话框，在该对话框中设置颜色，然后单击"确定"按钮，如下 18 所示。

STEP 19 应用上一步设置的颜色，更改汽车上半部分的颜色，如下 19 所示。

STEP 20 在"场景"面板中选择"q7_glass_black"，单击"漫射"颜色块，如下 20 所示。

STEP 21 弹出"选择漫射颜色"对话框，在该对话框中设置颜色，然后单击"确定"按钮，如下 21 所示。

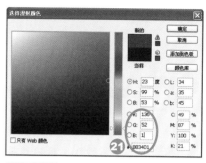

STEP 22 应用上一步设置的颜色，更改车窗的颜色，如下 22 所示。

STEP 23 在"场景"面板中选择"q7_glass"，单击"漫射"颜色块，如下 23 所示。

STEP 24 弹出"选择漫射颜色"对话框，在该对话框中设置颜色，然后单击"确定"按钮，如下 24 所示。

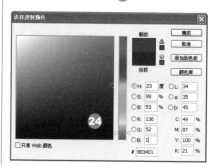

STEP 25 应用所设置的颜色，更改汽车其他玻璃的颜色，如下 25 所示。

STEP 26 在"场景"面板中选择"q7_bady2"，单击"漫射"颜色块，如下 26 所示。

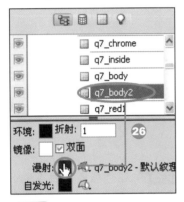

STEP 27 弹出"选择漫射颜色"对话框，在该对话框中设置颜色，然后单击"确定"按钮，如下 27 所示。

STEP 28 应用上一步所设置的参数，更改汽车下部分的颜色，如下 28 所示。

STEP 29 双击"图层3"图层，打开"图层样式"对话框，勾选"投影"复选框，然后设置各项参数，如下 29 所示。

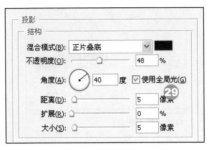

STEP 30 应用所设置的"投影"参数，添加投影效果，如下 30 所示。

STEP 31 执行"文件>打开"菜单命令，打开随书光盘\素材\Part 08\03.jpg文件，选择"快速选择"工具，在切开的橙子图像上连续单击，创建选区，如下 31 所示。

STEP 32 选择"移动"工具，将选区内的橙子移动至新建的图像中，如下 32 所示。

STEP 33 执行"编辑>变换>缩放"菜单命令，放大图像，如下 33 所示。

STEP 34 选择"图层4"图层，将其移至"图层3"下方，移动后的图像如下 34 所示。

STEP 35 按下快捷键Ctrl+J，复制一个橙子图像，并缩小图像，调整其位置，如下 35 所示。

STEP 36 连续按下快捷键Ctrl+J，再复制两个橙子图像，分别调整其大小和位置，如下 36 所示。

STEP 37 新建"图层5"图层，选择"椭圆"工具，在车子下方绘制一个黑色椭圆，如下 **37** 所示。

STEP 38 执行"滤镜＞模糊＞高斯模糊"菜单命令，打开"高斯模糊"对话框，然后设置各项参数，如下 **38** 所示。

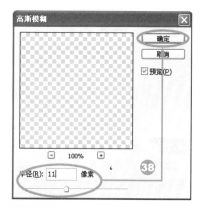

STEP 39 应用"高斯模糊"滤镜，模糊椭圆图像，如下 **39** 所示。

STEP 40 新建"图层6"图层，选择"矩形"工具，在图像右上角绘制一个白色矩形，如下 **40** 所示。

STEP 41 双击"图层6"图层，打开"图层样式"对话框，勾选"投影"复选框，然后设置各项参数，如下 **41** 所示。

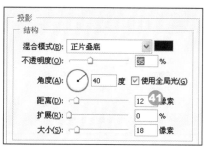

STEP 42 勾选"内阴影"复选框，并设置各项参数，如下 **42** 所示。

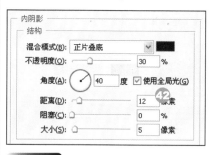

STEP 43 应用所设置的参数，为矩形添加"投影"和"内阴影"样式，如下 **43** 所示。

STEP 44 新建"图层7"图层，选择"矩形"工具，在白色矩形上再绘制一个黑色的矩形，如下 **44** 所示。

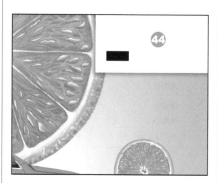

STEP 45 新建"图层8"图层，选择"矩形"工具，在黑色矩形后方绘制一个红色的矩形，如下 **45** 所示。

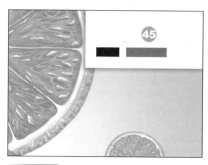

STEP 46 执行"窗口＞字符"菜单命令，打开"字符"面板，在该面板中设置文字属性，如下 **46** 所示。

STEP 47 选择"横排文字"工具，在白色矩形内输入文字，如下 **47** 所示。

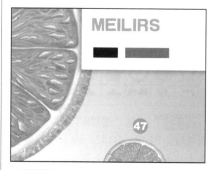

STEP 48 双击文字图层，打开"图层样式"对话框，勾选"投影"复选框，然后设置各项参数，如下 **48** 所示。

STEP 49 勾选"斜面和浮雕"复选框，然后设置各项参数，如下**49**所示。

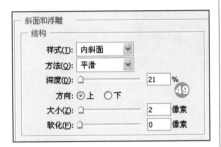

STEP 50 应用所设置的参数，为文字添加"投影"及"斜面和浮雕"样式，如下**50**所示。

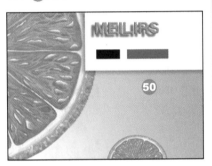

STEP 51 选择"自定形状"工具，单击"形状"下拉箭头，在弹出的列表中选择"星星"形状，如下**51**所示。

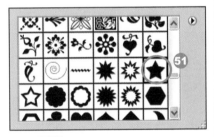

STEP 52 新建"图层9"图层，设置颜色值为R248、G142、B4，在图像上单击并拖曳，绘制多个五角星点点，如下**52**所示。

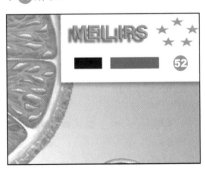

STEP 53 双击"图层9"图层，打开"图层样式"对话框，勾选"斜面和浮雕"复选框，然后设置各项参数，如下**53**所示。

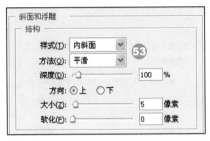

STEP 54 应用所设置的参数，为文字添加"斜面和浮雕"样式，如下**54**所示。

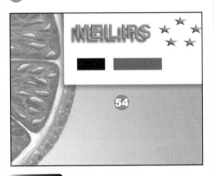

STEP 55 选择"横排文字"工具，在星形中间输入文字，如下**55**所示。

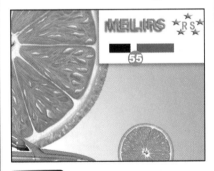

STEP 56 双击文字图层，打开"图层样式"对话框，勾选"内阴影"复选框，然后设置各项参数，如下**56**所示。

STEP 57 勾选"斜面和浮雕"复选框，然后设置各项参数，如下**57**所示。

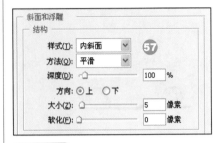

STEP 58 应用所设置的参数，为文字添加"内投影"及"斜面和浮雕"样式，如下**58**所示。

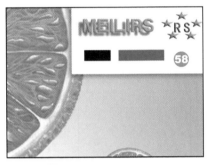

STEP 59 选择"横排文字"工具，继续输入更多的点文字，如下**59**所示。

STEP 60 选择"横排文字"工具，单击并拖曳鼠标创建文本框，如下**60**所示。

STEP 61 在文本框内输入文字，如下 61 所示。

STEP 62 单击"切换字符和段落面板"按钮 ，打开"段落"面板，单击"居中对齐"按钮，如下 62 所示。

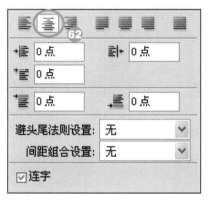

STEP 63 居中对齐文本框中的段落文本，如下 63 所示。

STEP 64 选择"横排文字"工具 ，单击并拖曳鼠标，选取部分文字，如下 64 所示。

STEP 65 打开"字符"面板，重新设置字体和字号，如下 65 所示，设置完成后，更改文字格式，如下 66 所示。

STEP 66 选择"矩形选框"工具 ，单击并拖曳鼠标，创建矩形选区，如下 67 所示。

STEP 67 选择"渐变"工具 ，单击"渐变编辑器"图标，打开"渐变编辑器"对话框，然后在该对话框中设置渐变颜色，如下 68 所示。

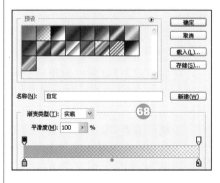

STEP 68 新建"图层10"图层，取消勾选"反向"复选框，然后在选区内从左向右拖曳，填充渐变颜色，如下 69 所示。

STEP 69 选择"图层10"图层，将其移至文字图层下方，如下 70 所示。

STEP 70 调整图层顺序，调整后的最终图像效果如下 71 所示。

03　3D图层的应用

3D图层是专门用于存放和编辑3D对象的特殊图层。对于在图像中创建或导入到图像中的3D图层，同样可以对其进行合并。除此之外，还能够应用"栅格化"命令转换3D图层。

拼合3D图层

菜单：图像>模式
快捷键：-
版本：CS4
适用于：图像

使用Photoshop CS4的合并3D图层功能，可以合并一个场景中的多个3D模型。合并后，将不能对单个3D模型进行编辑。选择带有多个3D模型的图像，如下 1 所示。

打开其中一个图像的"图层"面板，此时，可以看到该图像中包括所有的3D图层，如下 2 所示。

按下Shift键，选取所有的3D图层，如下 3 所示。

单击"图层"面板右上角的扩展按钮，在弹出的面板菜单中选择"合并图层"命令，如下 4 所示。

合并3D图层，合并后的图层如下 5 所示。

栅格化3D图层

菜单：3D>栅格化
快捷键：-
版本：CS4
适用于：图像

在完成对3D对象的编辑后，可以将其转换为2D图层，即栅格化3D图层。但是将3D图层转换为2D图层后，不能再编辑 3D 模型位置、渲染模式、纹理或光源等。在"图层"面板中选择 3D 图层，如下 1 所示。

执行"3D>栅格化"菜单命令，或者是右击选取的3D图层，在弹出的快捷菜单中选择"栅格化3D"命令，如下 2 所示。

栅格化3D图层，转换为2D图层，如下 3 所示。

提示

根据每个3D模型的大小，在合并3D图层后，一个模型可能会部分或完全嵌入到其他模型中。

应用3D贴图功能合成3D游戏场景

　　在Photoshop CS4中，3D贴图可以将3D功能表现得更加完美。在本实例中，主要应用了全新的3D贴图功能，在设计图像时，先对背景图像的颜色进行调整，然后为模型添加纹理，再添加人物等元素，得到最终的图像效果。

📷 素材文件：素材\Part 08\04.jpg、05.jpg、06.3ds、07.jpg、08.psd、09.psd

🎬 最终文件：源文件\Part 08\合成3D游戏场景.psd

Before

After

STEP 01 执行"文件>打开"菜单命令，打开随书光盘\素材\Part 08\04.jpg文件，如下 **1** 所示。

STEP 02 打开"图层"面板，双击"背景"图层，将其转换为普通图层，如下 **2** 所示。

STEP 03 执行"编辑>变换>水平翻转"菜单命令，翻转图像，如下 **3** 所示。

STEP 04 按下快捷键Ctrl+J，复制得到"图层0副本"图层，再将该图层混合模式设置为"滤色"，如下 **4** 所示。

STEP 05 应用"滤色"混合模式，增加图像的亮度，如下 **5** 所示。

STEP 06 按下快捷键Ctrl+J，复制得到"图层0副本2"图层，如下 **6** 所示。

STEP 07 再一次增加图像的亮度，如下 **7** 所示。

STEP 08 单击"调整"面板中的"亮度/对比度"按钮，在弹出的参数面板中设置亮度/对比度参数，如下 **8** 所示。

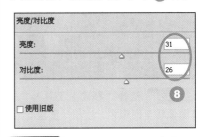

STEP 09 应用上一步设置的参数，调整图像的亮度/对比度，如下 **9** 所示。

STEP 10 单击"调整"面板中的"色阶"按钮,在弹出的参数面板中设置各项参数,如下 ⑩ 所示。

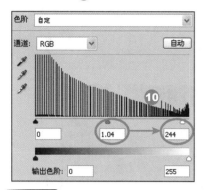

STEP 11 应用所设置的参数,增加图像亮度,如下 ⑪ 所示。

STEP 12 执行"文件>打开"菜单命令,打开随书光盘\素材\Part 08\05.jpg文件,如下 ⑫ 所示。

STEP 13 选择"移动"工具 ,将该图像移至图像中,生成"图层1"图层,再将该图层混合模式设置为"色相",如下 ⑬ 所示。

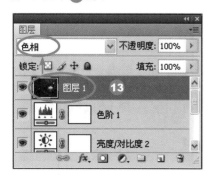

STEP 14 设置完成后,混合图像,增强图像的色彩,如下 ⑭ 所示。

STEP 15 选择"橡皮擦"工具 ,设置"流量"为20,"不透明度"为15,在图像上涂抹,擦除部分图像,如下 ⑮ 所示。

STEP 16 新建"图层2"图层,选择"矩形"工具在图像顶端绘制一个黑色矩形,如下 ⑯ 所示。

STEP 17 按下快捷键Ctrl+J,复制一个矩形,再将其移至图像底端,如下 ⑰ 所示。

STEP 18 执行"文件>打开"菜单命令,打开随书光盘\素材\Part 08\06.3ds文件,如下 ⑱ 所示。

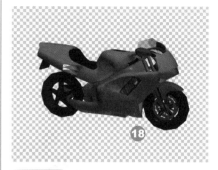

STEP 19 选择"移动"工具 ,将3D模型移至已设置好的背景图像上,如下 ⑲ 所示。

STEP 20 选择3D工具,在该工具选项栏上选择"右视图"显示方式,如下 ⑳ 所示。

STEP 21 选择"3D比例"工具 ,向外拖曳鼠标,放大3D图像,如下 ㉑ 所示。

STEP 22 选择"3D滚动"工具，在车子的左侧拖曳鼠标，旋转图像，如下22所示。

> **提示**
> 当用户在运用3D工具对图像进行旋转或滚动时，操作的方向与得到的效果相反。

STEP 23 执行"窗口＞3D"菜单命令，打开3D面板，单击"场景"按钮，选择"HOND_S2"，然后单击"编辑漫射纹理"按钮，在弹出的菜单中选择"载入纹理"命令，如下23所示。

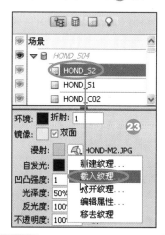

STEP 24 弹出"打开"对话框，在该对话框中选择与漫射后对应的图像，单击"打开"按钮，如下24所示。

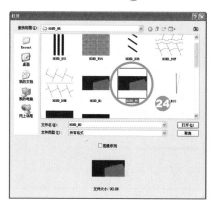

STEP 25 应用所选择的纹理，更改车身颜色，如下25所示。

STEP 26 在"场景"参数面板中选择"HOND_S1"，然后单击"编辑漫射纹理"按钮，在弹出的菜单中选择"载入纹理"命令，如下26所示。

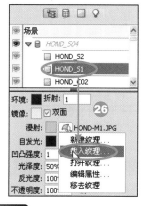

STEP 27 弹出"打开"对话框，在该对话框中选择与漫射后对应的图像，单击"打开"按钮，如下27所示。

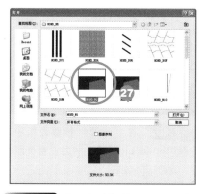

STEP 28 应用所选择的纹理，更改车身颜色，如下28所示。

STEP 29 在"场景"参数面板中选择"HOND_C02"，然后单击"编辑漫射纹理"按钮，在弹出的菜单中选择"载入纹理"命令，如下29所示。

STEP 30 弹出"打开"对话框，在该对话框中选择与漫射后对应的图像，单击"打开"按钮，如下30所示。

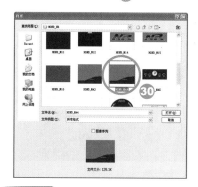

STEP 31 应用所选择的纹理，更改车身颜色，如下31所示。

STEP 32 在"场景"参数面板中选择"HOND_C01"，然后单击"编辑漫射纹理"按钮，在弹出的菜单中选择"载入纹理"命令，如下32所示。

STEP 33 弹出"打开"对话框，在该对话框中选择与漫射后对应的图像，单击"打开"按钮，如下 33 所示。

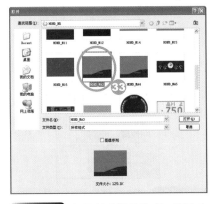

STEP 34 应用所选择的纹理，更改车身颜色，如下 34 所示。

STEP 35 继续使用同样的方法，为图像的其他部分也添加上纹理，如下 35 所示。

STEP 36 单击3D面板中的"光源"按钮，选择Infinite Light 1，然后设置光源强度，如下 36 所示。

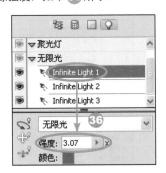

STEP 37 应用上一步所设置的强度，调整图像亮度，如下 37 所示。

STEP 38 在"光源"参数面板中，选择Infinite Light 2，然后设置光源强度，如下 38 所示。

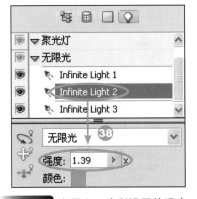

STEP 39 应用上一步所设置的强度，调整图像亮度，如下 39 所示。

STEP 40 在"光源"参数面板中，选择Infinite Light 3，然后设置光源强度，如下 40 所示。

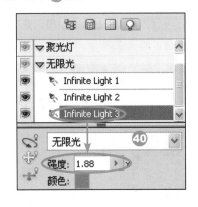

STEP 41 应用上一步所设置的强度，调整图像亮度，如下 41 所示。

STEP 42 双击"图层2"3D图层，打开"图层样式"对话框，勾选"投影"复选框，然后设置各项参数，如下 42 所示。

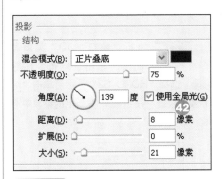

STEP 43 应用所设置的参数，为图像添加投影效果，如下 43 所示。

STEP 44 单击"调整"面板中的"色相/饱和度"按钮，在弹出的面板中设置各项参数，如下 44 所示。

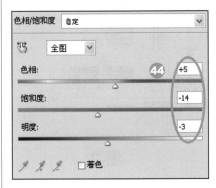

STEP 45 应用上一步所设置的参数，调整图像的色相/饱和度，如下 **45** 所示。

STEP 46 执行"文件＞打开"菜单命令，打开随书光盘\素材\Part 08\07.jpg 文件，如下 **46** 所示。

STEP 47 选择"快速选择"工具 ，连续在人物上单击创建选区，如下 **47** 所示。

STEP 48 选择"移动"工具 ，将选区内的图像移至背景图像的右侧，如下 **48** 所示。

STEP 49 新建"图层3"图层，选择"矩形"工具 ，在图像上方绘制一个黑色矩形，如下 **49** 所示。

STEP 50 单击"调整"面板中的"渐变映射"按钮 ，在弹出的面板中单击"渐变编辑器"图标，如下 **50** 所示。

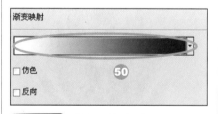

STEP 51 弹出"渐变编辑器"对话框，在该对话框中设置渐变颜色，如下 **51** 所示。

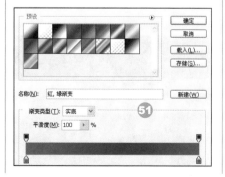

STEP 52 返回"调整"面板，变换颜色，如下 **52** 所示。

STEP 53 选择"图层3"图层，将图层混合模式设置为"颜色加深"，"不透明度"设置为10%，效果如下 **53** 所示。

STEP 54 按下Ctrl键，单击"图层3"，缩览图层，载入人像选区，如下 **54** 所示。

STEP 55 单击"调整"面板中的"色相/饱和度"按钮 ，在弹出的面板中设置各项参数，如下 **55** 所示。

STEP 56 在"颜色"下拉列表中选择"红色"选项，然后设置各项参数，如下56所示。

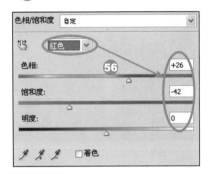

STEP 57 应用所设置的参数，调整图像颜色，如下57所示。

STEP 58 执行"文件>打开"菜单命令，打开随书光盘\素材\Part 08\08.psd文件，如下58所示。

STEP 59 选择"移动"工具，将文字素材移至背景图像右上角，如下59所示。

STEP 60 双击"图层4"图层，打开"图层样式"对话框，勾选"投影"复选框，然后设置各项参数，如下60所示。

STEP 61 勾选"外发光"复选框，然后设置其参数，如下61所示，单击"确定"按钮，为文字添加样式，如下62所示。

STEP 62 执行"文件>打开"菜单命令，打开随书光盘\素材\Part 08\09.psd文件，如下63所示。

STEP 63 选择"移动"工具，将素材图像移至背景图像右上角的文字上方，如下64所示。

STEP 64 执行"图像>调整>色阶"菜单命令，打开"色阶"对话框，然后设置各项参数，如下65所示。

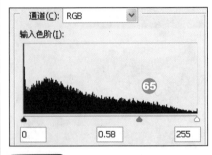

STEP 65 应用所设置的参数，加深图像，如下66所示。

STEP 66 选择"图层4"图层，将其移至"图层"下方，调整图层顺序，最终效果如下67所示。

04 3D图像的输出

在完成3D图像的编辑或设置后，最后需要对3D图像进行输出操作。3D图像的输出包括最终的渲染、存储和导出3D图层等。应用3D菜单命令，可以快速地对3D图像进行输出。

为最终输出渲染3D文件

菜单：3D>为最终输出渲染3D文件
快捷键：-
版本：CS4
适用于：3D

完成3D文件的编辑后，可创建最终渲染，并设置用于Web、打印或动画的高品质输出。3D图像的最终渲染是使用光线跟踪和更高的取样速率，以捕捉更逼真的光照和阴影效果。执行"3D>为最终输出渲染"菜单命令，如下 1 所示。

弹出"进程"对话框，在该对话框中显示当前渲染图像所需要的时间，如下 2 所示。渲染完成后，自动关闭对话框，拼合3D场景，以便用其他格式输出或将3D场景与2D内容复合或直接从3D图层打印。

> **提示**
> 导出3D动画时，可使用"为最终输出渲染"菜单命令，为动画中的每个帧进行最终的渲染输出。

存储3D文件

菜单：文件>存储
快捷键：-
版本：CS4
适用于：3D

在编辑3D图像后，如果需要保留 3D模型的位置、光源、渲染模式和横截面，则需要将包含3D图层的文件以PSD、PSB、TIFF或PDF格式存储。选择3D图像，执行"文件>存储"或"文件>存储为"菜单命令，如下 1 所示。

弹出"存储为"对话框，在该对话框中选择"Photoshop （*.PSD；*.PDD）"格式，然后单击"确定"按钮，如下 2 所示。

最后，将其存储于所选择的文件夹中。

导出3D文件

菜单：文件>导出
快捷键：-
版本：CS4
适用于：3D

用户可以选择支持3D格式的软件导出3D图层，其中包括Collada DAE、Wavefront/OBJ、U3D和Google Earth 4 KMZ等，如"纹理"图层以所有3D文件格式存储；但是U3D只保留"漫射"、"环境"和"不透明度"纹理映射；Wavefront/OBJ格式不存储相机设置、光源和动画；只有Collada DAE会存储渲染设置。若要导出3D图层，首先选取3D图层，如下 1 所示。

执行"3D>导出3D图层"菜单命令，弹出"存储为"对话框，在该对话框中选择导出的格式，单击"确定"按钮，将3D图层导出到所选择的文件夹内，如下 2 所示。

Part 09
图像分析和
自动处理
功能

　　Photoshop具有较强的图像分析和自动处理功能，应用这两项功能可以更有效地提高用户的工作效率。

　　应用分析功能可以记录在Photoshop中所做的测量，可以让用户更清楚我们所编辑的图像的信息。通过执行"窗口＞信息"菜单命令，打开"信息"面板，在该面板中即显示了所测量图像的距离和角度等相关信息，如下❶所示。动作的应用是Photoshop自动功能的具体表现，应用"动作"面板中的动作，可以实现图像的自动化处理。执行"窗口＞动作"面板，打开"动作"面板，如下❷所示，在该面板中列出了系统自带的动作，同时，我们也可以自行创建新动作，并应用创建的动作编辑图像；除此之外，应用自动化功能，还能实现全景照片的制作，将多张风景照片合成为一张漂亮的全景照，如下❸、❹、❺所示。

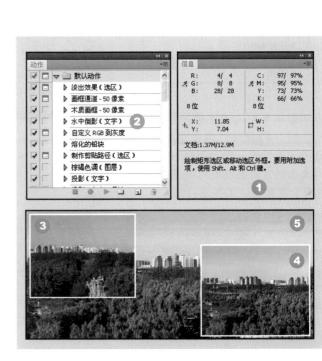

01 记录测量

在Photoshop中，应用计数工具可以对图像中某区域的距离、角度进行测量，同时还可以对区域颜色进行记录操作。应用计数工具，能够帮助用户清楚地了解图像中各个区域之间的距离。

测量图像的距离

菜单：-
快捷键：-
版本：6.0，7.0，CS，CS2，CS3，CS4
适用于：图像

通过Photoshop中的"信息"面板，可以让用户清楚了解图像中各区域间的距离。若要测量图像距离，先从标尺上拖曳出参数线，选择选区工具，然后按参考线的位置在图像上拖曳，如下①所示。

按下快捷键F8，弹出"信息"面板，显示出当前图像的具体距离，如下②所示。

绘制矩形选区或移动选区外框。要用附加选项，使用 Shift、Alt 和 Ctrl 键。

测量图像的角度

菜单：-
快捷键：-
版本：6.0，7.0，CS，CS2，CS3，CS4
适用于：图像

使用"测量"工具，能够快速测量图像间两点位置的角度。在需要测量图像角度时，首先选择一个图像，然后选择工具箱内的"测量"工具，将光标移至需要测量的起点位置上，此时光标会变为测量图标，如下①所示。

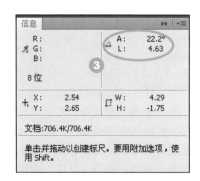

单击并拖曳鼠标至要测量的终点位置后，释放鼠标，在两点位置创建一条直线，如下②所示。

打开"信息"面板，此时即可查看测量图像的角度，如右上③所示。

记录区域颜色

菜单：-
快捷键：-
版本：6.0，7.0，CS，CS2，CS3，CS4
适用于：图像

应用"记录测量"命令，可以对图像中的某些区域的颜色进行记录。在对区域图像进行记录测量时，先运用选区工具，创建要测量的区域选区，如下①所示。

执行"分析>记录测量"菜单命令，在打开的"测量记录"面板中显示了所有的测量记录，如下②所示。

02　设置动作

动作是将一系列的连续操作存储在一起，同时在另外的图像上进行相同的操作。在Photoshop的"动作"面板中，可以对已创建的动作或系统默认的动作进行编辑和设置，例如创建新动作、记录动作、停止动作、删除动作等。

创建新动作

菜单：-
快捷键：-
版本：6.0，7.0，CS，CS2，CS3，CS4
适用于：图像

在"动作"面板中，不仅可以应用Photoshop自带的动作，还可以自行创建所需要的动作，对多个图像进行同样的操作。执行"窗口>动作"菜单命令，打开"动作"面板，如下 ① 所示。

单击"动画"面板右上角的扩展按钮，在弹出的面板菜单中选择"新建动作"命令，如下 ② 所示。

或者单击"动作"面板右下角的"创建新动作"按钮，如下 ③ 所示。

弹出"新建动作"对话框，在对话框中设置动作名称以及需要的工作组，同时也可以为新创建的动作设置快捷键和颜色，如下 ④ 所示。

设置完成后，单击"记录"按钮，会新建一个动作，并将该动作存放于"动作"列表下方，如下 ⑤ 所示。

提示

在未创建动作组前直接创建动作，则系统自动将该动作保存于"默认动作"组内。

记录动作

菜单：-
快捷键：-
版本：6.0，7.0，CS，CS2，CS3，CS4
适用于：图像

"动作"面板中记录了Photoshop CS4的大多数命令，应用记录动作的方法可以对打开的图像或文件反复应用一系列的步骤。选择"动作"面板内的"动作"列表中的一个动作，单击右上角的扩展按钮，在弹出的面板菜单中选择"开始记录"命令，如右上 ① 所示。

此时，在"动作"面板中的"记录"按钮会变为红色，开始记录动作，如下 ② 所示。

停止动作

菜单：-
快捷键：-
版本：6.0，7.0，CS，CS2，CS3，CS4
适用于：动作

在编辑动作或查看动作时，用户可以随时停止动作。动作的停止包括直接停止动作和预先插入停止。单击"动作"面板右上角的扩展按钮，在弹出的面板菜单中选择"停止记录"命令，如下 ① 所示。

选择"停止记录"命令后，原来红色的"记录"按钮恢复为灰色状态，如下 **2** 所示。

在编辑图像并应用动作时，对于不需要被记录下来的动作，可以为其设置一个暂停，用于指导用户在播放时进行准确的设置。选择动作组中的一个动作，单击"动作"面板右上角的扩展按钮，在弹出的面板菜单中选择"插入停止"命令，如下 **3** 所示。

弹出"记录停止"对话框，在该对话框中的"信息"文本框中输入要显示

的信息，如果要继续执行动作不停止，则勾选"允许继续"复选框，如下 **4** 所示。

设置完成后，单击"确定"按钮，在"动作"面板中即可查看停止信息，如下 **5** 所示。

直接单击"动作"面板下方的"停止"按钮，可以停止正在记录的动作。

修改及删除动作

菜单：-
快捷键：-
版本：6.0, 7.0, CS, CS2, CS3, CS4
适用于：动作

如要需要修改动作和设置已记录或加载的动作，则单击"动作"面板中动作名称右侧的图标，展开该动作

中的所有步骤，再根据不同的需要编辑动作，如下 **1** 所示。

在"动作"面板中，若不再使用其中某一动作，可选择该动作，单击面板右上角的扩展按钮，在弹出的面板菜单中选择"删除"命令，如下 **2** 所示。

或者在选中动作的前提下，将其拖曳至"删除"按钮上，弹出提示对话框，单击"确定"按钮，删除动作，如下 **3** 所示。

应用动作制作信笺纸

应用"动作"面板中的动作，可以在选取的图像上应用该动作中的所有操作。在本实例中，首先创建人物选区，然后将选区内的图像移至新创建的图像上，并添加花朵图像和一些装饰性文字，再应用预设动作变换背景色，并为文字添加投影效果。

素材文件：素材\Part 09\01.jpg、02.jpg　　　最终文件：源文件\Part 09\制作信笺纸.psd

Before

After

STEP 01 执行"文件>新建"菜单命令，打开"新建"对话框，在该对话框中设置各项参数，单击"确定"按钮，如下 ① 所示。

STEP 02 新建一个宽10厘米，高7厘米的空白图像，如下 ② 所示。

STEP 03 单击"拾色器"图标，打开"拾色器（前景色）"对话框，设置前景色为R223、G245、B243，然后打开"图层"面板，新建"图层1"图层，选择"油漆桶"工具，在图像中单击，进行前景色填充，如下 ③ 所示。

STEP 04 执行"文件>打开"菜单命令，打开随书光盘\素材\Part 09\01.jpg文件，如下 ④ 所示。

STEP 05 选择"移动"工具，将花朵素材移至新建图像的右侧，如下 ⑤ 所示。

STEP 06 选择"魔棒"工具，在花朵的白色区域单击，创建选区，如下 ⑥ 所示。

STEP 07 按下Delete键，删除选区内的白色图像，如下 ⑦ 所示。

STEP 08 执行"编辑>变换>垂直翻转"菜单命令，垂直翻转图像，如下 ⑧ 所示。

STEP 09 按下快捷键Ctrl+J，复制一个花朵图像，再执行"编辑>变换>垂直翻转"菜单命令，翻转图像，如右上 ⑨ 所示。

STEP 10 选择"移动"工具，将复制的图像移动至新建图像的左侧，如下 ⑩ 所示。

STEP 11 执行"编辑>变换>水平翻转"菜单命令，水平翻转图像，如下 ⑪ 所示。

STEP 12 新建"图层3"图层，选择"铅笔"工具，设置画笔大小为2，按下Shift键，绘制倾斜直线，如下 ⑫ 所示。

STEP 13 继续使用同样的方法，绘制更多的斜线，如下 ⑬ 所示。

STEP 14 选择"图层3"图层，单击并向下拖曳，将其移至"图层2"下方，隐藏边缘花朵上的线条，如下 14 所示。

STEP 15 执行"文件>打开"菜单命令，打开随书光盘\素材\Part 09\02.jpg 文件，如下 15 所示。

STEP 16 选择"快速选择"工具 ，在图像中连续单击，创建人物选区，如下 16 所示。

STEP 17 选择"移动"工具 ，将选区内的人物移至新建的图像中，如下 17 所示。

STEP 18 执行"编辑>变换>水平翻转"菜单命令，翻转人像，如下 18 所示。

STEP 19 双击"图层4"图层，打开"图层样式"对话框，在该对话框中设置各项参数，如下 19 所示。

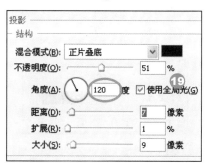

STEP 20 设置完成后，为人物添加投影效果，如下 20 所示。

STEP 21 单击"调整"面板中的"色阶"按钮 ，打开"色阶"参数面板，在该面板中设置各项参数，如下 21 所示。

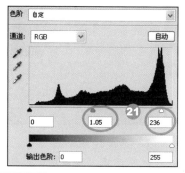

STEP 22 设置完成后，应用所设置的色阶参数，增亮图像，如下 22 所示。

STEP 23 选择"图层4"和"色阶1"图层，按下快捷键Ctrl+Alt+E，盖印拼合为"色阶1（合并）"图层，再移出拼合的人物图像，如下 23 所示。

STEP 24 执行"编辑>变换>水平翻转"菜单命令，翻转图像，如下 24 所示。

STEP 25 执行"编辑>变换>缩放"菜单命令或按下快捷键Ctrl+T，缩放图像，如下 25 所示。

STEP 26 选择"矩形选框"工具，在人物图像上创建选区，如下 26 所示。

STEP 27 按下快捷键Ctrl+J，复制选区内的人物图像，再执行"编辑>变换>水平翻转"菜单命令，翻转图像，如下 27 所示。

STEP 28 选择"移动"工具，将人像移至右下角的位置，并做适当的缩放操作，如下 28 所示。

STEP 29 选择"横排文字"工具，在上、下方输入文字，如下 29 所示。

STEP 30 选择"横排文字"工具，单击并拖曳选取"微笑"二字，如下 30 所示。

STEP 31 单击"切换字符和段落面板"按钮，打开"字符"面板，单击颜色块，如下 31 所示。

STEP 32 弹出"选择文本颜色"对话框，在该对话框中设置文本颜色，单击"确定"按钮，如下 32 所示。

STEP 33 设置完成后，应用所设置的颜色更改文本颜色，如下 33 所示。

STEP 34 选择"横排文字"工具，在图像顶端输入"今"字，如下 34 所示。

STEP 35 按下快捷键Ctrl+T，打开编辑框，拖曳文字上的控制点，旋转文字，如下 35 所示。

STEP 36 选择"横排文字"工具，在图像顶端输入"天"字，如下 36 所示。

STEP 37 按下快捷键Ctrl+T，打开编辑框，拖曳文字上的控制点，旋转文字，如下 37 所示。

STEP 38 打开"图层"面板，选择"图层1"图层，如下 38 所示。

STEP 39 执行"窗口＞动作"菜单命令，打开"动作"面板，选择"棕褐色调（图层）"，单击"播放选定的动作"按钮，如右上 39 所示。

STEP 40 开始播放动作，更改所选图层的颜色，如下 40 所示。

STEP 41 切换至"图层"面板，选择其中的一个文字图层，如下 41 所示。

STEP 42 切换至"动作"面板，选择"投影（文字）副本"，单击"播放选定的动作"按钮，如下 42 所示。

STEP 43 执行动作，为所选择的文字添加投影效果，如下 43 所示。

03　动作的应用

在同一幅图像中应用不同的动作，可以得到不同的图像效果。用户除了可以应用预设动作外，还可以将自己需要的动作载入到"动作"面板中，并对图像进行编辑。

选择运用预设动作

菜单：-
快捷键：-
版本：CS，CS2，CS3，CS4
适用于：图像

用户可以应用多种不同的方法在图像中应用预设动作，修整图像。首先打开一幅需要应用动作的图像，如右 ① 所示。

选择要应用的动作，单击"动作"面板右上角的扩展按钮，在弹出的面板菜单中选择"播放"命令，如下 ② 所示。

或者在"动作"面板中选择要应用的预设动作，单击"播放选定动作"按钮，如下 ③ 所示。

开始动作的播放操作，同时在图像上将应用该动作中的所有动作调整或编辑图像，如下 ④ 所示。

提示

单击预设动作组前方的三角箭头，可以打开并显示该动作组中的所有动作，用户既可应用该动作组中的所有动作，也可以单独选择其中一个动作并播放应用该动作。

动作的载入和复位

菜单：-
快捷键：-
版本：CS，CS2，CS3，CS4
适用于：图像

用户可以将任何已经保存的动作组载入到当前的"动作"面板中，也可以使用载入的动作组替换

当前面板中的动作。单击"动作"面板右上角的扩展按钮，在弹出的面板菜单中选择"载入动作"命令，如下 ① 所示。

弹出"载入"对话框，在该对话框中选择需要载入的动作组，然后单击"载入"按钮，如下 ② 所示。

将选择的动作载入到"动作"面板中，如下 ③ 所示。

在"动作"面板中载入或创建多个动作后，可单击"动作"面板右上角的扩展按钮，在弹出的面板菜单中选择"复位动作"命令，如右上 ④ 所示。

弹出Adobe Photoshop CS4 Extended提示对话框，单击该对话框中的"确定"按钮，如下 ⑤ 所示。

确认复位动作后，将对"动作"面板中的所有动作复位，只保留系统自带的动作，如下 ⑥ 所示。

运用新创建的动作

菜单：-
快捷键：-
版本：CS，CS2，CS3，CS4
适用于：图像

除了可以使用系统自带的动作外，还可以在图像上应用新创建或载入的动作。打开需要运用新动作的图像，如下 ① 所示。

选择"动作"面板中新创建的动作，然后单击面板底部的"播放选定的动作"按钮，如下 2 所示。

开始播放动作，播放完成后，图像将应用该动作中的所有操作步骤，如下 3 所示。

复制动作

菜单：-
快捷键：-
版本：CS，CS2，CS3，CS4
适用于：图像

应用"动作"面板，可以复制面板中的任何动作。在Photoshop中，可以使用多种不同的方法复制所选择的动作。按下Alt键的同时，将动作拖曳至"动作"面板中的新位置，在拖曳时该

动作会被突出显示，如下 1 所示。

释放鼠标，将该动作复制到新的位置，如下 2 所示。

如果不按上述方法操作，可选择动作，单击"动作"面板右上角的扩展按钮，在弹出的面板菜单中选择"复制"命令，如下 3 所示。

被复制的动作或命令将出现在原动作后，如下 4 所示。

此外，还有一种最快捷的复制动作的方法，即选择动作并将其拖曳至"创建新动作"按钮上，如下 5 所示。

释放鼠标，复制所选择的动作，如下 6 所示。

新建动作变换照片颜色

在Photoshop中，除了可以应用系统自带的动作编辑图像外，还可以自己创建新动作。在本实例中，创建一个用于调整图像色调的动作，然后在另一个图像中应用创建的动作变换照片颜色。

 素材文件：素材\Part 09\03.jpg、04.jpg　　　最终文件：源文件\Part 09\变换照片颜色.psd

Before

After

STEP 01 执行"文件>打开"菜单命令,打开随书光盘\素材\Part 09\03.jpg文件,如下 **1** 所示。

STEP 02 执行"窗口>动作"菜单命令,打开"动作"面板,单击"创建新动作"按钮,如下 **2** 所示。

STEP 03 弹出"新建动作"对话框,然后设置各项参数,如下 **3** 所示。

STEP 04 执行"图像>调整>亮度/对比度"菜单命令,在弹出的对话框中设置各项参数,然后单击"确定"按钮,如下 **4** 所示。

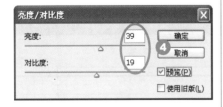

STEP 05 应用所设置的参数,增加图像的亮度/对比度,如下 **5** 所示。

STEP 06 执行"图像>调整>自然饱和度"菜单命令,在打开的对话框中设置各项参数,如下 **6** 所示。

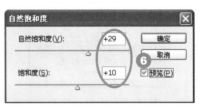

STEP 07 应用所设置的自然饱和度参数,提高图像的饱和度,如下 **7** 所示。

STEP 08 打开"通道"面板,选择"绿"通道图像,如下 **8** 所示。

STEP 09 按下快捷键Ctrl+A,选择该通道中的所有图像,再按下快捷键Ctrl+C,如下 **9** 所示。

STEP 10 选择"蓝"通道图像,如下 **10** 所示。

STEP 11 按下快捷键Ctrl+V,粘贴"绿"通道图像至"蓝"通道中,如下 **11** 所示。

STEP 12 单击"通道"面板中的RGB颜色通道,如下 **12** 所示。

STEP 13 返回图像窗口，查看更改颜色后的图像，如下**13**所示。

STEP 14 执行"图像>调整>曲线"菜单命令，打开"曲线"对话框，在该对话框中单击并拖曳曲线，再单击"确定"按钮，如下**14**所示。

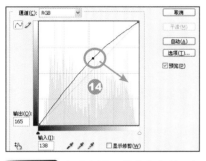

STEP 15 应用所设置的曲线参数，加深图像，如下**15**所示。

STEP 16 执行"图像>调整>色阶"菜单命令，打开"色阶"对话框，在该对话框中设置各项参数，再单击"确定"按钮，如下**16**所示。

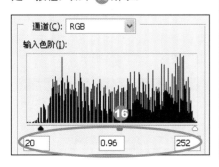

STEP 17 应用所设置的参数，将图像颜色适当加深，如下**17**所示。

STEP 18 执行"图像>调整>通道混合器"菜单命令，打开"通道混合器"对话框，在该对话框中设置各项参数，然后单击"确定"按钮，如下**18**所示。

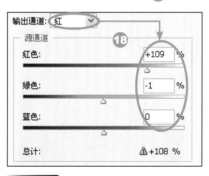

STEP 19 应用所设置的参数，调整图像颜色，如下**19**所示。

STEP 20 单击"调整"面板中的"渐变映射"按钮，在弹出的参数面板中，单击渐变条，如下**20**所示。

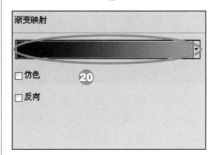

STEP 21 弹出"渐变编辑器"对话框，在该对话框中选择"红，绿渐变"，然后单击"确定"按钮，如下**21**所示。

STEP 22 返回"渐变映射"参数面板，勾选"反向"复选框，如下**22**所示。

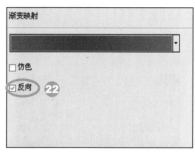

STEP 23 添加"渐变映射"调整图层，更改图像颜色，如下**23**所示。

STEP 24 选择"渐变映射1"图层，设置混合模式为"线性加深"，"不透明度"为10%，设置后的图像效果如下**24**所示。

STEP 25 切换至"动作"面板，单击"停止播放/记录"按钮 ■ ，如下 25 所示。

STEP 26 执行"文件＞打开"菜单命令，打开随书光盘\素材\Part 09\04.jpg 文件，如下 26 所示。

STEP 27 选择"动作"面板中的"风景照片艺术调色"动作，单击"播放选定的动作"按钮 ▶ ，如下 27 所示。

STEP 28 开始播放动作，并在图像上应用该动作中的所有操作，更改图像颜色，如下 28 所示。

STEP 29 选择"渐变映射1"图层，将混合模式设置为"叠加"，"不透明度"设置为40%，如下 29 所示，设置完成后，图像效果如下 30 所示。

04　文件的批量处理

　　Photoshop CS4与之前的版本相比，具有更强的批处理功能，可以对一批文件进行编辑和处理。文件的批量处理包括使用动作实现自动化、使用图像处理器进行文件格式的转换等。

使用动作实现自动化

菜单：窗口＞动作
快捷键：-
版本：6.0，7.0，CS，CS2，CS3，CS4
适用于：路径

　　动作是指在单个文件或一批文件中执行的一系列操作或任务，如菜单命令、面板选项、工具动作等。在 Photoshop 中，动作是快捷批处理的基础，而快捷批处理是一些小的应用程序，可以自动处理拖动到其图标上的所有文件。例如，如果对图像应用自动调整其大小，并添加上画框效果，就需要先打开一幅图像，如右上 1 所示。

　　执行"窗口＞动作"菜单命令，打开"动作"面板，单击"创建新动作"按钮，如右上 2 所示。

　　弹出"新建动作"对话框，在该对话框中输入新动作名，单击"确定"按钮，如下 3 所示。

单击"拾色器"图标，弹出"拾色器（前景色）"对话框，设置前景色为红色，如下 ④ 所示。

选择"矩形"工具，单击"形状图层"按钮，单击并拖曳绘制一个矩形，如下 ⑤ 所示。

单击选项栏上的"从形状区域减去"按钮，在原矩形内绘制一个矩形，如下 ⑥ 所示。

单击"动作"面板中的"停止"按钮，停止动作，如下 ⑦ 所示。

打开另一幅图像，选择创建的动作，单击"播放"按钮，如下 ⑧ 所示。

播放完成后，将在新图像中自动应用该动作中的所有操作，如下 ⑨ 所示。

提示

在播放动作时，可以应用设置的快捷键来完成。

使用图像处理器转换文件

菜单：文件＞脚本＞图像处理器
快捷键：-
版本：CS，CS2，CS3，CS4
适用于：选项

图像处理器可以转换和处理多个文件。与"批处理"命令不同，使用图像处理器转换处理文件时，可以在不创建动作前，使用图像处理器来处理文件。使用图片处理器既可以将文件转换为JPEG、PSD或TIFF格式之一，也可以将文件同时转换为这三种格式。执行"文件＞脚本＞图像处理器"菜单命令，打开"图像处理器"对话框，如右上 ① 所示。

在"选择要处理的图像"区域选择要处理的图像，可以选择处理任何打开的文件。也可以选择处理一个文件夹中的文件，单击"选择文件夹"按钮，弹出"选择文件夹"对话框，在该对话框中选择要转换的文件或文件夹，如下 ② 所示。

在"选择位置以存储处理的图像"区域选择要存储处理后的文件的位置。单击"选择文件夹"按钮，弹出"选择文件夹"对话框，在该对话框中选择处理后的图像的存储位置，如下 ③ 所示。

选择要成处理的文件夹和存储位置后，下一步就是选择要存储的文件类型和选项。

勾选"存储为 JPEG"复选框，设置JPEG 图像品质；勾选"调整大小以适合"复选框,调整图像大小,使之适合在"宽度"和"高度"中输入的尺寸。设置完成后,单击"运行"按钮,将图像以 JPEG 格式存储在目标文件夹中名为 JPEG 的文件夹。打开目标文件夹后,将光标放在图像上,会在该图像上显示转换后的格式,如下 ④ 所示。

勾选"存储为 PSD"复选框,再勾选"最大兼容"复选框,会在目标文件内存储分层图像的复合版本,以兼容无法读取分层图像的应用程序。再单击"确定"按钮,将图像以 Photoshop格式存储在目标文件夹中名为PSD的文件夹。随后,在PSD文件夹中可查看转换格式后的图像,如下 ⑤ 所示。

勾选"存储为 TIFF"复选框,如果再勾选"LZW压缩"复选框,将以LZW压缩方式,将图像以TIFF格式存储在目标文件夹中名为TIFF的文件夹,如下 ⑥ 所示。

在"图像处理器"对话框中除了这些设置外,还可以对其他的"首选项"进行设置,包括运行动作,即运行Photoshop中的动作。用户在第一个下拉列表框中选择动作组,再在第二个下拉列表框中选择动作即可。

处理一批文件

菜单:文件>自动>批处理
快捷键:-
版本:CS,CS2,CS3,CS4
适用于:图像文件

"批处理"命令可以对一个文件夹中的所有文件运行动作。当需要对文件进行批处理时,可以关闭所有文件并保存对原文件的更改,或将修改后的文件版本存储到新的位置。打开文件夹中的一幅图像,如下 ① 所示。

执行"文件>自动>批处理"菜单命令,打开"批处理"对话框,如下 ② 所示。

在"组"和"动作"下拉列表中,选择用来处理文件的动作。在"组"下拉列表中显示了"动作"面板中可用的动作组,选择动作组后继续在"动作"面板中选择该动作组中的动作,如右上 ③ 所示。

在"源"下拉列表框中选择要处理的文件:选择"文件夹"选项,则处理指定文件夹中的文件,单击"选择"按钮可以查找并选择文件夹;选择"导入"选项,则处理来自数码相机、扫描仪或PDF文档的图像;选择"打开的文件"选项,则处理所有打开的图像;选择Bridge选项,则处理Adobe Bridge中选择的文件。此处选择"打开的文件"选项,如下 ④ 所示。

"目标"下拉列表用于存储处理文件的位置,包括"无"、"存储并关闭"和"文件夹"3个选项,如下 ⑤ 所示。

选择"无"选项,则使文件保持打开而不存储更改;选择"存储并关闭"选项,则将文件存储在它们的当前位置并覆盖原来的文件;选择"文件夹"选项,则将处理过的文件存储到另一位置。单击"选择"按钮,弹出"浏览文件夹"对话框,如下 ⑥ 所示。

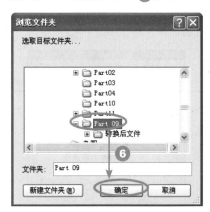

单击"确定"按钮，则开始处理文件夹中的图像，处理后将自动关闭该图像，并将图像保存至所选择的目标文件夹中，如下 7 所示。

应用动作组中的动作后，原图像也会自动应用该动作中的操作编辑图像，编辑后的图像如下 8 所示。

选择"文件夹"选项时，在该列表下方包括4个不同的选项设置，分别

为"覆盖动作中的'打开'命令"、"包含所有子文件夹"、"禁止显示文件打开选项对话框"和"禁止颜色配置文件警告"，如下 9 所示。

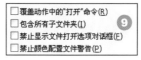

勾选"覆盖动作中的打开命令"复选框，确保在没有打开已有动作的"打开"命令中指定文件的情况下，处理在"批处理"命令中选定的文件；勾选"包含所有子文件夹"复选框，处理指定文件夹的子目录中的文件；勾选"禁止显示文件打开选项对话框"复选框，隐藏"文件打开选项"对话框；勾选"禁止颜色配置文件警告"复选框，关闭颜色方案信息的显示。

从动作创建快捷批处理

菜单：文件>自动>创建快捷批处理
快捷键：-
版本：6.0, 7.0, CS, CS2, CS3, CS4
适用于：图像

"快捷批处理"命令用于将动作应用于一个或多个图像中，同时也可以用于将"快捷批处理"图标拖动到图像文件夹。在创建快捷批处理前，先在"动作"面板中选择所需的动作，如右上 1 所示。

执行"文件>自动>创建快捷批处理"菜单命令，弹出"快捷批处理"对话框，在该对话框中指定快捷批处理后图像的存储位置等，如下 2 所示。

单击"确定"按钮，即可以应用动作处理图像，如下 3 所示。

应用批处理编辑多个图像

Photoshop CS4在原来旧版本的基础上，增加了更多的批处理功能。本实例应用"批处理"命令，同时将多张图像更改为电影照片色调，然后把调整后的图像移至一张图像上，制作成电影宣传海报。

素材文件：素材\Part 09\05.jpg、06.jpg、07.jpg、08.jpg、09.jpg、10.jpg、11.psd
最终文件：源文件\Part 09\编辑多个图像.psd

Before

After

STEP 01 执行"文件>打开"菜单命令，打开随书光盘\素材\Part 09\05.jpg 文件，如下 **1** 所示。

STEP 02 打开"动作"面板，单击该面板右上角的扩展按钮，在弹出的面板菜单中选择"载入动作"命令，如下 **2** 所示。

STEP 03 弹出"载入"对话框，在该对话框中选择需要载入的动作，单击"载入"按钮，如下 **3** 所示。

STEP 04 将选择的动作载入到"动作"面板下方，如下 **4** 所示。

STEP 05 执行"文件>自动>批处理"菜单命令，打开"批处理"对话框，如下 **5** 所示。

STEP 06 选择要播放的动作，在"源"下拉列表中选择"文件夹"选项，然后单击"选择"按钮，如下 **6** 所示。

STEP 07 弹出"浏览文件夹"对话框，在该对话框中选择源文件夹，单击"确定"按钮，如下 **7** 所示。

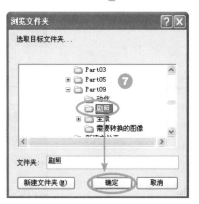

STEP 08 在"目标"下拉列表中选择"文件夹"选项，然后单击"选择"按钮，如下 **8** 所示。

STEP 09 弹出"浏览文件夹"对话框，在该对话框中选择目标文件夹，然后单击"确定"按钮，如下 **9** 所示。

STEP 10 开始对源文件夹中的图像应用所选择的动作，在一幅图像中执行完动作组中的所有步骤后，弹出"存储为"对话框，单击"保存"按钮，如下 **10** 所示。

STEP 11 弹出"Photoshop 格式选项"对话框，单击"确定"按钮，如下 **11** 所示。

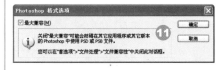

STEP 12 完成后，系统将调整后的所有图像都保存至所选择的目标文件夹中，如下 12 所示。

STEP 13 执行"文件>打开"菜单命令，打开调整颜色后的随书光盘\素材\Part 09\06.jpg文件，如下 13 所示。

STEP 14 右击"图层"面板中的某一图层，在弹出的快捷菜单中选择"合并可见图层"命令，如下 14 所示。

STEP 15 合并所有调整图层，生成"背景"图层，如下 15 所示。

STEP 16 使用同样的方法，将其他的几个图像合并，再选择"移动"工具，将其移动至合并后的05.jgp图像中，如下 16 所示。

STEP 17 单击各图层上的眼睛图标，隐藏除"背景"层外的所有图层，如下 17 所示。

STEP 18 隐藏后，只显示背景图像，如下 18 所示。

STEP 19 选择"快速选择"工具，连续在人像上单击，创建选区，如下 19 所示。

STEP 20 执行"选择>反向"菜单命令，反选选区，如下 20 所示。

STEP 21 按下快捷键Ctrl+J，复制选区内的图像，执行"滤镜>模糊>镜头模糊"菜单命令，打开"镜头模糊"对话框，在该对话框中设置各项参数，然后单击"确定"按钮，如下 21 所示。

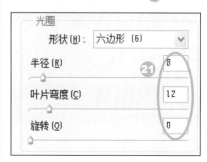

297

STEP 22 执行上一步操作后，应用"镜头模糊"滤镜模糊背景选区，如下 **22** 所示。

STEP 23 选择"背景"图层，然后选择"模糊"工具 ，设置"强度"为50%，在图像的交接处涂抹，模糊图像，如下 **23** 所示。

STEP 24 单击"调整"面板中的"色相/饱和度"按钮 ，在弹出的参数面板中设置各项参数，如下 **24** 所示。

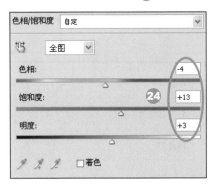

STEP 25 设置完成后，应用所设置的参数，增加图像的饱和度，如下 **25** 所示。

STEP 26 单击"调整"面板中的"亮度/对比度"按钮 ，在弹出的参数面板中设置各项参数，如下 **26** 所示。

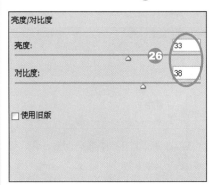

STEP 27 设置完成后，应用所设置的参数，增加图像的亮度/对比度，如下 **27** 所示。

STEP 28 单击"调整"面板中的"曲线"按钮 ，在弹出的参数面板中设置各项参数，如下 **28** 所示。

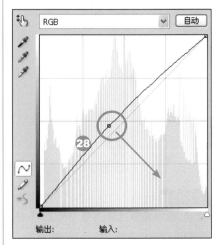

STEP 29 设置完成后，应用所设置的参数，增加图像的亮度，如下 **29** 所示。

STEP 30 选择"渐变"工具 ，单击"渐变编辑器"按钮，弹出"渐变编辑器"对话框，在该对话框中设置从黑色到透明的渐变，如下 **30** 所示。

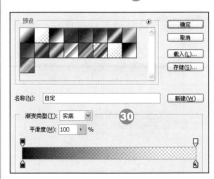

STEP 31 新建"图层7"图层，单击"径向渐变"按钮■，勾选"反向"复选框，在图像上由内向外拖曳，绘制渐变颜色，如下 **31** 所示。

STEP 32 选择"图层7"图层，设置混合模式为"叠加"，"不透明度"为60%，如下 **32** 所示。

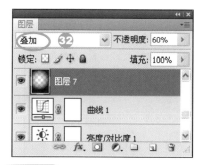

STEP 33 执行上一步操作后，应用"叠加"混合模式混合图像，如下 **33** 所示。

STEP 34 打开"图层"面板，单击该面板下方的"创建新组"按钮■，新建"组1"，如下 **34** 所示。

STEP 35 按下快捷键Ctrl+J，复制"背景"图层，然后将其拖曳至"组1"中，再将其他的人像图层也拖曳至"组1"中，如下 **35** 所示。

STEP 36 按下快捷键Ctrl+T，分别对"组1"中各图像的大小和位置进行调整，调整后的图像如下 **36** 所示。

STEP 37 执行"文件>打开"菜单命令，打开随书光盘\素材\Part 09\11.psd文件，如下 **37** 所示。

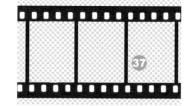

STEP 38 选择"移动"工具►，将该素材图像移至05.jpg图像中，如下 **38** 所示。

STEP 39 按下快捷键Ctrl+T，调整胶片的大小和位置，如下 **39** 所示。

STEP 40 按下快捷键Ctrl+J，复制图层，再调整副本图像的位置，如下 **40** 所示。

STEP 41 选择"组1"，按下快捷键Ctrl+J，复制得到"组1 副本"，如下 **41** 所示。

STEP 42 按下快捷键Ctrl+T，显示编辑框，调整"组1 副本"图像的大小和位置，如下 **42** 所示。

STEP 43 选择"横排文字"工具 T，单击"切换字符和段落面板"按钮 ，弹出"字符"面板，然后在该面板中设置各项参数，如下 **43** 所示。

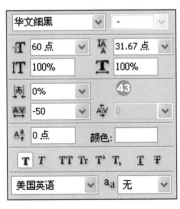

STEP 44 在图像的中间位置输入主体文字，如下 **44** 所示。

STEP 45 双击文字图层，打开"图层样式"对话框，在该对话框中勾选"投影"复选框，再设置各项参数，如下 **45** 所示。

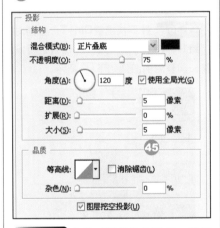

STEP 46 勾选"描边"复选框，然后设置各项参数，再单击"确定"按钮，如下 **46** 所示。

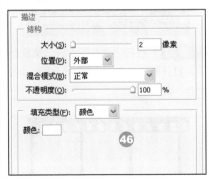

STEP 47 执行上一步操作后，为文字添加"投影"和"描边"样式，如下 **47** 所示。

STEP 48 选择"横排文字"工具 T，单击"切换字符和段落面板"按钮 ，弹出"字符"面板，然后在该面板中设置各项参数，如下 **48** 所示。

STEP 49 在已输入的文字后继续输入文字，如下 **49** 所示。

STEP 50 双击文字图层，打开"图层样式"对话框，设置各项参数，如下 ⑤⓪ 所示，然后为文字添加"投影"样式，如下 ⑤① 所示。

STEP 51 继续选择"横排文字"工具 T，在图像中继续输入修饰性文字，最终效果如下 ⑤② 所示。

05 全景图片的合成

在拍摄照片时，由于相机的原因，所拍摄的区域有限，此时，可以应用Photoshop将多个照片合成全景照片。全景照片的合成有多种不同的操作方式，分别可以通过图层蒙版合成全景照、应用Photomerge命令合成全景照、应用自动对齐图层和自动混合图层合成全景照。

通过图层蒙版进行全景照片处理

菜单：-
快捷键：-
版本：6.0，7.0，CS，CS2，CS3，CS4
适用于：照片

在Photoshop中，应用"图层蒙版"可以实现全景照片的编辑。选择两张用于拼合的全景照片，如下 ①、右上 ② 所示。

执行"文件>新建"菜单命令，打开"新建"对话框，在该对话框中设置各项参数，然后单击"确定"按钮，如下 ③ 所示。

选择"移动"工具，将两张照片都拖曳至新创建的图像中，再适当调整两个图像的位置，如下 ④ 所示。

单击"图层"面板中"图层2"的缩览图，该图层中的对象将以选区方式载入到图像中，如下 ⑤ 所示。

执行"图像>调整>曲线"菜单命令，打开"曲线"对话框，在该对话框中单击并拖曳曲线，然后单击"确定"按钮，如下页 ⑥ 所示。

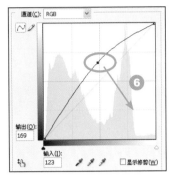

应用"曲线"命令进行调整后，两张照片的颜色相对更加接近，如下 7 所示。

选择"图层2"图层，单击"图层"面板下方的"添加图层蒙版"按钮，为"图层2"添加上图层蒙版，如下 8 所示。

选择"画笔"工具，在图像上涂抹，隐藏左侧边缘，如下 9 所示。

隐藏"图层2"图层，选择"图层1"图层，再次运用图层蒙版，隐藏部分图像，如下 10 所示。

涂抹后，显示"图层2"图层，如下 11 所示，再选择"裁剪"工具，将多余的边缘图像裁切掉，如下 12 所示。

使用Photomerge命令设置全景照片

菜单：文件＞自动＞Photomerge
快捷键：-
版本：CS，CS2，CS3，CS4
适用于：图像

使用Photoshop提供的Photomerge命令能够将多幅照片组合成一个连续的图像。选择要用于拼合的多张照片，如下 1 、 2 、 3 所示。

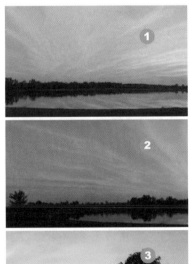

执行"文件＞自动＞Photomerge"菜单命令，打开Photomerge对话框，如右上 4 所示。

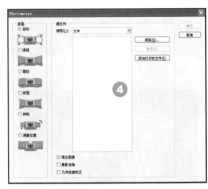

在Photomerge对话框右侧提供了6种不同的版面，分别为"自动"、"透视"、"圆柱"、"球面"、"拼贴"和"调整位置"，系统默认为"自动"，如下 5 所示。

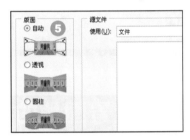

单击"浏览"按钮，弹出"打开"对话框，在该对话框中选择3张原照片，单击"确定"按钮，如下 6 所示。

返回至Photomerge对话框中，单击"确定"按钮，如下 7 所示。

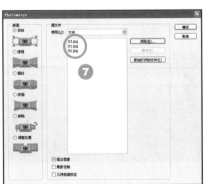

在Photomerge对话框下方提供了"混合图像"、"晕影去除"和"几何扭曲校正"三个复选框。根据原照片的情况，勾选这三个复选择框，可以得到更完美的拼合效果。

勾选"混合图像"复选框后，将自动找出图像间的最佳边界，并根据这些边界创建接缝，以使图像的颜色相匹配。此选项为Photomerge默认的选项，效果如下 8 所示；如果取消勾选此复选框，则可能造成拼合图像的各区域颜色有差异，如下 9 所示。

勾选"几何扭曲校正"复选框，将自动弥补桶形、枕形或鱼眼失真。如果同时勾选三个复选框，则会得到更优的拼合效果，如下 11 所示。

应用Photomerge自动拼合的图像，在无图像的区域将自动以透明度像素显示图像。选择"裁剪"工具单击并拖曳创建一个裁切框，如下 12 所示，单击"提交"按钮，将透明区域裁剪掉，得到最终的全景图，如下 13 所示。

勾选"晕影去除"复选框，将去除镜头瑕疵，并执行曝光补偿。应用此方式拼合的图像如下 10 所示。

应用Photomerge合成全景照片

Photoshop中提供了多种不同的全景照片的合成方法。本实例应用Photomerge命令，将多张城市夜景照片快速合成一张夜色全景照片。

素材文件：素材\Part 09\12.jpg、13.jpg、14.jpg　　最终文件：源文件\Part 09\合成全景照片.psd

Before

After

STEP 01 执行"文件>打开"菜单命令，打开随书光盘\素材\Part 09\12.jpg、13.jpg、14.jpg文件，如下 **1**、**2**、**3** 所示。

STEP 02 执行"文件>自动>Photomerge"菜单命令，打开Photomerge对话框，单击"浏览"按钮，如下 **4** 所示。

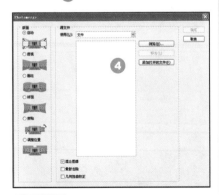

STEP 03 弹出"打开"对话框，在该对话框中选择要打开的图像，单击"打开"按钮，如右上 **5** 所示。

STEP 04 返回到Photomerge对话框，勾选"混合图像"、"晕影去除"和"几何扭曲校正"三个复选框，单击"确定"按钮，如下 **6** 所示。

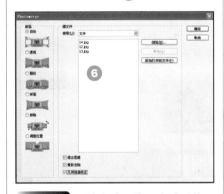

STEP 05 开始合成图像，合成后的图像如下 **7** 所示。

STEP 06 选择"裁剪"工具，单击并拖曳绘制裁剪框，如下 **8** 所示。

STEP 07 单击"提交当前裁剪操作"按钮，载切图像边缘的透明区域，如下 **9** 所示。

STEP 08 选择"横排文字"工具，在合成的全景照片的左下角输入文字，输入文字后的图像如右上 **10** 所示。

使用自动对齐图层拼合全景照片

菜单：文件>脚本>将文件载入堆栈
快捷键：-
版本：CS3、CS4
适用于：图像

使用Photoshop CS4新增的"自动对齐图层"命令，能够创建更加精确的复合图层，并使用球面对齐以创建360°全景图。执行"文件>脚本>将文件载入堆栈"菜单命令，弹出"载入图层"对话框，在"使用"下拉列表中选择"文件"或"文件夹"选项，如下 **1** 所示。

单击"浏览"按钮，弹出"打开"对话框，在该对话框中选择需要的原照片，然后单击"确定"按钮，如下 **2** 所示。

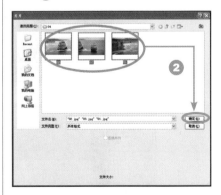

返回到"载入图层"对话框，在"使用"下面的文件列表中将显示选取的所有图像，再勾选"尝试自动对齐源图像"和"载入图层后创建智能对象"复选框，单击"确定"按钮，如下页 **3** 所示。

将所选择的照片合成为一张漂亮的全景照片，如下 4 所示。

如果在"载入图层"对话框中不勾选"尝试自动对齐源图像"复选框而直接执行命令，则会自动创建一个新的图像，在该图像中包括了选取的多个图像，并将依次显示在"图层"面板中，如下 5 所示。

应用自动对齐图层的图像，在图像窗口中将只显示位于最上层的图像，如下 6 所示。

提示

将混合后的原图像转换为智能对象并保存后，可以重新设置或编辑原图像。

使用自动混合图层拼合全景照片

菜单：编辑>自动混合图层
快捷键：-
版本：CS3、CS4
适用于：图像

用户可以使用"编辑"菜单中的"自动混合图层"命令，利用一对可能包含一些不需要的区域，但几乎相同的图像制作复合照片。在拼合图层前，先新建一个图像文件，将要用于合成全景的单个照片分别移至新建图像中，如下 1 、 2 、 3 所示。

按下Shift键选取要拼合的图层，执行"编辑>自动混合图层"菜单命令，如下 4 所示。

打开"自动混合图层"对话框，如下 5 所示。

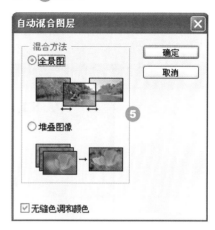

在该对话框中选择适当的混合方式，与Photomerge对话框不同的是，在"自动混合图层"对话框中，还可以选择"堆叠"的方式，当选中"全景图"单选按钮时，则可以实现全景图的制作，如下 6 所示。

使用"自动混合图层"命令拼合后的图像，需要再运用调整命令，对图像的颜色或色调进行调整，才能得到最终的全景效果，如下 7 所示。

运用自动混合图层制作正确的景深

　　"自动混合图层"命令是Photoshop CS4新增的一个菜单命令，应用此命令可以调整照片的景深。在本实例中，先选取多张具有不同景深效果的照片，然后将这些照片移至同一图像下并对齐图层，应用"自动混合图层"命令对照片的景深进行校正，最终得到正确的景深效果。

📁 素材文件：素材\Part 09\15.jpg、16.jpg、17.jpg、18.jpg　　🎬 最终文件：源文件\Part 09\制作正确的景深.psd

Before

After

STEP 01 执行"文件>打开"菜单命令，打开随书光盘\素材\Part 09\15.jpg、16.jpg、17.jpg、18.jpg文件，这4张照片是一组变换对焦点位置拍摄的照片，如下 ❶、❷、❸、❹ 所示。

STEP 02 以18.jpg照片为背景层，选择"移动"工具 ⊕ 将其余三张照片全部移至该图像中，移动后图像重叠于原图像中，如右上 ❺ 所示。

STEP 03 打开"图层"面板，按下Shift键，选取除"背景"图层外的所有图层，如下 ❻ 所示。

STEP 04 为了保证几张图像的位置一致，执行"编辑>自动对齐图层"菜单命令，如下 ❼ 所示。

STEP 05 打开"自动对齐图层"对话框，在该对话框中选择投影样式为"自动"，单击"确定"按钮，如下 ❽ 所示。

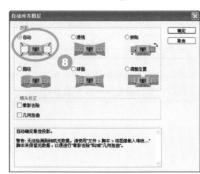

STEP 06 返回到图像中，在图像中只显示最上层的图像，如下 **9** 所示。

STEP 07 打开"图层"面板，在该面板中已经对图层对齐，如下 **10** 所示。

STEP 08 执行"编辑>自动混合图层"菜单命令，如右上 **11** 所示。

STEP 09 打开"自动混合图层"对话框，在该对话框的"混合方法"选项组中选中"堆叠图像"单选按钮，再勾选"无缝色调和颜色"复选框，单击"确定"按钮，如下 **12** 所示。

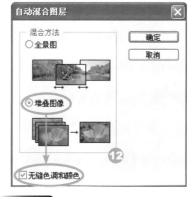

STEP 10 应用"自动混合图层"命令后，为每个图层自动添加上一个图层蒙版，如右上 **13** 所示。

STEP 11 返回到图像中，图像将以图层蒙版自动融合焦点，并融合不同的曝光度和颜色拼合图像，如下 **14** 所示。

STEP 12 选择"横排文字"工具 T，在图像右下角输入文字，如下 **15** 所示。

读书笔记

Part 10
视频和动画
功能

Photoshop CS4与之前的版本相比，具有更强的视频和动画编辑功能，应用此功能可以制作各种视频图像和动画。

视频图像的制作可以在"新建"对话框中直接创建，打开"新建"对话框，在该对话框中选择新建的类型为视频即可。通过使用视频功能能够制作出用于视频浏览的动画图像。此外，动画的制作也是Photoshop的一项特殊功能，执行"窗口>动画"菜单命令，如下 ①、② 所示，将打开"动画"面板。默认情况下，"动画"面板显示为帧动画模式，如下 ③ 所示，应用帧动画模式可以制作各种不同效果的帧动画，如下 ④ 所示；在"动画"面板中单击"转换为时间轴动画"按钮，将帧动画模式转换为时间轴动画模式，如下 ⑤ 所示，制作自然过渡的时间轴动画，如下 ⑥ 所示。

01 制作视频图像

应用Photoshop CS4的视频功能可以制作各种视频图像。在Photoshop中创建视频图像后，可以将其应用到视频显示器上播放。视频图像的制作包括了创建视频图像、导入视频和图像序列、在视频图层中绘制帧等。

创建视频图像

菜单：文件＞新建
快捷键：-
版本：CS，CS2，CS3，CS4
适用于：视频

Photoshop 可以创建具有各种长宽比的图像，以便它们能够在视频显示器上正确显示。通过选择特定的视频选项，以便对将最终图像合并到视频中时进行的缩放提供补偿。当需要创建视频图像时，执行"文件＞新建"菜单命令，打开"新建"对话框，如下①所示。

在该对话框中的"预设"下拉列表中选择"胶片和视频"选项，如下②所示，单击"确定"按钮。

弹出提示对话框，单击"确定"按钮，如下③所示。

单击后，创建视频图像，如下④所示。

在视频图像上，以参考线来确定图像中的安全区域，参考线可以画出图像的动作安全区域和标题安全区域轮廓，最外层的参考线即外矩形为动作安全区，内层的参考线即内矩形为标题安全区。

在"新建"对话框中，使用的"大小"下拉列表中的选项可以生成用于特定视频系统的图像，用户可以根据需要选择视频图像来进行创建，如下⑤所示。

如果文件使用图层蒙版或多个图层，可以在不拼合图层的情况下，以 PSD 格式包括文件的拼合拷贝，以便获得最大程度的向后兼容性。

导入视频文件和图像序列

菜单：文件＞打开
快捷键：-
版本：CS，CS2，CS3，CS4
适用于：视频

在Photoshop中，可以将包含图像序列文件的文件夹导入到视频图像中，并转换为视频图层中的帧。执行"文件＞打开"菜单命令，打开"打开"对话框，在该对话框中选择包含图像序列文件的文件夹，再选择其中一个文件并勾选"图像序列"复选框，如下①所示。

单击"打开"按钮，弹出"帧速率"对话框，在该对话框中单击"确定"按钮，如下②所示，导入图像序列，如下③所示。

在视频图层中绘制帧

菜单：-
快捷键：-
版本：CS，CS2，CS3，CS4
适用于：视频制作

在视频图像中，可以运用工具箱中的工具在图像上进行编辑或绘制以创建动画、添加内空或移去图像中不需要的细节等。在"动画"或"图层"面板中选择视频图层中的对象，如下 ❶ 所示。

选择"仿制"工具对帧进行编辑，即复制一个同样的人物图像，如下 ❷ 所示。

如果需要在单独图层上编辑视频图层中的图像，则执行"图层>视频图层>新建空白视频图层"菜单命令，新建一个空白视频图层，如右上 ❸ 所示。此时，我们可以应用任何工具对图像进行编辑。

在视频图层上进行绘制不会造成任何破坏。如果要丢弃某一帧或视频图层上改变的图像，则执行"图层>视频图层>恢复帧"菜单命令，如下 ❹ 所示。

执行命令后即可将在图像中所做的改变还原到原图像，如下 ❺ 所示。

在Photoshop中，要打开或关闭已改变的视频图层的可见性，可以执行"图层>视频图层>隐藏已改变的视频"菜单命令，或单击时间轴中已改变的视频轨道旁边的眼球。

编辑视频图层

菜单：图层
快捷键：-
版本：CS，CS2，CS3，CS4
适用于：视频制作

视频图层与普通图层一样，也可以进行任意的新建、删除或复制操作，如下 ❶ 所示选择需要编辑的视频图层。

将其拖曳至"创建新图层"按钮上，如下 ❷ 所示。

释放鼠标，复制视频图层，如下 ❸ 所示。

> **提示**
> 如果在制作视频图像时，文件中包括透明度，则在视频编辑图层中编辑时将保留原图像中的透明度。

以同样的方法，可以复制多个视频图层副本，如下 ❹ 所示。

按下Shift键，单击选取所有的副本图层，如下 **⑤** 所示。

单击"图层"面板中的"删除图层"按钮，或将其拖曳至"删除图层"按钮上，如下 **⑥** 所示。

弹出确认删除对话框，单击该对话框中的"是"按钮，如下 **⑦** 所示。

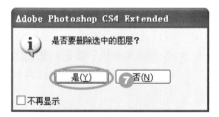

删除所有选取的视频图层，如下 **⑧** 所示。

选择"图层"面板中的一个视频图层，执行"图层＞栅格化＞视频"菜单命令，如下 **⑨** 所示，可以将视频图层转换为普通图层。

或者右击"图层"面板中的视频图层，在弹出的快捷菜单中选择"栅格化图层"命令，如下 **⑩** 所示。

将图层转换为普通图层后，在视频图层上的帧标记被取消，如下 **⑪** 所示。

保存并导出视频

菜单：文件＞导出Zommify
快捷键：-
版本：CS，CS2，CS3，CS4
适用于：视频制作

在创建视频或动画图像后，可以将其创建为动画并存储为GIF文件，以便在Web上观看。执行"文件＞导出Zoomify"菜单命令，打开"Zoomify导出"对话框，在该对话框中选择视频导出的品质和存储的位置，如下 **①** 所示。

设置完成后，单击"确定"按钮，开始保存并将视频导出，导出后的视频图像如下 **②** 所示。

导出的视频图像后，可以拖曳视频窗口上的滑块调整视频图像的大小和位置，如下 **③** 所示。

02　动画的制作

动画是在一段时间内显示的一系列图像或帧。结合"动画"面板和"图层"面板可以创建动画。在了解"动画"面板后，在面板中转换模式，制作帧动画或时间轴动画。

了解"动画"面板

菜单：窗口＞动画
快捷键：-
版本：CS，CS2，CS3，CS4
适用于：动作

使用"动画"面板可以创建动画帧，并通过"动画"面板底部的按钮或调整菜单中的命令设置帧。执行"窗口＞动画"菜单命令，即可打开"动画"面板，在Photoshop中，"动画"面板以帧的形式出现，如下 ❶ 所示。

单击"动画"面板右下角的"转换为时间轴动画"按钮，可以将帧动画转换为时间轴动画，如下 ❷ 所示。

单击"动画"面板右上角的扩展按钮，在弹出的面板菜单中选择"面板选项"菜单命令，可以弹出"动画面板选项"对话框，在该对话框中可以更改缩览图大小，如下 ❸ 所示。

创建帧动画

菜单：窗口＞动画
快捷键：-
版本：CS，CS2，CS3，CS4
适用于：动画

在"动画"面板下方包括了用于切换帧的快捷按钮，单击不同的按钮可以实现帧与帧之间的跳转，同时，在帧动画模式面板上可以为动画设置循环模式等，如下 ❶ 所示。

在每一个帧右下角都会有一个黑色的下拉按钮，单击此按钮将显示设置帧延时的时间列表，如下 ❷ 所示。

在该列表中选择"其他"选项，可弹出"设置帧延迟"对话框，在该对话框中可任意地输入数字来设置，如下 ❸ 所示。

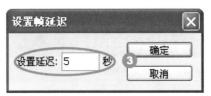

单击播放次数按钮，设置动画播放的次数，在下拉列表中可选择一次、3次、永远或是其他选项，如右上 ❹ 所示。选择"其他"选项时，弹出"设置循环次数"对话框，在该

对话框中可设置需要的任意次数，如下 ❺ 所示。

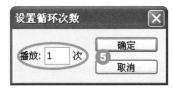

在"帧动画"面板中，包括了4个动画控制按钮，用于切换或播放帧动画，如下 ❻ 所示。

- "选择第一帧"按钮：快速选择"动画"面板中的第一帧。
- "选择上一帧"按钮：快速选择目前所选中帧的前一帧作为当前帧。
- "播放动画"按钮：动画将被快速显示在文档窗口中，并查看设置的动画效果。
- "选择下一帧"按钮：快速选择目前选中帧的下一帧作为当前帧。

单击"过渡动画帧"按钮 ，在弹出的"过渡"对话框中可在两个帧之间添加一系列的帧，实现选中的帧与下一帧之间的过渡，如下 ❼ 所示。

> **提示**
> 在"过渡"对话框中设置的帧数越大，添加的帧数也就越多。

运用帧动画模式制作蝴蝶飞舞动画

帧动画模式中的动画图像通过单个的关键帧来制作动画的播放效果。本实例中，应用"选择"工具选择蝴蝶图像，并将其移至荷花上，然后打开"动画"面板，添加关键帧，制作一个蝴蝶飞舞的动画。

📁 素材文件：素材\Part 10\01.jpg、02.jpg   🎬 最终文件：源文件\Part 10\制作蝴蝶飞舞动画.psd

Before   **After**

STEP 01 执行"文件＞打开"菜单命令，打开随书光盘\素材\Part 10\01.jpg文件，如下 ① 所示。

STEP 02 打开随书光盘\素材\Part 10\02.jpg文件，如下 ② 所示。

> 📎 **提示**
> 按下快捷键Ctrl+O，同样可以打开"打开"对话框，打开图像。

STEP 03 选择"快速选择"工具 ，在蝴蝶图像上连续单击，创建选区，如下 ③ 所示。

STEP 04 执行"选择＞修改＞羽化"菜单命令，打开"羽化选区"对话框，在该对话框中设置羽化半径，如下 ④ 所示，羽化选区，如下 ⑤ 所示。

羽化选区
羽化半径(R)： 2 像素
确定
取消

STEP 05 选择"选择"工具 ，将羽化后的选区对象移动至荷花图像上，如右上 ⑥ 所示。

STEP 06 按下快捷键Ctrl+T，拖曳编辑框，缩小图像，缩小后的图像如下 ⑦ 所示。

STEP 07 执行"编辑＞变换＞水平翻转"菜单命令，水平翻转图像，再执行"编辑＞变换＞旋转"菜单命令，拖曳鼠标旋转图像，旋转后的图像如下页 ⑧ 所示。

STEP 08 选择"图层1"图层,将图层混合模式设置为"变亮",如下⑨所示。

STEP 09 设置完成后,应用"变亮"模式混合图像,混合后的图像如下⑩所示。

STEP 10 执行"窗口>动画"菜单命令,打开"动画"面板,在该面板中选择"动画(帧)",可看到打开的图像为动画的第一帧,如下⑪所示。

STEP 11 在"动画"面板中单击"复制所选帧"按钮 ⓛ,将第1帧进行复制,成为第2帧,并为选中状态,如下⑫所示。

STEP 12 切换至"图层"面板,按下快捷键Ctrl+J,复制得到"图层1副本"图层,如下⑬所示。

STEP 13 选择"图层1 副本"图层,将其移动到"图层1"下方,如下⑭所示。

STEP 14 单击"图层1"前方的"指示图层可视性"按钮,隐藏"图层1"图层,如下⑮所示。

STEP 15 执行"图像>调整>亮度/对比度"菜单命令,打开"亮度/对比度"对话框,在该对话框中设置亮度/对比度,如右上⑯所示。

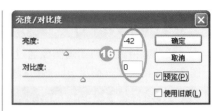

STEP 16 设置完成后,单击"确定"按钮,在图像上应用所设置的亮度/对比度参数调整图像,调整后的图像如下⑰所示。

STEP 17 打开"动画"面板,单击"复制所选帧"按钮 ⓛ,将第2帧进行复制,成为第3帧,并为选中状态,如下⑱所示。

STEP 18 切换至"图层"面板,按下快捷键Ctrl+J,复制得到"图层1 副本2"图层,如下⑲所示。

STEP 19 选择"图层1 副本2"图层,将其移动到"图层1副本"下方,再单击"图层1副本"图层前的眼睛图标,将该图层隐藏,如下页⑳所示。

STEP 20 执行"图像＞调整＞色彩平衡"菜单命令，打开"色彩平衡"对话框，在该对话框中设置各项参数，然后单击"确定"按钮，如下 21 所示。

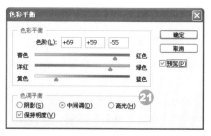

STEP 21 设置完成后，应用所设置的色彩平衡参数调整图像颜色，调整后的图像如下 22 所示。

STEP 22 执行"图像＞调整＞亮度/对比度"菜单命令，打开"亮度/对比度"对话框，在该对话框中设置各项参数，然后单击"确定"按钮，如下 23 所示。

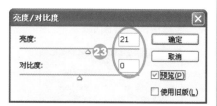

STEP 23 执行上一步操作后，应用所设置的参数，增加图像的亮度，如右上 24 所示。

STEP 24 打开"动画"面板，单击"复制所选帧"按钮 ，将第3帧进行复制，成为第4帧，并为选中状态，如下 25 所示。

STEP 25 切换至"图层"面板，按下快捷键Ctrl+J，复制得到"图层1 副本3"图层，如下 26 所示。

STEP 26 选择"图层1 副本3"图层，将其移动到"图层1副本2"下方，再单击"图层1副本2"图层前的眼睛图标，将该图层隐藏，如下 27 所示。

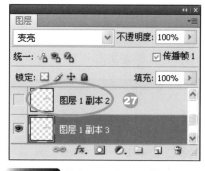

STEP 27 执行"图像＞调整＞通道混合器"菜单命令，打开"通道混合器"对话框，在该对话框中设置各项参数，然后单击"确定"按钮，如右上 28 所示。

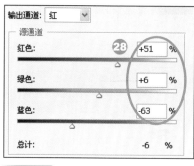

STEP 28 执行上一步操作后，应用所设置的通道混合器参数，变换图像的颜色，如下 29 所示。

STEP 29 打开"动画"面板，单击"复制所选帧"按钮 ，将第4帧进行复制，成为第5帧，并为选中状态，如下 30 所示。

STEP 30 切换至"图层"面板，按下快捷键Ctrl+J，复制得到"图层1 副本4"图层，如下 31 所示。

STEP 31 选择"图层1 副本4"图层，将其移动到"图层1副本3"下方，单击"图层1副本3"图层前的眼睛图标，将该图层隐藏，如下页 32 所示。

STEP 32 继续选择"图层1 副本4"图层，将"不透明度"设置为0%，隐藏此图层中的图像，如下 **33** 所示。

STEP 33 打开"动画"面板，单击第3帧，使其为选中状态，如下 **34** 所示。

STEP 34 单击"过渡动画帧"按钮，如下 **35** 所示。

STEP 35 弹出"过渡"对话框，在该对话框中选择"过渡方式"为"下一帧"，"要添加的帧数"为10，设置完成后单击"确定"按钮，如下 **36** 所示。

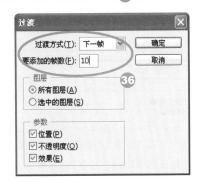

STEP 36 此时，在该帧后面将自动添加10个过渡帧，如下 **37** 所示。

STEP 37 打开"动画"面板，单击第14帧，使其为选中状态，再单击"过渡动画帧"按钮，如下 **38** 所示。

STEP 38 弹出"过渡"对话框，在该对话框中选择"过渡方式"为"下一帧"，"要添加的帧数"为20，设置完成后单击"确定"按钮，如下 **39** 所示。

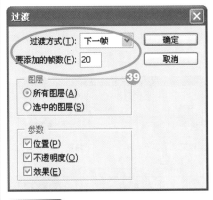

STEP 39 此时，在该帧后会自动添加20个过渡帧，如下 **40** 所示。

STEP 40 单击"动画"面板右上角的扩展按钮，在弹出的面板菜单中选择"将帧拼合到图层"命令，将帧与图层拼合，如下 **41** 所示。

STEP 41 执行上述操作后，可以单击"动画"面板中的"播放动画"按钮，预览动画，再执行"图像＞存储为Web和所用设备格式"菜单命令，打开"存储为Web和设置所用格式"对话框，单击"存储"按钮，如下 **42** 所示。

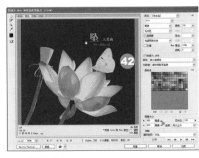

STEP 42 弹出"将优化结果存储为"对话框，在该对话框中设置存储位置和格式，最后单击"保存"按钮，如下 **43** 所示，弹出"警告"对话框，在该对话框中单击"确定"按钮，保存GIF动画，如下 **44** 所示。

创建时间轴动画

菜单：窗口＞动画	
快捷键：-	
版本：CS，CS2，CS3，CS4	
适用于：动画	

在时间轴模式中，"动画"面板显示 Photoshop文档中除背景图层外的所有图层，并且与"图层"面板中的图层同步。如下 **1** 所示为"图层"面板中的所有图层。

单击"动画（帧）"面板中的"转换为时间轴动画"按钮，将"动画"面板切换至"时间轴"模式，如下 **2** 所示，在"动画"面板中的动画帧与图层一一对应。

在"图层"面板中将"通道混合器"图层删除后，再打开"动画"面板，可以看到该图层对应的动画也被删除了，如下 **3** 所示。

应用时间轴动画模式制作动画特效

"动画"面板分为时间轴动画模式与帧动画模式。在本实例中，使用工具箱中的工具合成图像，然后打开"动画"面板，切换至时间轴模式，再设置图像的不透明度，制作渐变动画特效。

📁 素材文件：素材\Part 10\03.jpg、04.jpg、05.jpg、06.jpg、07.jpg、08.jpg
🎬 最终文件：源文件\Part 10\制作动画特效.psd

Before

After

STEP 01 执行"文件＞打开"菜单命令，打开随书光盘\素材\Part 10\03.jpg文件，如下 **1** 所示。

STEP 02 选择"背景"图层，并将其拖曳至"创建新图层"按钮 🔲 上，复制得到"背景 副本"图层，如下 **2** 所示。

STEP 03 选择"加深"工具 ◑，设置"曝光度"为40%，在图像四角涂抹，加深边缘，如右 **3** 所示。

> **提示**
> 在"加深/减淡工具"选项栏中，设置的曝光度越大，加深/减淡后的图像效果越明显。

STEP 04 执行"文件＞打开"菜单命令，打开随书光盘\素材\Part 10\04.jpg文件，如下 **4** 所示。

STEP 05 选择"移动"工具，将树素材移至天空图像中，如下 **5** 所示。

STEP 06 选择"橡皮擦"工具，再选择"柔角"画笔，按下[键或]键，调整画笔大小，在图像上涂抹，将多余的图像擦除，如下 **6** 所示。

STEP 07 选择"加深"工具，设置"曝光度"为35%，在树上涂抹，加深图像，如下 **7** 所示。

STEP 08 单击"调整"面板中的"色彩平衡"按钮，弹出参数面板，在该面板中设置各项参数，如下 **8** 所示。

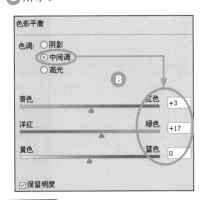

STEP 09 设置完成后，应用所设置的色彩平衡参数调整图像颜色，调整后的图像如下 **9** 所示。

STEP 10 单击"调整"面板中的"色相/饱和度"按钮，弹出参数面板，然后在该面板中设置各项参数，如下 **10** 所示。

STEP 11 设置完成后，应用所设置的色相/饱和度参数调整图像，调整后的图像如下 **11** 所示。

STEP 12 单击"调整"面板中的"亮度/对比度"按钮，弹出参数面板，然后在该面板中设置各项参数，如下 **12** 所示，调整后的图像如下 **13** 所示。

STEP 13 执行"文件>打开"菜单命令，打开随书光盘\素材\Part 10\05.jpg文件，如下 ⑭ 所示。

STEP 14 选择"魔棒"工具 ✎，在图像中的黑色区域上单击，创建选区，再执行"选择＞反向"菜单命令，反选选区，如下 ⑮ 所示。

STEP 15 选择"移动"工具 ⊕，将选区内的图像移至背景图像上，如下 ⑯ 所示。

STEP 16 执行"编辑＞变换＞旋转90度（逆时针）"菜单命令，逆时针旋转图像，如右上 ⑰ 所示。

STEP 17 按下快捷键Ctrl+T，调整图像的大小和方向，调整后的图像如下 ⑱ 所示。

STEP 18 选择"橡皮擦"工具 ✎，选择"塑料折痕-暗90像素"画笔 ▨，再调整画笔大小，在图像上单击，擦锯齿边缘，如下 ⑲ 所示。

STEP 19 单击"调整"面板中的"亮度/对比度"按钮 ☀，弹出参数面板，然后在该面板中设置各项参数，如下 ⑳ 所示，调整后的图像如下 ㉑ 所示。

STEP 20 单击"调整"面板中的"曲线"按钮 ╲，弹出参数面板，然后在该面板中单击并向下拖曳曲线，如下 ㉒ 所示。

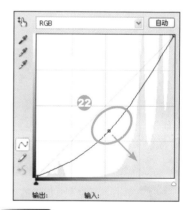

STEP 21 设置完成后，应用所设置的曲线参数，加深图像，如下 ㉓ 所示。

STEP 22 单击"调整"面板中的"色相/饱和度"按钮，弹出参数面板，然的在该面板中设置各项参数，如下 24 所示。

STEP 23 设置完成后，应用色相/饱和度参数调整纸张的色调，调整后的图像如下 25 所示。

STEP 24 单击"调整"面板中的"黑白"按钮，弹出参数面板，然后在该面板中勾选"色调"复选框，单击颜色块，设置颜色，再返回到该面板中设置其他各项参数，如下 26 所示。

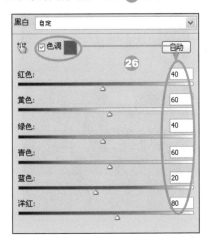

STEP 25 设置完成后，应用所设置的黑白参数调整纸张色调，调整后的图像如下 27 所示。

STEP 26 选择"黑白1"图层，将图层混合模式设置为"排除"，设置后的图像如下 28 所示。

STEP 27 执行"文件>打开"菜单打开随书光盘\素材\Part 10\06.jpg文件，如下 29 所示。

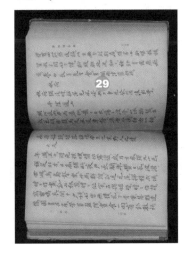

STEP 28 选择"魔棒"工具，在图像中的黑色区域单击，创建选区，如下 30 所示。

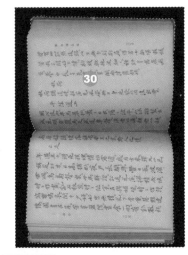

STEP 29 执行"选择>反向"菜单命令，反选选区，如下 31 所示。

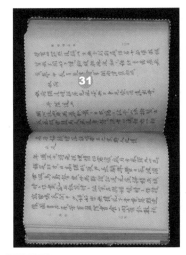

STEP 30 选择"移动"工具，将选区内的图像移至背景图像上，再调整图像的大小和位置，如下 32 所示。

STEP 31 执行"编辑＞变换＞旋转90度（逆时针）"菜单命令，旋转图像，然后再适当调整图像，如下 33 所示。

STEP 32 选择"矩形选框"工具 ，在书的右侧单击并拖曳创建矩形选区，如下 34 所示。

STEP 33 按下快捷键Ctrl+J，复制得到"图层4"图层，如下 35 所示。

STEP 34 按下Ctrl键，单击"图层4"缩览图，将该图层载入到选区中，如下 36 所示。

STEP 35 打开"图层"面板，选择"图层3"图层，如下 37 所示。

STEP 36 按下Delete键，删除在"图层3"中的选区内的图像，隐藏"图层4"图层，如下 38 所示。

STEP 37 单击"调整"面板中的"亮度/对比度"按钮 ，弹出参数面板，然后在该面板中设置各项参数，如下 39 所示，设置完成后，加深图像，如下 40 所示。

STEP 38 双击"图层3"图层，打开"图层样式"对话框，在该对话框中勾选"投影"复选框，再设置各项参数，如下 41 所示。

STEP 39 设置完成后，为书页添加投影样式，如下 42 所示。

STEP 40 显示"图层4"图层，按下Ctrl键，载入"图层4"选区，如下 **43** 所示。

STEP 41 单击"调整"面板中的"亮度/对比度"按钮 ☀，弹出参数面板，然后在该面板中设置各项参数，如下 **44** 所示，并应用所设置的参数加深图像，如下 **45** 所示。

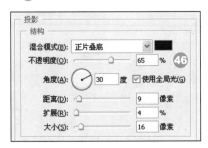

STEP 42 双击"图层4"图层，打开"图层样式"对话框，在对话框中勾选"投影"复选框，再设置各项参数，如下 **46** 所示。

投影		
结构		
混合模式(B): 正片叠底		
不透明度(O):	65	% **46**
角度(A): 30 度 ☑ 使用全局光(G)		
距离(D):	9	像素
扩展(R):	4	%
大小(S):	16	像素

STEP 43 设置完成后，应用所设置的参数为右侧的书页添加投影样式，如下 **47** 所示。

STEP 44 执行"文件＞打开"菜单命令，打开随书光盘\素材\Part 10\07.jpg文件，如下 **48** 所示。

STEP 45 选择"移动"工具 ▶+，将人物移至背景图像上，然后调整图像的大小和位置，如下 **49** 所示。

STEP 46 按下Ctrl键，单击"图层2"缩览图，载入"图层2"选区，如下 **50** 所示。

STEP 47 按下快捷键Ctrl+Shift+I，反选选区，如下 **51** 所示。

STEP 48 选择"图层5"图层，按下Delete键，删除选区内的图像，如下 **52** 所示。

STEP 49 按下Ctrl键，单击"图层3"缩览图，载入"图层3"选区，如下 **53** 所示。

STEP 50 选择"图层5"图层，按下Delete键，删除选区内的图像，如下 **54** 所示。

STEP 51 按下Ctrl键，单击"图层4"缩览图，载入"图层4"选区，如下 **55** 所示。

STEP 52 选择"图层5"图层，按下Delete键，删除选区内的图像，如下 **56** 所示。

STEP 53 双击"图层5"图层，弹出"图层样式"对话框，在该对话框中勾选"描边"复选框，然后设置各项参数，设置完成后，单击"确定"按钮，如下 **57** 所示。

STEP 54 应用所设置的描边参数，为图像添加黑色的描边效果，如下 **58** 所示。

STEP 55 执行"文件>打开"菜单命令，打开随书光盘\素材\Part 10\08.jpg文件，如下 **59** 所示。

STEP 56 选择"移动"工具 ，将人物移至背景图像中，再适当调整图像的大小和位置，如下 **60** 所示。

STEP 57 再次使用载入选区的方法，将多余的图像擦除，如下 **61** 所示。

STEP 58 双击"图层6"图层，打开"图层样式"对话框，在该对话框中勾选"描边"复选框，再设置各项参数，如下62所示。

STEP 59 为该图层中的图像添加上黑色的描边效果，如下63所示。

STEP 60 执行"窗口＞动画"菜单命令，打开"动画"面板，然后在该面板中用鼠标将"工作区域结束"滑块拖动到05至10的中间位置，如下64所示。

STEP 61 单击"图层5"前面的三角按钮，在弹出的选项中单击"不透明度"前的"时间变化秒表"按钮，效果如右上65所示。

STEP 62 将时间变化秒表的黄色滑块向右拖动到其他位置上，创建三个关键帧，如下66所示。

STEP 63 单击第1个滑块，使该滑块为黄色选中状态，如下67所示。

STEP 64 将"图层5"图层的"不透明度"设置为0%，如下68所示，隐藏该图层中的图像，如下69所示。

STEP 65 单击第2个滑块，使该滑块为黄色选中状态，如下70所示。

STEP 66 将"图层5"图层的"不透明度"设置为100%，如下71所示，将隐藏的图像再次显示出来，如下72所示。

STEP 67 单击第3个滑块，使该滑块为黄色选中状态，如下73所示。

提示
按下Shift键再单击，可以选择多个连续的帧；按下Ctrl键再单击，可以选择多个不连续的帧。

STEP 68 将"图层5"图层的"不透明度"设置为50%，如下 **74** 所示，将图像半透明显示，如下 **75** 所示。

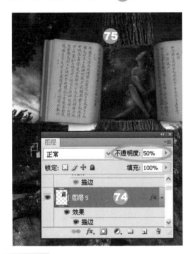

STEP 69 单击第4个滑块，使该滑块为黄色选中状态，如下 **76** 所示。

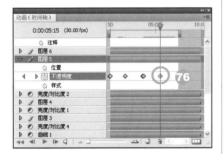

STEP 70 将"图层5"图层的"不透明度"设置为0%，如下 **77** 所示，再次将图像隐藏，如下 **78** 所示。

STEP 71 在"动画"面板中单击"图层6"前面的三角按钮，在弹出的选项中单击"不透明度"前的"时间变化秒表"按钮，再拖滑块创建两个关键帧，同时使第2个滑块为选中状态，如右上 **79** 所示。

STEP 72 将"图层6"图层的"不透明度"设置为100%，如下 **80** 所示，显示图像，如下 **81** 所示。

STEP 73 单击第1个滑块，使其为黄色选中状态，如下 **82** 所示。

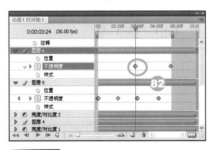

STEP 74 将"图层6"图层的"不透明度"设置为0%，如下 **83** 所示，将隐藏图像，如下 **84** 所示。

STEP 75 完成动画的制作后，执行"文件>存储为Web和设备所用格式"菜单命令，打开"存储为Web和设备所用格式"对话框，单击"存储"按钮，如下 **85** 所示。

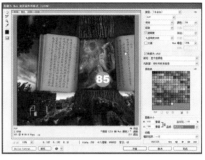

STEP 76 弹出"将优化结果存储为"对话框，在该对话框中设置保存的动画名和保存类型，单击"保存"按钮，如下 **86** 所示，弹出警告对话框，在该对话框中单击"确定"按钮，保存制作的动画，如下 **87** 所示。

预览动画

菜单：-
快捷键：-
版本：CS，CS2，CS3，CS4
适用于：动画

在"动画"面板中完成动画的制作后，为了保证得到的效果，可以先对制作的动画进行"预览"。打开"动画"面板，单击该面板中的"播放动画"按钮，则可以在当前窗口中预览所编辑的动画。打开一个完成的简单动画，如下页 **1** 所示。

执行"窗口＞动画"菜单命令，打开"动画"面板，单击"播放动画"按钮，如下 2 所示。

单击该按钮后，时间轴开始慢慢移动，如下 3 所示。

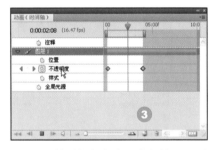

当时间轴移动时，我们就可以看到图像的变化，如下 4 所示。

播放动画时，在"图层"面板中会随着动画的播放而与图像中的信息相对应，如下 5 所示。

在时间轴移动至最末尾位置时，如下 6 所示，图像将被完全显示出来，如下 7 所示。

保存并导出动画

菜单：文件＞存储为Web和设备所用格式
快捷键：-
版本：CS，CS2，CS3，CS4
适用于：动画

我们可以应用"存储为Web和所用设备格式"命令，存储动画。

执行"文件＞存储为Web和设备所用格式"菜单命令，打开"存储为Web和设备所用格式"对话框，在该对话框中选择格式为GIF，如下 1 所示。

单击"存储"按钮，弹出"将优化结果存储为"对话框，在该对话框中设置存储的动画名和位置，再单击"保存"按钮，如下 2 所示。

弹出"'Adobe存储为Web和设备所用格式'警告"对话框，在该对话框中单击"确定"按钮即可保存并导出GIF动画，如下 3 所示。

Part 11
Web功能

在网页制作中引入图像元素是必不可少的，如何恰当地选用不同格式的图像文件满足不同的制作需要均是制作Web图像的前提。其中，网页图像可以是多种不同格式，如JPEG、GIF和PNG等，不同格式的图像在通过网页浏览器查看时，所看到的图像会有区别。而Web服务器也称为WWW服务器，即是用于提供网上信息浏览服务的，Web图像是专业用于在Web浏览器中浏览的网页图像。

用户可以运用Photoshop所提供的Web功能创建Web图像，在创建Web和多媒体图像后，用户还可以在图像的显示质量和图像文件大小方面加以设置，以优化图像的质量。利用"存储为Web和设备所用格式"对话框，可以将图像或在图像中创建的切片存储为不同的文件格式，并为图像创建不同的URL链接。执行"文件＞存储为Web和设备所用格式"菜单命令，如下 ❶、❷ 所示，打开"存储为Web和设备所用格式"对话框，在该对话框中提供了预览图像的缩览框，在缩览框右侧有移动、缩放图像的工具，选择不同的工具后，还可以在缩览框右侧设置图像的优化参数，制作出各类Web图像，如网站导航等，同时还可以利用网页切片功能制作页面并创建Web链接，分别如下 ❸、❹ 所示。

01 使用Web图形

Web图像是使用Web浏览器浏览时所显示的图像，使用Photoshop可以快速创建各种Web图像，同时，对于所创建的Web图像，可以进行随意的翻转并更改其颜色值。

了解Web图像

菜单：-
快捷键：-
版本：CS，CS2，CS3，CS4
适用于：Web图像

Web只是一种环境，即互联网的使用环境、氛围、内容等。同时，它也是一系列技术的复合总称（包括网站的前台布局、后台程序、美工、数据库领域等技术的概括性的总称）。Web可以在一个页面中同时显示色彩丰富的图形和文本的性能，如下①所示为一幅单一的图像。

将其创建为Web图像，再应用到网面中后，效果如下②所示。

创建翻转

菜单：-
快捷键：-
版本：CS，CS2，CS3，CS4
适用于：Web图像

翻转是网页上的一个按钮或图像，当鼠标移动到它上方时，它会自动发生变化。如果需要创建翻转，则至少需要两个图像：主图像表示处于正常状态的图像，而次图像表示处于更改状态的图像，如下①所示。

在Photoshop中，提供了许多用于创建翻转图像的有用工具。最常用的方法是通过使用图层创建主图像和次图像，即在一个图层上创建内容，然后在保持图层对齐的前提下，再复制并编辑图层，以创建与它相似的内容，如下②所示。

当创建翻转效果时，可以更改图层的样式、可见性或位置，调整颜色或色调，如下③所示为调整次图像颜色。

也可以利用图层样式对主图层应用各种效果，如颜色叠加、投影、发光或浮雕，如下④所示为对次图层中的图像应用发光和浮雕后的效果。

在图像上双击添加渐变叠加样式后，效果如下⑤所示。

使用十六进制颜色值

菜单：-
快捷键：-
版本：CS，CS2，CS3，CS4
适用于：Web图像

在Photoshop中，可以显示图像颜色的十六进制值或复制颜色的十六进制值，以便在HTML文件中使用。应用"信息"面板可以查看十六进制颜色值。执行"窗口＞信息"菜单命令或单击"信息"面板选项卡，以查看"信息"面板，如下①所示。

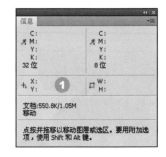

单击"信息"面板中的扩展按钮，在弹出的面板菜单中选择"面板选项"命令，弹出"信息面板选项"对话框，如下 **2** 所示。

在"第一颜色信息"或"第二颜色信息"选项组的"模式"下拉列表中选择"Web 颜色"选项，并单击"确定"按钮，如下 **3** 所示。

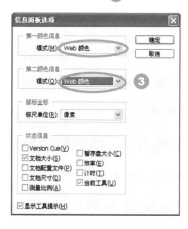

此时，将鼠标指针放在要查看十六进制值的颜色上，如下 **4** 所示，将在"信息"面板中查看到该颜色的颜色信息，如下 **5** 所示。

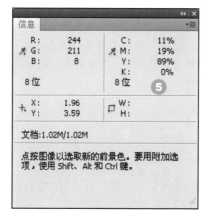

在主工作区，可以将十六进制值的形式复制到当前前景或图像中的某个颜色上。首先在"颜色"面板中设置前景色，如右上 **6** 所示。

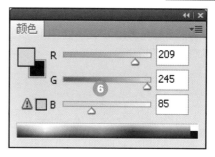

单击"颜色"面板右上角的扩展按钮，在弹出的面板菜单中选择"将颜色拷贝为HTML"命令，如下 **7** 所示，将颜色作为带有十六进制的HTML颜色拷贝到剪贴板。

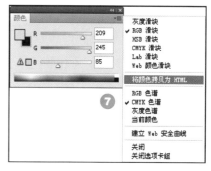

在 HTML 编辑应用程序中打开目标文件，然后执行"编辑＞粘贴"菜单命令，即可复制HTML颜色。

使用Web功能制作网站导航

Web图像是专门用于在网页中浏览的图像。在本实例中，应用"图层"面板，创建图层蒙版，合成背景图像，然后使用"钢笔"工具绘制简单的图形，并添加上文字，制作一个网站导航。

素材文件：素材\Part 11\01.jpg、02.jpg、03.jpg、04.jpg、05.jpg、06.jpg
最终文件：源文件\Part 11\制作网站导航.psd

Before

After

STEP 01 执行"文件>打开"菜单命令,打开随书光盘\素材\Part 11\01.jpg 文件,如下 **1** 所示。

STEP 02 执行"文件>打开"菜单命令,打开随书光盘\素材\Part 11\02.jpg 文件,如下 **2** 所示。

STEP 03 选择"移动"工具 ⊕,将素材02.jpg移至素材01.jpg上,并适当调整其大小,如下 **3** 所示。

STEP 04 单击"图层"面板下方的"添加图层蒙版"按钮 ▣,选择"画笔"工具 ✎,设置前景色为黑色,然后在图像上方涂抹,将不需要的图像隐藏,如下 **4** 所示。

STEP 05 单击"调整"面板中的"色彩平衡"按钮 ♨,在弹出的参数面板中设置参数,如右上 **5** 所示。

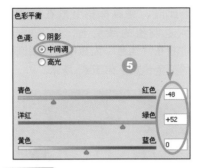

STEP 06 设置完成后,应用所设置的参数调整图像颜色,如下 **6** 所示。

STEP 07 选择"钢笔"工具 ♦,在图像上方绘制一个工作路径,如下 **7** 所示。

STEP 08 按下快捷键Ctrl+Enter,将路径转换为选区,如下 **8** 所示。

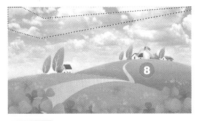

STEP 09 选择"渐变"工具 ▣,单击"渐变编辑器"按钮,打开"渐变编辑器"对话框,然后在该对话框中设置各项参数,如下 **9** 所示。

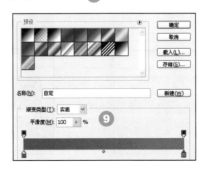

STEP 10 设置完成后,新建"图层2"图层,在选区内从右向左拖曳,填充渐变颜色,如下 **10** 所示。

> **提示**
> 应用"渐变"工具填充图像前,勾选"反向"复选框,再进行拖曳,则可以反向填充所设置的渐变色。

STEP 11 选择"减淡"工具 ◉,设置"曝光度"为50%,在选区右侧涂抹,减淡图像,如下 **11** 所示。

STEP 12 选择"钢笔"工具 ♦,在图像上继续绘制一个工作路径,如下 **12** 所示。

STEP 13 按下快捷键Ctrl+Enter,将绘制的路径转换为选区,如下 **13** 所示。

STEP 14 设置前景色为R178、G0、B0,新建"图层3"图层,选择"油漆桶"工具 ◈,在选区中单击,填充前景色,如下页 **14** 所示。

STEP 15 选择"减淡"工具，设置"曝光度"为50%，在箭头图像上涂抹，减淡图像，如下**15**所示。

STEP 16 执行"文件＞打开"菜单命令，打开随书光盘\素材\Part 11\03.jpg文件，选择"快速选择"工具，连续单击左侧的手机图像，创建选区，如下**16**所示。

STEP 17 选择"移动"工具，将选区内的图像移动至背景图像中，再适当调整其大小和位置，如下**17**所示。

STEP 18 按下快捷键Ctrl+J，复制一个手机图像，再调整其大小和位置，如下**18**所示。

STEP 19 新建"图层5"图层，设置前景色为R9、G193、B253，选择"椭圆"工具，按下Shift键单击并拖曳绘制蓝色圆形，如下**19**所示。

STEP 20 选择"橡皮擦"工具，设置"不透明度"为15，"流量"为15，然后在圆上涂抹，擦除图像，再调整圆的大小和位置，如下**20**所示。

STEP 21 按下快捷键Ctrl+J，复制多个圆形，分别调整其大小和位置，如下**21**所示。

STEP 22 选择"钢笔"工具，在图像上继续绘制一个工作路径，如下**22**所示。

STEP 23 按下快捷键Ctrl+Enter，将所绘制的路径转换为选区，如下**23**所示。

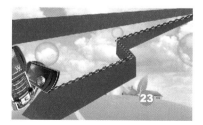

STEP 24 设置前景色为R252、G0、B0，新建"图层6"图层，选择"油漆桶"工具，在选区中单击，填充前景色，如下**24**所示。

STEP 25 选择"减淡"工具，设置"曝光度"为40，在图像上涂抹，涂抹后的图像效果如下**25**所示。

STEP 26 选择"矩形选框"工具，在图像的右下角位置单击并拖曳绘制矩形选区，如下**26**所示。

STEP 27 选择"渐变"工具，单击"渐变编辑器"按钮，打开"渐变编辑器"对话框，在该对话框中设置各项参数，如下**27**所示。

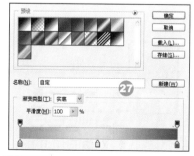

STEP 28 新建"图层7"图层，单击"线性渐变"按钮，再在选区中从左向右拖曳，填充渐变颜色，如下页**28**所示。

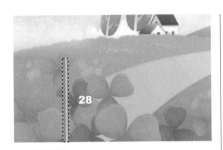

STEP 29 设置前景色为R252、G0、B0，新建"图层8"图层，选择"圆角矩形"工具 ▣，设置"半径"为8px，在图像上单击并拖曳，绘制红色矩形，如下 **29** 所示。

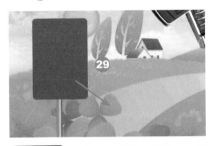

STEP 30 双击"图层8"图层，打开"图层样式"对话框，在该对话框中设置各项参数，如下 **30** 所示，单击"确定"按钮，描边图像，效果如下 **31** 所示。

STEP 31 选择"自定形状"工具 ▣，选择"箭头"形状，如下 **32** 所示，单击"填充像素"按钮 ▣，新建"图层8"图层，绘制箭头图像，如下 **33** 所示。

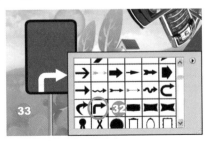

STEP 32 新建"图层9"图层，选择"圆角矩形"工具 ▣，设置"半径"为12px，前景色为白色，单击并拖曳绘

制白色矩形，然后旋转矩形，如下 **34** 所示。

STEP 33 双击"图层9"图层，打开"图层样式"对话框，勾选"投影"复选框，设置各项参数，如下 **35** 所示，设置完成后为图像添加投影效果，如下 **36** 所示。

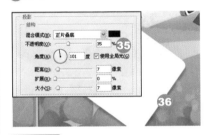

STEP 34 按下快捷键Ctrl+J，复制两个白色矩形，调整它们的位置，如下 **37** 所示。

STEP 35 打开随书光盘\素材\Part 11\04.jpg文件，选择"移动"工具 ▣，将人物移至矩形上方，再调整其大小并旋转图像，如下 **38** 所示。

STEP 36 双击"图层10"图层，打开"图层样式"对话框，在该对话框中勾选"描边"复选框，再设置各项参数，如右上 **39** 所示。设置完成后，对图像进行描边，效果如右上 **40** 所示。

STEP 37 打开随书光盘\素材\Part 11\05.jpg、06.jpg文件，选择"移动"工具，将图像移至背景上，调整其大小并旋转图像，如下 **41** 所示。

STEP 38 右击"图层10"中的图层样式，在弹出的快捷菜单中选择"拷贝图层样式"命令，然后分别将此图层样式粘贴到另外两个人物图层上，如下 **42** 所示。

STEP 39 选择"横排文字"工具 ▣，在图像中输入修饰性文字，如下 **43** 所示。

STEP 40 新建"图层13"图层，设置前景色为黑色，选择"椭圆"工具 ▣，按下Shift键，单击并拖曳绘制黑色正圆，如下页 **44** 所示。

STEP 41 选择"图层12"图层，将其移动至"机情一夏"文字图层下方，调整顺序后的图像效果如下 45 所示。

STEP 42 选择"横排文字"工具 T，输入文字，右击文字图层，执行"图层>文字>栅格化"菜单命令，栅格化文字，如下 46 所示。

STEP 43 打开编辑框，再右击编辑框中的图像，在弹出的快捷菜单中选择"透视"命令，如下 47 所示。

STEP 44 单击并拖曳透视右侧的控制点，变形透视角度，如下 48 所示。

STEP 45 拖曳至合适的透视角度后，单击"提交"按钮，透视后的文字图像效果如下 49 所示。

STEP 46 再次输入，并对其进行栅格化处理，如下 50 所示。

STEP 47 执行"图像>变换>透视"菜单命令，调整图像，最终效果如下 51 所示。

02 图像的分割

在网页中浏览的图像，可以运用"切片"工具对其进行分割。通过将图像分割成不同大小的切片，再为切片设置各种用于切片输出的切片选项或指定图像的切片链接等。将图像分割切片后，应用Web浏览器可以查看各个切片的文本信息和链接等。

Web页切片

菜单：-
快捷键：C
版本：6.0，7.0，CS，CS2，CS3，CS4
适用于：图像

在Photoshop中，可以使用"切片"工具直接在图像上绘制切片线条，或使用图层来设计图形，然后基于图层创建切片。选择"切片"工具，此时，任何现有切片都将自动出现在图像窗口中，如右 1 所示。

选择"切片"工具，在图像上创建Web切片时，按下Shift键单击并

拖曳创建切片，可以控制切片为正方形，如下 2 所示。

除直接拖曳创建Web切片外，还可以基于参考线创建切片，首先在图像中添加参考线，如下 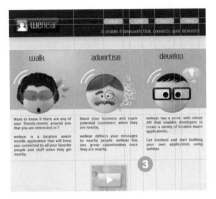③ 所示。

选择"切片"工具，然后单击选项栏中的"基于参考线的切片"按钮 **基于参考线的切片** ，创建切片，如下 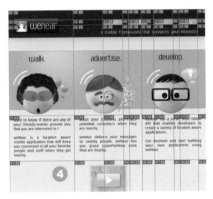④ 所示。通过参考线创建切片时，将删除所有现有切片。

另外，还能够基于图层创建切片，基于图层创建的切片将包括图层中的所有像素数据。在"图层"面板中选择欲创建Web切片的图层，如下 ⑤ 所示。

执行"图层>新建基于图层的切片"菜单命令，将创建基于所选图层的切片，如右上 ⑥ 所示。

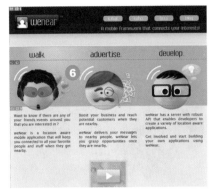

基于图层的切片会在源图层发生修改时进行更新，如果移动图层或重新编辑图层中的内容，切片区域将自动调整以包含新像素，如下 ⑦ 所示。

如果计划在播放动画期间在图像的一块很大区域上移动该图层，容易造成切片尺寸超出有用的大小，所以此时最好不要使用基于图层的切片。

> **提示**
> 在"存储为Web和设备所用格式"对话框中可以使用颜色调整使未选择中的切片变暗，但调整不会影响图像最终的输出效果。

查看切片和切片选项

菜单：-
快捷键：C
版本：6.0，7.0，CS，CS2，CS3，CS4
适用于：图像

在Photoshop中的"存储为Web和设备所用格式"对话框中查看切片。执行"文件>存储为Web和设备所用格式"菜单命令，即可打开"存储为Web和设备所用格式"对话框，在该对话框中可以查看到当前选择的切片，如下 ① 所示。

在该对话框中选择"切片"工具，在图像中的切片上单击，可以选择不同的切片，如下 ② 所示。

在默认情况下，用户切片和基于图层的切片带蓝色标记，如下 ③ 所示，而自动切片带灰色标记，如下 ④ 所示。

在Photoshop中，通过"首选项"对话框可以更改切片颜色，执行"编辑>首选项>参考线、网格和切片"菜单命令，打开"首选项"对话框，如下 ⑤ 所示。

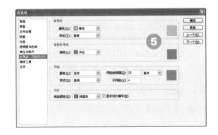

在"切片"选项组中的"线条颜色"下拉列表中选择一种颜色，选定的切片线条将自动以该颜色进行显示，如下 ⑥ 所示。

如果取消勾选"显示切片编号"复选框，将不显示切片编号，如下 ⑦ 所示。

在图像中创建的切片，是从图像的左上角开始然后从左到右、从上而下进行编号，而不同的切片标记所代表的切片条件也不同。◪标记表明用户切片有图像内容；◪标记表明用户切片没有图像内容；▣标记表明切片基于图层。

修改切片

菜单: -
快捷键: -
版本: 6.0, 7.0, CS, CS2, CS3, CS4
适用于: 图像

运用切片工具创建切片以后，可以对创建的切片进行修改，如移动切片、调整切片大小、复制切片和删除切片等。如果需要移动切片，则选择"切片选择"工具，选择一个或多个切片，如下 ① 所示。

移动切片选框内的指针，将该切片拖曳至新的位置上，如下 ② 所示。

拖曳至合适位置后，释放鼠标即可实现切片的移动，如下 ③ 所示。

> **提示**
> 在移动切片时，如果按下Shift键，则可以将切片垂直或水平移动。

若要调整切片大小，则抓取切片的四角的控制手柄，此时光标会变为双向箭头，如下 ④ 所示。

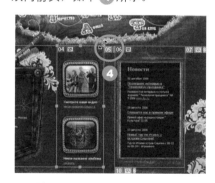

单击并向右上角的位置拖曳鼠标，如下 ⑤ 所示。

拖曳后，释放鼠标，调整切片大小，如下 ⑥ 所示。

选择一个切片，按下Alt键，单击并拖曳可复制切片，如下 ⑦ 所示。

设置切片的输出

菜单: -
快捷键: C
版本: 6.0, 7.0, CS, CS2, CS3, CS4
适用于: 图像

在"切片选项"对话框中可以对切片的输出选项进行设置，选择"切片选择"工具，单击选择图像中的一个切片，如下 ① 所示。

双击所选切片，即可弹出"切片选项"对话框，如下页 ② 所示。如果"切片选择"工具是现用的，则单击选项栏中的"为当前切片设置选项"按钮▤，也可以打开"切片选项"对话框。

在该对话框中可以指定输出切片的类型，如果选择"无图像"选项，则是创建可在其中填充文本或纯色的空表单元格，而且类型为"无图像"的切片将不会被导出为图像，无法在浏览器中预览。

为图像切片指定链接

菜单：-
快捷键：C
版本：6.0，7.0，CS，CS2，CS3，CS4
适用于：图像

为切片指定URL，可使整个切片区域成为所生成Web页中的链接，当用户单击该链接时，Web浏览器会自动导航到指定的URL或目标框架。选择"切片选择"工具选择其中一个切片，如下 1 所示。

双击该切片，弹出"切片选项"对话框，在URL文本框中输入URL链接地址，如下 2 所示。

执行"文件＞存储为Web和设备所用格式"菜单命令，打开"存储为Web和设备所用格式"对话框，如下 3 所示。

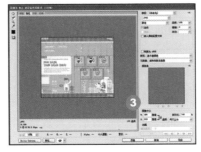

单击"存储"按钮，弹出"将优化结果存储为"对话框，在该对话框下方的"保存类型"下拉列表中选择"HTML和图像（*.html）"选项，并输入文件名，如下 4 所示。

单击"保存"按钮，弹出警告对话框，在该对话框中单击"确定"按钮，如下 5 所示。

运用Web浏览器打开保存的图像，如下 6 所示。

提示

在图像中为切片创建链接后，不能在Photoshop中直接查看到图像，必须将其保存为Web图像后，再运用浏览器查看。

单击创建链接的切片，弹出如下 7 所示的链接图像。

将HTML文本添加到切片

菜单：-
快捷键：C
版本：6.0，7.0，CS，CS2，CS3，CS4
适用于：图像

在"切片选项"对话框中的"切片类型"下拉列表中选择"无图像"选项时，可以将HTML文本添加到切片中，生成Web页的切片区域中显示的文本。在切片中添加的文本，也可以使用标准HTML标记设置格式的文本。要在切片中添加文本，必须选择一个切片，如下 1 所示。

选择"切片选择"工具，双击此切片，弹出"切片选项"对话框，在"切片类型"下拉列表中选择"无图像"选项，如下 2 所示。

在"显示在单元格中的文本"文本框中输入所需要的文本，如下  所示。

"文件存储为Web和设备所用格式"菜单命令，打开"存储为Web和设备所用格式"对话框中，将切片中添加的文字保存为HTML，如下 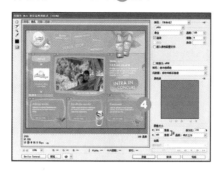 所示。

保存后，在运用HTML浏览器查看时，即可查看到将文本添加至切片中的效果，如下  所示。

Photoshop不会在文档窗口中显示HTML文本，如果要查看效果，则执行

应用切片创建Web网站并链接

应用切片的方式可以创建网站并制作链接。在本实例中，首先选择一个绿色背景图像，然后选择"切片"工具创建切片，再将素材图像移至背景图像的各切片中，再通过"切片选项"对话框为图像创建链接。

素材文件：素材\Part 11\07.jpg、08.psd、09.psd、10.jpg、11.jpg、12.jpg、13.jpg、14.psd、15.jpg

最终文件：源文件\Part 11\创建Web网站并链接.psd

Before

After

STEP 01 执行"文件＞打开"菜单命令，打开随书光盘\素材\Part 11\07.jpg文件，如下  所示。

STEP 02 选择"背景"图层，将其拖曳至"新建图层"按钮上，复制得到"背景副本"图层，再将图层混合模式设置为"正片叠底"，"不透明度"设置为60%，如右上  所示。

提示

如果当前图像中除"背景"图层外，无其他的图层，按下快捷键Ctrl+J，复制"背景"图层时，系统将自动将其命名为"图层1"，如果当前图像中除此图层外还有其他的图层，则按下快捷键后会将其命名为"背景副本"。

STEP 03 应用"正片叠底"混合模式，加深原图像，如下  所示。

STEP 04 选择"切片"工具，在图像上单击并拖曳创建多个切片，如下页  所示。

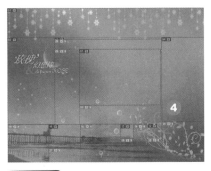

STEP 05 单击"调整"面板上的"色阶"按钮 ，在弹出的面板中设置各项参数，如下 **5** 所示。

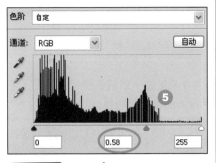

STEP 06 选择"绿"通道，再拖动色阶图下方的滑块，调整"绿"通道的色阶参数，如下 **6** 所示。

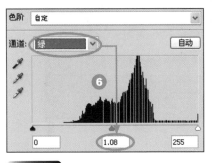

STEP 07 设置完成后，应用所设置的色阶参数加深整个图像的颜色，如下 **7** 所示。

STEP 08 执行"文件>打开"菜单命令，打开随书光盘\素材\Part 11\08.psd 文件，如右上 **8** 所示。

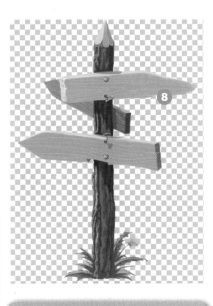

> **提示**
> 选择工具箱中的"加深/减淡"工具，通过设置不同的曝光度，可以更改图像颜色浓度。

STEP 09 选择"移动"工具 ，将图像移至背景图像的右侧，如下 **9** 所示。

STEP 10 打开"调整"面板，单击"曲线"按钮 ，在弹出的参数面板中单击并向下拖曳曲线，如下 **10** 所示。

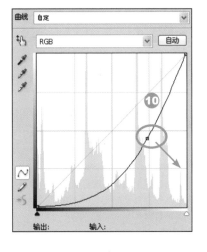

STEP 11 拖曳曲线图后，降低图像的亮度，加深图像，效果如下 **11** 所示。

> **提示**
> 在曲线图上拖曳曲线时，向上拖曳曲线会使图像变亮，向下拖曳则会使图像变暗。

STEP 12 打开"调整"面板，单击"亮度/对比度"按钮 ，在弹出的参数面板中设置各项参数，如下 **12** 所示。

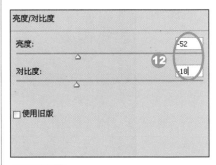

STEP 13 设置完成后，应用所设置的参数，降低图像的亮度/对比度，使图像与背景融合，如下 **13** 所示。

STEP 14 选择"图层2"、"色阶2"和"亮度/对比度1"图层，按下快捷键Ctrl+E，合并为"图层2"图层，选择该图层，打开"图层样式"对话框，在对话框中勾选"投影"复选框，并设置各项参数，如下页 **14** 所示。

STEP 15 设置完成后，应用所设置的参数，添加投影效果，如下 **15** 所示。

STEP 16 按下快捷键Ctrl+J，复制多个栅栏图像，再分别调整它们的大小和位置，如下 **16** 所示。

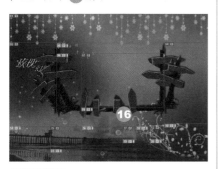

STEP 17 执行"文件＞打开"菜单命令，打开随书光盘\素材\Part 11\09.psd文件，如下 **17** 所示。

STEP 18 选择"移动"工具，将素材图像移至背景图像上，再适当调整其大小和位置，如下 **18** 所示。

STEP 19 单击"调整"面板中的"曲线"按钮，在弹出的面板中单击并拖曳曲线，如下 **19** 所示。

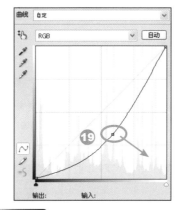

STEP 20 应用曲线参数，调整图像明暗度，如下 **20** 所示。

STEP 21 单击"调整"面板中的"亮度/对比度"按钮，在弹出的面板中设置各项参数，如下 **21** 所示，设置后的图像效果如下 **22** 所示。

STEP 22 选择"图层3"、"曲线1"和"亮度/对比度1"图层，按下快捷键Ctrl+E，合并为"图层3"图层，再按下快捷键Ctrl+J，复制图像，并调整其位置和图层顺序，调整后的图像效果如下 **23** 所示。

STEP 23 执行"视图＞显示＞切片"菜单命令，隐藏切片，选择"圆角矩形"工具，设置"半径"为5px，在选项栏中单击"路径"按钮，绘制路径，如下 **24** 所示。

STEP 24 按下快捷键Ctrl+Enter，将路径转换为选区，如下 **25** 所示。

STEP 25 选择"渐变"工具，单击"渐变编辑器"按钮，弹出"渐变编辑器"对话框，在该对话框中设置各项参数，如下页 **26** 所示。

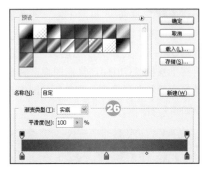

STEP 26 新建"图层4"，单击"线性渐变"按钮▣，在选区中由上向下拖曳填充渐变颜色，如下 **27** 所示。

STEP 27 双击"图层4"图层，弹出"图层样式"对话框，在该对话框中设置各项参数，如下 **28** 所示。

STEP 28 设置完成后，为矩形图像添加投影效果，如下 **29** 所示。

STEP 29 选择"圆角矩形"工具▣，设置"半径"为2px，新建"图层5"图层，设置前景色为R182、G181、B179，单击"填充像素"按钮，绘制矩形，如右上 **30** 所示。

STEP 30 选择"圆角矩形"工具▣，设置"半径"为12px，单击"路径"按钮▣，单击并拖曳鼠标，绘制路径，如下 **31** 所示。

STEP 31 按下快捷键Ctrl+Enter，将路径转换为选区，如下 **32** 所示。

> **提示**
> 在"圆角矩形工具"选项栏中，设置的半径值越大，所绘制的矩形越平滑。

STEP 32 选择"渐变"工具▣，单击"渐变编辑器"按钮，弹出"渐变编辑器"对话框，在该对话框中设置各项参数，如下 **33** 所示。

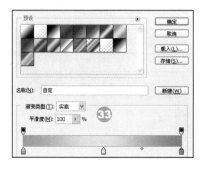

STEP 33 新建"图层6"图层，单击"线性渐变"按钮▣，在选区中由上向下拖曳填充渐变颜色，如下 **34** 所示。

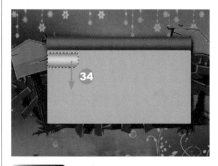

STEP 34 按下快捷键Ctrl+J，复制多个矩形图像，再调整其位置，如下 **35** 所示。

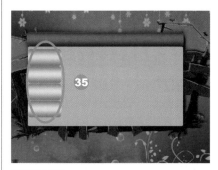

STEP 35 选择"矩形"工具▣，新建"图层7"图层，设置前景色为白色，单击并拖曳绘制白色矩形，如下 **36** 所示。

STEP 36 选择"图层7"图层，将"不透明度"设置为10%，如下 **37** 所示。

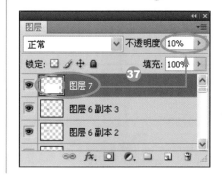

STEP 37 设置不透明度后的图像效果如下 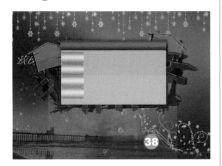38 所示。

STEP 38 选择"自定形状"工具 ，单击"形状"右侧的三角箭头，在弹出的列表中选择"会话4" 选项，如下 39 所示。

STEP 39 单击"填充像素"按钮，设置前景色为白色，新建"图层8"图层，然后单击并拖曳绘制图形，如下 40 所示。

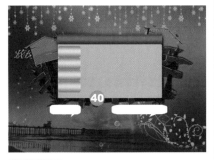

STEP 40 选择"图层8"图层，将图层"不透明度"设置为10%，如下 41 所示。

STEP 41 设置完成后，降低图形的不透明度，如下 42 所示。

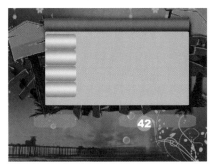

STEP 42 执行"视图>显示>切片"菜单命令，显示隐藏的切片，如下 43 所示。

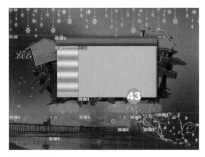

STEP 43 执行"文件>打开"菜单命令，打开随书光盘\素材\Part 11\10.jpg文件，如下 44 所示。

STEP 44 选择"移动"工具 ，将素材图像移至背景图像中，再适当调整其大小和位置，如下 45 所示。

STEP 45 单击"调整"面板中的"色彩平衡"按钮 ，在弹出的面板中设置各项参数，如右上 46 所示。

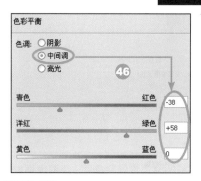

STEP 46 设置完成后，应用所设置的参数，加深绿色，如下 47 所示。

STEP 47 执行"文件>打开"菜单命令，打开随书光盘\素材\Part 11\11.jpg文件，如下 48 所示。

STEP 48 选择"移动"工具 ，将素材图像移至背景图像上，并水平翻转图像，再调整其大小和位置，调整后的图像效果如下 49 所示。

STEP 49 双击"图层10"设置，弹出"图层样式"对话框，在该对话框中勾选"描边"复选框，再设置各项参数，如下页 50 所示。

STEP 50 设置完成后，为图像添加描边效果，如下 **51** 所示。

> **提示**
> 在"图层样式"对话框中设置"描边"样式时，设置的描边值越大，描边宽度越宽。

STEP 51 执行"文件＞打开"菜单命令，打开随书光盘\素材\Part 11\12.jpg文件，如下 **52** 所示。

STEP 52 选择"移动"工具，将素材图像移至背景图像上，并调整其大小和位置，如下 **53** 所示。

STEP 53 双击"图层10"图层，弹出"图层样式"对话框，在该对话框中勾选"描边"复选框，并设置各项参数，如下 **54** 所示。

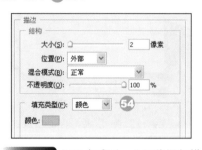

STEP 54 设置完成后，为图像添加描边效果，如下 **55** 所示。

STEP 55 执行"文件＞打开"菜单命令，打开随书光盘\素材\Part 11\13.jpg文件，如下 **56** 所示。

STEP 56 选择"移动"工具，将素材图像移至背景图像上，并调整其大小和位置，调整后的图像效果如下 **57** 所示。

STEP 57 执行"文件/打开"菜单命令，打开随书光盘\素材\Part 11\14.psd文件，如下 **58** 所示。

STEP 58 选择"移动"工具，将素材图像移至背景图像上，并调整其大小和位置，调整后的图像效果如下 **59** 所示。

STEP 59 按下快捷键Ctrl+J，复制一个花朵图像，再水平翻转图像，并将其移至另一侧，如下 **60** 所示。

STEP 60 打开随书光盘\素材\Part 11\15.jpg文件，然后将其移至背景图像中，如下页 **61** 所示。

STEP 61 选择"橡皮擦"工具 ，将不需要的图像擦除，然后再水平翻转图像，如下 62 所示，复制多个图像，并分别调整它们的位置。

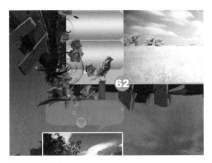

STEP 62 设置前景色为白色，选择"自定形状"工具 ，在其选项栏中的"形状"下拉列表中，选择"箭头2"选项，如下 63 所示，单击"填充像素"按钮 ，新建"图层14"图层，单击并拖曳绘制白色箭头，如下 64 所示。

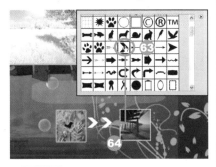

STEP 63 选择"横排文字"工具 ，在图像上输入文字，如下 65 所示。

STEP 64 执行"视图>显示>切片"菜单命令，显示切片，如下 66 所示。

STEP 65 选择"切片选择"工具 ，选择中间的切片图像，如下 67 所示。

STEP 66 双击该切片，打开"切片选项"对话框，在该对话框中为切片设置URL链接和文本信息，如下 68 所示。

STEP 67 选择"切片选择"工具 ，选择左下角的切片图像，如下 69 所示。

STEP 68 双击该切片，打开"切片选项"对话框，设置URL链接和文本信息，如下 70 所示。

STEP 69 继续为另外两幅图像指定相应切片链接，如下 71 、 72 所示。

STEP 70 执行"文件>存储为 Web 和设置所用格式"菜单命令，在打开的对话框中单击"存储"按钮，如下 73 所示。

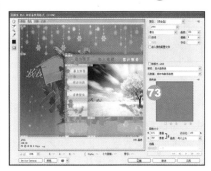

343

STEP 71 弹出"将优化结果存储为"对话框，在该对话框中指定存储名称和位置，如下 **74** 所示。

STEP 72 单击"保存"按钮，弹出警告对话框，在该对话框中单击"确定"按钮，存储图像，如下 **75** 所示。保存后，运用Web浏览器查看制作的Web图像及相关链接。

03 Web图像的优化和输出

Web图像既然是用于专业的网页图像，那么就需要对输出的Web图像进行优化输出。运用Photoshop中的Web功能可以对图像进行各种效果的设置，通过在"存储为Web和设置所用格式"对话框中设置参数，对图像进行优化输出。

Web图像优化选项

菜单：文件＞存储为Web和设备所用格式
快捷键：-
版本：6.0，7.0，CS，CS2，CS3，CS4
适用于：图像

Web图像格式可以是位图栅格或矢量图形。使用"存储为Web和设置所用格式"菜单命令，对Web图像的优化选项进行设置。执行"文件＞存储为Web和设备所用格式"菜单命令，打开"存储为Web和设置所用格式"对话框，如下 **1** 所示。

在"存储为Web和设置所用格式"对话框中的标签可以用来选择优化效果的查看方式，共包括4种不同的查看方式。单击"优化"标签，则只显示优化后的图像，如右上 **2** 所示。

单击"双栏"标签，则以两栏的方式显示Web图像，左栏显示的是原图像，右栏则显示优化后的图像，如下 **3** 所示。

单击"四栏"标签，则以四栏的方式显示图像的优化，其中左上角为原图像，其他三幅图像均为不同的优化的图像效果，如下 **4** 所示。

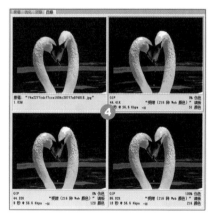

在"存储为Web和设备所用格式"对话框中按下快捷键Ctrl++或Ctrl+-可以放大或缩小图像。

> **提示**
> 在"存储为Web和设备所用格式"对话框中选择其中一种格式后，则会在其下方弹出该格式的参数选项。

JPEG优化选项

菜单：图像＞模式
快捷键：-
版本：6.0，7.0，CS，CS2，CS3，CS4
适用于：图像

JPEG格式是用于压缩连续色调图像的标准格式。将图像优化为JPEG格式的过程即是依赖于有损压缩，对图像进行有选择地扔掉数据，实现图像的优化。在"存储为Web和设置所用格式"对话框中的"预设"下拉列表中选择"JPEG高"选项，弹出适用于JPEG的优化设置，如下 **1** 所示。

"品质"选项用于确定压缩程度。"品质"设置得越高，压缩算法保留的细节越多。设置"品质"值为0时，优化图像，效果如下 **2** 所示。

设置"品质"值为100时，对图像进行优化操作，效果如下 **3** 所示。

勾选"优化"复选框将创建较大的文件；同时，如果在该对话框中勾选"连续"复选框，则在Web浏览器中以渐进方式显示图像，如下 **4** 所示。

"模糊"选项指定应用于图像的模糊量。"模糊"选项与"高斯模糊"滤镜的效果相同，设置的数值越大，图像越模糊。当设置"模糊"值为0时，对图像进行模糊操作，效果如下 **5** 所示。

设置"模糊"值为2时，对图像进行模糊操作，效果如下 **6** 所示。

"杂边"选项可以在原始图像中为透明的像素指定一个填充颜色。单击"杂边"色板，弹出"拾色器"对话框，在该对话框中选择一种颜色，如右上 **7** 所示。

设置完成后，应用所设置的颜色填充原始图像中的透明区域，如下 **8** 所示。

为了方便，也可以从"杂边"下拉列表中选择一个选项，包括"无"、"吸管颜色"、"前景色"、"背景色"、"白色"、"黑色"或"其他"，如下 **9** 所示。

GIF和PNG-8优化选项

菜单：文件＞存储为Web和设备所用格式
快捷键：-
版本：6.0，7.0，CS，CS2，CS3，CS4
适用于：图像

GIF和PNG-8文件都支持8位颜色，它们可以显示多达256种颜色，因此GIF和PNG-8格式图像也被称为索引颜色图像。GIF用于压缩具有单调颜色和清晰细节的图像，如艺术线条、徽标或带文字的插图等标准格式。与GIF格式一样，PNG-8格式可有效地压缩纯色区域，同时保留清晰的细节，如下页 **1** 所示为GIF格式选项。

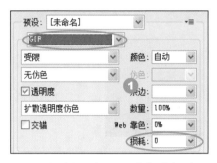

　　"损耗"选项通过有选择地扔掉数据来减小文件大小。设置较高的"损耗"值，会导致更多数据被扔掉。设置"损耗"值为0，对图像进行优化操作，效果如下 ② 所示。

　　设置"损耗"值为80，对图像进行优化操作，效果如下 ③ 所示。

　　"减低颜色深度算法与颜色"选项指定用于生成颜色查找表的方法和想要在颜色查找表中使用的颜色数量，包括"可感知"、"可选择"、"随样性"、"受限"4个方法。

　　● 可感知：通过为人眼比较灵敏的颜色赋以优先权来创建自定颜色表，效果如右上 ④ 所示。

　　● 可选择："可选择"是默认选项，通过创建一个颜色表，能生成具有最大颜色完整性的图像，效果如下 ⑤ 所示。

　　● 随样性：通过从图像的主要色谱中提取色样来创建自定颜色表，效果如下 ⑥ 所示。

　　● 受限：使用 Windows 和 Mac OS 8位调板通用的标准 216 色颜色表优化图像，优化后的图像效果如下 ⑦ 所示。

　　设置颜色查找方法后，在右侧选择颜色数量，选择的颜色数量越多，图像的颜色就越丰富。设置"颜色"值为4时，优化图像，图像中的颜色相对较少，图像上的颜色也越单一化，优化后的图像效果如下 ⑧ 所示。

　　更改颜色值，选择256时，优化图像，图像中的颜色范围增大，得到的颜色也越多，优化后的图像效果如下 ⑨ 所示。

　　"仿色方法和仿色"选项用于确定应用程序仿色的方法和数量。"仿色"是指模拟计算机的颜色显示系统中未提供的颜色的方法，较高的仿色百分比使图像中出现更多的颜色和更多的细节。设置仿色为25%时，图像效果如下 ⑩ 所示。

设置仿色为85%时，图像效果如下所示。

> **提示**
>
> 为了得到更精确的颜色信息，通常选择较高的仿色值。

在为图像选择仿色时，可以选择其中一种仿色方法。

"扩散"应用与"图案"仿色相比通常不太明显的随机图案。仿色效果在相邻像素间扩散，如下所示。

"图案"使用类似半调的方形图案模拟颜色表中没有的颜色，如下所示。

"杂色"应用与"扩散"仿色方法相似的随机图案，但不在相邻像素间扩散图案。使用"杂色"仿色方法时不会出现接缝，如右上所示。

若要更改杂边颜色，则单击"杂边"色板，在弹出的"拾色器"对话框中重新设置颜色，如下所示。

勾选"透明度"复选框，激活"透明度"选项列表，然后在列表中选择对部分透明像素应用仿色的方法，如下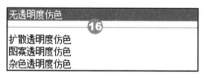所示。

"无透明度仿色"不对图像中部分透明的像素应用仿色，效果如下所示。

"扩散透明度仿色"应用与"图案"效果类似，会产生不太明显的随机图案。数值越大，图案就越明显，设置数量为100%时，应用仿色的图像效果如右上所示。

"图案透明度仿色"将对部分透明的像素应用类似半调的方块图案，效果如下所示。

"杂色透明度仿色"应用与"扩散"算法类似，会随机产生图案，但不在相邻像素间扩散图案，效果如下所示。

"Web靠色"选项用于指定将颜色转换为最接近的Web调板等效颜色的容差级别。值越大，转换的颜色越多。

> **提示**
>
> 当完整图像文件正在下载时，勾选"交错"复选框，会在浏览器中显示低分辨率版本的图像，同时也会减少图像的下载时间。

设置Web图像输出选项

菜单：文件＞存储为Web和设备所用格式
快捷键：-
版本：6.0，7.0，CS，CS2，CS3，CS4
适用于：图像

在"输出设置"对话框中可以设置 HTML 文件的格式、命名文件和切片，以及在存储优化图像时处理背景图像等。存储优化图像时，单击"存储为Web 和设置所用格式"对话框右下角的"存储"按钮，弹出"将优化结果存储为"对话框，如下 ❶ 所示，然后在"设置"下拉列表中选择"其他"选项。

弹出"输出设置"对话框，再在"设置"下拉列表中选择一个选项，如下 ❷ 所示。

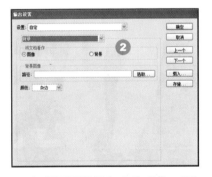

根据需要编辑每个选项集。要切换到不同的选项集，则在"设置"下拉列表中选择一个选项组弹出该选项组的所有选项，我们可以分别对其参数和选项设置。

设置完成后单击"存储"按钮，则可以对各项设置进行存储。

切片输出选项

菜单：文件＞存储为Web和设备所用格式
快捷键：-
版本：6.0，7.0，CS，CS2，CS3，CS4
适用于：图像

单击"存储Web和设备所用格式"对话框右上角的扩展按钮，在弹出的菜单中选择"编辑输出选项"命令，如下 ❶ 所示。

在"输出设置"对话框中的"设置"下拉列表中选择"切片"选项，则弹出切片输出选项，如下 ❷ 所示，其中"TD W&H"下拉列表用于指定何时包括表数据的宽度和高度属性，包括"总是"、"从不"或"自动"三个选项；"分隔符单元格"下拉列表则用于指定何时在生成的表周围添加一行和一列空白分隔符单元格。

选中"生成CSS"单选按钮，将激活"参考"下拉列表。"参考"下拉列表用于指定在使用CSS时如何在HTML文件中引用切片位置。选择"根据ID"选项，将使用由唯一ID引用的样式放置每个切片；选择"成行"选项，则将样式元素包括在块元素<DIV>标记的声明中；选择"根据类"选项，则使用由唯一ID引用的类放置每个切片，并在设置后生成级联样式表。打开一个已创建切片的图像，如下 ❸ 所示。

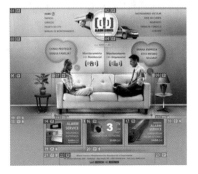

选中"生成CSS"单选按钮，选择"根据类"选项，得到的图像效果如下 ❹ 所示。

存储文件的输出设置

菜单：图像＞模式
快捷键：-
版本：6.0，7.0，CS，CS2，CS3，CS4
适用于：图像

在"输出设置"对话框中选择"存储文件"选项，则可以对存储文件的输出进行设置，如下 ❶ 所示。

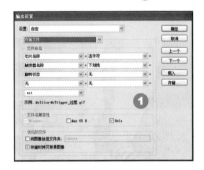

在"文件命名"选项中对文件名进行设置，如文档名称、切片名称、翻转状态、触发器切片、文件创建日期、切片编号、标点符号和文件扩展名等。

查看和添加标题及版权信息

菜单：文件＞文件简介
快捷键：-
版本：CS，CS2，CS3，CS4
适用于：图像

用户可以通过"文件简介"对话框查看标题和版权信息，同时也可以将标题和版权信息添加到Web页。执行"文件＞文件简介"菜单命令，弹出"文件简介"对话框，在该对话框中的"文档标题"文本框中输入在Web 浏览器标题栏中显示的文档标题，如下页 ❶ 所示。

在"版权公告"文本框中输入版权信息，如右上 ② 所示。

输入完成后，单击"确定"按钮，将标题和版权信息添加到Web页中。当使用Web浏览器查看图像时，标题信息会显示在 Web 浏览器的标题栏上，而版权信息只是作为数据添加到图像中不会显示出来，如右上 ③ 所示。

载入颜色更改并优化图像颜色

在"存储为Web和设备所用格式"对话框中，可以查看当前图像中所有的颜色信息，还可以通过更改颜色值优化图像颜色。在本实例中，选择了两张不同色调的图像，应用存储和载入颜色表的方式更改图像颜色。

素材文件：素材\Part 11\16.jpg、17.jpg　　　　最终文件：源文件\Part 11\更改并优化图像颜色.html

Before

After

STEP 01 执行"文件>打开"菜单命令，打开随书光盘\素材\Part 11\16.jpg 文件，如下 ① 所示。

STEP 02 执行"文件>打开"菜单命令，打开随书光盘\素材\Part 11\17.jpg 图像，如下 ② 所示。

STEP 03 选择打开的素材17.jpg 图像，执行"文件＞存储为Web和设备所用格式"菜单命令，如下 ③ 所示。

文件(F) 编辑(E) 图像(I) 图层(L) 选择(S) 滤镜	
新建(N)...	Ctrl+N
打开(O)...	Ctrl+O
在 Bridge 中浏览(B)...	Alt+Ctrl+O
打开为...	Alt+Shift+Ctrl+O
打开为智能对象...	
最近打开文件(T)	▶
共享我的屏幕...	
Device Central...	
关闭(C)	Ctrl+W
关闭全部	Alt+Ctrl+W
关闭并转到 Bridge...	Shift+Ctrl+W
存储(S)	Ctrl+S
存储为...	Shift+Ctrl+S
签入...	
存储为 Web 和设备所用格式(D)...	Alt+Shift+Ctrl+S
恢复(V)	F12

STEP 04 弹出"存储为Web和设备所用格式"对话框，在该对话框中单击"优化"标签，在预览框中可以显示优化图像，同时也可以选择不同的标签查看图像，或按下快捷键Ctrl+-缩小图像到适合预览的大小，如下 ④ 所示。

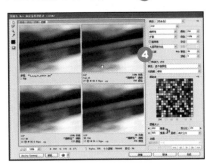

STEP 05 单击"颜色表"右上角的扩展按钮，在弹出的菜单中选择"存储颜色表"命令，如下 ⑤ 所示。

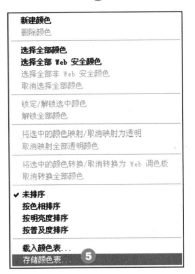

STEP 06 弹出"存储颜色表"对话框，在该对话框中可以根据个人需要选择存储位置、设置文件名称，设置完成后，单击"确定"按钮，存储颜色表，如下 ⑥ 所示。

STEP 07 单击"完成"按钮，关闭对话框。切换到文件中，再执行"文件＞存储为Web和设备所用格式"菜单命令，打开"存储为Web和设备所用格式"对话框，如下 ⑦ 所示。

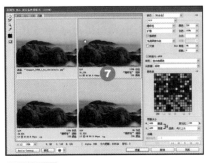

STEP 08 单击"颜色表"右上角的扩展按钮，在弹出的菜单中选择"载入颜色表"命令，如下 ⑧ 所示。

STEP 09 弹出"载入颜色表"对话框，在该对话框中选择已经存储的颜色表，然后单击"载入"按钮，如下 ⑨ 所示。

STEP 10 关闭对话框，返回到"存储为Web和设备所用格式"对话框中，在预览框中即可看到已载入的颜色表替换了原图像的颜色，如右上 ⑩ 所示。

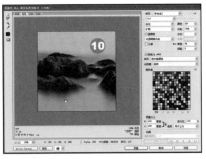

STEP 11 设置完成后单击"存储"按钮，弹出"将优化结果存储为"对话框，在该对话框中设置优化后的图像保存位置，如下 ⑪ 所示，再单击"保存"按钮。

STEP 12 弹出"警告"对话框，在该对话框中单击"确定"按钮，如下 ⑫ 所示。

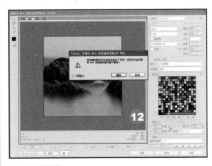

STEP 13 运用Web浏览器查看优化并更改颜色后的图像，如下 ⑬ 所示。

Part 12 Photoshop 快捷方式

为了便于图像的编辑或更改图像，Photoshop 为系统所带有的工具、菜单或面板等都配置了快捷键，如果需要查看工具的快捷键，将光标放在工具箱中的一个工具上，则会在该工具旁边显示其提示信息，其中包括此工具所对应的快捷键；如果需要查看隐藏工具的快捷键，可以单击工具右下角的黑色按钮，弹出隐藏工具，在工具右侧也会显示此类工具的快捷键。

在菜单栏下，我们经常使用的一些菜单命令，CS4也自动为其设置了相应的快捷键，例如，单击菜单栏上的"编辑"按钮，如下 ❶ 所示，然后弹出下级子菜单，在一些菜单命令的右侧即显示了该菜单命令的快捷键，如下 ❷ 所示。在编辑过程中，按快捷键则会执行相应的菜单命令，若是执行"编辑 > 键盘快捷键"菜单命令，则会打开"键盘快捷键和菜单"对话框，如下 ❸ 所示，单击该对话框中的下拉箭头，则打开菜单命令列表，选择其中一个菜单命令，然后单击并在文本框内输入新的快捷键，即可实现自定义快捷键功能，如下 ❹ 所示。

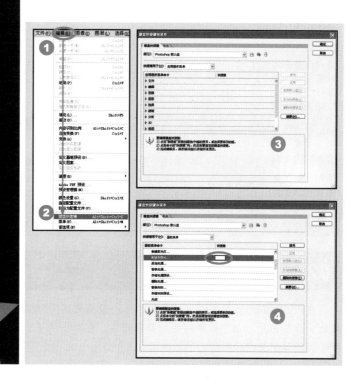

01 快速选择工具

Photoshop工具箱中的各个工具可以应用系统所提供的快捷键快速将其选中，同时也可以在行各个工具之间切换。下表列出了工具箱中各工具对应的快捷键。

工具箱中各工具对应的快捷键			
工　具	快　捷　键	工　具	快　捷　键
使用同一快捷键循环切换工具	按下Shift键并按该工具快捷键	橡皮擦工具 背景橡皮擦工具 魔术橡皮擦工具	E
循环切换隐藏的工具	按下Alt键并单击该工具（添加锚点、删除锚点和转换点三个工具除外）	渐变工具 油漆桶工具	G
移动工具	V	减淡工具 加深工具 海绵工具	O
矩形选框工具 椭圆选框工具	M	钢笔工具 自由钢笔工具	P
套索工具 多边形套索工具 磁性套索工具	L	横排文字工具 直排文字工具 横排文字蒙版工具 直排文字蒙版工具	T
魔棒工具 快速选择工具	W	路径选择工具 直接选择工具	A
裁剪工具 切片工具 切片选取工具	C	矩形工具 圆角矩形工具 椭圆工具 多边形工具 直线工具 自定形状工具	U
吸管工具 颜色取样器工具 标尺工具	I	3D 旋转工具 3D 滚动工具 3D 平移工具 3D 滑动工具 3D 比例工具	K
污点修复画笔工具 修复画笔工具 修补工具 红眼工具	J	3D 环绕工具 3D 滚动视图工具 3D 平移视图工具 3D 移动视图工具 3D 缩放工具	N
画笔工具 铅笔工具 颜色替换工具	B	抓手工具	H
仿制图章工具 图案图章工具	S	旋转视图工具	R
历史记录画笔工具 历史记录艺术画笔工具	Y	缩放工具	Z

02 快捷菜单命令

在Photoshop的菜单栏中，为其中一些较为常用的菜单命令配备了相应的快捷键，应用这些快捷键可以快速实现菜单命令的应用。单击菜单栏中的菜单命令，在弹出的子菜单后方显示了菜单命令所对应的快捷键。下面的表格中列出了大部分菜单命令所对应的快捷键。

"文件"菜单

菜单命令	快捷键	菜单命令	快捷键
新建	Ctrl+N	存储为	Shift+Ctrl+S
打开	Ctrl+O	存储为Web和设置所用格式	Alt+Shift+Ctrl+S
在Bridge中浏览	Alt+Ctrl+O	恢复	F12
打开为	Alt+Shift+Ctrl+O	文件简介	Alt+Shift+Ctrl+I
关闭	Ctrl+W	页面设置	Shift+Ctrl+P
关闭全部	Alt+Ctrl+W	打印	Ctrl+P
关闭并转到Bridge	Shift+Ctrl+W	打开一份	Alt+Shift+Ctrl+P
存储	Ctrl+S	退出	Ctrl+Q

"编辑"菜单

菜单命令	快捷键	菜单命令	快捷键
还原	Ctrl+Z	贴入	Shift+Ctrl+V
前进一步	Shift+Ctrl+Z	填充	Shift+F5
后退一步	Alt+Ctrl+Z	内容识别比例	Alt+Shift+Ctrl+C
渐隐	Shift+Ctrl+F	自由变换	Ctrl+T
剪切	Ctrl+X	颜色设置	Shift+Ctrl+K
拷贝	Ctrl+C	键盘快捷键	Alt+Shift+Ctrl+K
合并拷贝	Shift+Ctrl+C	菜单	Alt+Shift+Ctrl+M
粘贴	Ctrl+V		

"图像"菜单

菜单命令	快捷键	菜单命令	快捷键
自动色调	Shift+Ctrl+L	曲线	Ctrl+M
自动对比度	Alt+Shift+Ctrl+L	色相/饱和度	Ctrl+B
自动颜色	Shift+Ctrl+B	黑白	Alt+Shift+Ctrl+B
图像大小	Alt+Ctrl+I	反相	Ctrl+I
画布大小	Alt+Ctrl+C	去色	Shift+Ctrl+U
色阶	Ctrl+L		

"图层"菜单

菜单命令	快捷键	菜单命令	快捷键
新建图层	Shift+Ctrl+N	图层编组	Ctrl+G
通过拷贝的图层	Ctrl+J	取消图层编组	Shift+Ctrl+G
通过剪切的图层	Shift+Ctrl+J	合并图层	Ctrl+E
创建剪贴蒙版	Alt+Ctrl+G	合并可见图层	Shift+Ctrl+E

"选择"菜单

菜单命令	快捷键	菜单命令	快捷键
全部	Ctrl+A	反向	Shift+Ctrl+I
取消选择	Ctrl+D	所有图层	Alt+Ctrl+A
重新选择	Shift+Ctrl+D	调整边缘	Alt+Ctrl+R

"滤镜"菜单	
菜 单 命 令	快 捷 键
上次滤镜操作	Ctrl+F

"分析"菜单	
菜 单 命 令	快 捷 键
记录测量	Shift+Ctrl+M

3D菜单			
菜 单 命 令	快 捷 键	菜 单 命 令	快 捷 键
隐藏最近的表面	Alt+Ctrl+X	显示所有表面	Alt+Shift+Ctrl+X

"视图"菜单			
菜 单 命 令	快 捷 键	菜 单 命 令	快 捷 键
校样颜色	Ctrl+Y	实际像素	Ctrl+1
色域警告	Shift+Ctrl+Y	显示额外内容	Ctrl+H
放大	Ctrl++	标尺	Ctrl+R
缩小	Ctrl+-	对齐	Shift+Ctrl+:
按屏幕大小缩放	Ctrl+0	锁定参考线	Alt+Ctrl+:

"窗口"菜单			
菜 单 命 令	快 捷 键	菜 单 命 令	快 捷 键
动作	Alt+F9	信息	F8
画笔	F5	颜色	F6
图层	F7		

"帮助"菜单	
菜 单 命 令	快 捷 键
Photoshop帮助	F1

03 组合快捷键

除了上面介绍的工具和菜单命令的快捷键外，Photoshop CS4还为其他的一些选项或面板菜单命令、按钮等配备了快捷键，应用这些快捷键可以更有效地帮助我们编辑或处理图像。下面以表格的形式将其一一列出来。

用于选择"抽出"工具箱中的工具的快捷键			
工 具	快 捷 键	工 具	快 捷 键
边缘高光器工具	B	清除工具	C
填充工具	G	边缘修饰工具	T
吸管工具	I		

用于选择"液化"工具箱中的工具的快捷键

工 具	快 捷 键	工 具	快 捷 键
向前变形工具	W	左推工具	O
重建工具	R	镜像工具	M
顺时针旋转扭曲工具	C	湍流工具	T
褶皱工具	S	冻结蒙版工具	F
膨胀工具	B	解冻蒙版工具	D

用于使用滤镜库的快捷键

结 果	快 捷 键	结 果	快 捷 键
在所选对象的顶部应用新滤镜	按住Alt键并单击滤镜	还原/重做	Ctrl+Z
打开/关闭所有展三角形	按住Alt键并单击展开三角形	向前一步	Ctrl+Shift+Z
将"取消"按钮更改为"默认"	Ctrl	向后一步	Ctrl+Alt+Z
将"取消"按钮更改为"复位"	Alt		

用于使用"调整边缘"对话框的快捷键

结 果	快 捷 键	结 果	快 捷 键
打开"调整边缘"对话框	Ctrl+Alt+R	在原始图像和选区预览之间切换	X
在预览模式之间循环切换（前进）	F	切换预览选项（打开和关闭）	P
在预览模式之间循环切换（后退）	Shift+F		

用于使用"黑白"对话框的快捷键

结 果	快 捷 键	结 果	快 捷 键
打开"黑白"对话框	Shift+Ctrl+Alt+B	将选定值增大/减少 10%	Shift+向上箭头键/向下箭头键
将选定值增大/减少 1%	向上箭头键/向下箭头键	更改最接近的颜色滑块的值	单击并在图像上拖曳

用于使用Camera Raw对话框的快捷键

工 具	快 捷 键	工 具	快 捷 键
缩放工具	Z	拉直工具	A
抓手工具	H	污点去除工具	B
白平衡工具	I	红眼去除工具	E
颜色取样器工具	S	调整画笔工具	K
裁剪工具	C	渐变滤镜工具	G

（续表）

结　　果	快　捷　键	结　　果	快　捷　键
向左旋转图像	L	在"曲线"面板中向曲线添加点	在预览中按住Ctrl键单击
向右旋转图像	R	在"曲线"面板中移动选定的点（1 个单位）	箭头键
放大	Ctrl++	在"曲线"面板中移动选定的点（10 个单位）	Shift+箭头键
缩小	Ctrl+-	从Bridge的Camera Raw对话框中打开选定图像	Ctrl+R
临时切换到放大工具	Ctrl	绕过Camera Raw对话框从Bridge中打开选定图像	按住 Shift 并双击图像
临时激活白平衡工具	Shift	将"取消"按钮变为"复位并存储"按钮，以绕过"存储"对话框	Alt
在"曲线"面板中选择多个点	单击第一个点，按住Shift键并单击其他点	在"预览"中显示将被剪贴的高光	按住Alt键，并拖动"曝光度"、"恢复"或"黑色"滑块

用于使用"曲线"对话框的快捷键			
结　　果	快　捷　键	结　　果	快　捷　键
打开"曲线"对话框	Ctrl+M	将选定的点移动 1 个单位	箭头键
选择曲线上的下一个点	-（减）	将选定的点移动 10 个单位	Shift+箭头键
选择曲线上的上一个点	=（等于）	显示将被修剪的高光和阴影	按住Alt键并拖动"黑场/白场"滑块
选择曲线上的多个点	按住 Shift 并单击这些点	在复合曲线上设置一个点	按住Ctrl键并单击图像
取消选择某个点	Ctrl+D	在通道曲线上设置一个点	按住Shift+Ctrl组合键，并单击图像
删除曲线上的某个点	选择某个点并按Delete键	切换网格大小	按住Alt键并单击域

用于使用Photomerge的快捷键			
工　　具	快　捷　键	工　　具	快　捷　键
选择图像工具	A	缩放工具	Z
旋转图像工具	R	移动视图工具	H
设置消失点工具	V		
目　　的	快　捷　键	目　　的	快　捷　键
切换到移动视图工具	空格键	将选中的图像移动 1 个像素	向右箭头键、向左箭头键、向上箭头键或向下箭头
向后一步	Ctrl+Z	将"取消"更改为"复位"	Alt
向前一步	Ctrl+Shift+Z	显示单独的图像边界	按住Alt键，并将鼠标指针移动到图像上

用于使用消失点的快捷键

工 具	快 捷 键	工 具	快 捷 键
缩放工具	Z	抓手工具	H
缩放两倍	X	切换到抓手工具	空格键
结果	快捷键	结果	快捷键
放大	Ctrl++（加号）	粘贴	Ctrl+V
缩小	Ctrl+-（减号）	重复上一个副本并移动	Ctrl+Shift+T
符合视图大小	Ctrl+0（零）、双击抓手工具	从当前选区创建浮动选区	Ctrl+Alt+T
按 100% 放大率缩放到中心	双击缩放工具	使用指针下的图像填充选区	按住Ctrl键拖曳
增加画笔大小（画笔工具、图章工具）	]	将选区副本作为浮动选区创建	按住Ctrl+Alt组合键拖曳
减小画笔大小（画笔工具、图章工具）	[	限制选区为15°	按住Alt+Shift组合键进行旋转
增加画笔硬度（画笔工具、图章工具）	Shift+]	在另一个选定平面下选择平面	按住Ctrl键单击该平面
减小画笔硬度（画笔工具、图章工具）	Shift+[	渲染平面网格	按住Alt键单击"确定"按钮
还原上一动作	Ctrl+Z	创建与父平面成90°的平面	按住Ctrl键拖曳
重做上一动作	Ctrl+Shift+Z	在创建平面的同时删除上一个节点	Backspace
全部取消选择	Ctrl+D	建立一个完整的画布平面（与相机一致）	双击创建平面工具
隐藏选区和平面	Ctrl+H	显示 / 隐藏测量（仅限 Photoshop Extended）	Ctrl+Shift+H
将选区移动 1 个像素	箭头键	导出到 DFX 文件（仅限 Photoshop Extended）	Ctrl+E
将选区移动 10 个像素	Shift+箭头键	导出到 3ds 文件（仅限 Photoshop Extended）	Ctrl+Shift+E
拷贝	Ctrl+C		

用于使用混合模式的快捷键

结 果	快 捷 键	结 果	快 捷 键
循环切换混合模式	Shift++（加号）或 -（减号)	亮光	Shift+Alt+V
正常	Shift+Alt+N	线性光	Shift+Alt+J
溶解	Shift+Alt+I	点光	Shift+Alt+Z
背后（仅限画笔工具）	Shift+Alt+Q	实色混合	Shift+Alt+L
清除（仅限画笔工具）	Shift+Alt+R	差值	Shift+Alt+E
变暗	Shift+Alt+K	排除	Shift+Alt+X
正片叠底	Shift+Alt+M	色相	Shift+Alt+U
颜色加深	Shift+Alt+B	饱和度	Shift+Alt+T
线性加深	Shift+Alt+A	颜色	Shift+Alt+C

（续表）

结　　果	快　捷　键	结　　果	快　捷　键
变亮	Shift+Alt+G	明度	Shift+Alt+Y
滤色	Shift+Alt+S	去色	按住Shift+Alt+D组合键，并单击海绵工具
颜色减淡	Shift+Alt+D	饱和	按住Shift+Alt+S组合键，并单击海绵工具
线性减淡	Shift+Alt+W	减淡/加深阴影	按住Shift+Alt+S组合键，并单击减淡工具/加深工具
叠加	Shift+Alt+O	减淡/加深中间调	按住Shift+Alt+M组合键，并单击减淡工具/加深工具
柔光	Shift+Alt+F	减淡/加深高光	按住Shift+Alt+H组合键，并单击减淡工具/加深工具
强光	Shift+Alt+H	将位图图像的混合模式设置为"阈值"，将所有其他图像的混合模式设置为"正常"	Shift+Alt+N

用于查看图像的快捷键			
结　　果	快　捷　键	结　　果	快　捷　键
循环切换打开的文档	Ctrl+Tab	切换到放大工具	Ctrl+空格键
在 Photoshop 中关闭文件并打开 Bridge	Shift+Ctrl+W	切换到缩小工具	Alt+空格键
在"标准"模式和"快速蒙版"模式之间切换	Q	使用缩放工具拖动时，移动"缩放"选框	按住空格键拖曳
在标准屏幕模式、最大化屏幕模式、全屏模式和带有菜单栏的全屏模式之间切换（前进）	F	应用缩放百分比，并使缩放百分比框保持现用状态	在"导航器"面板中按住Shift+Enter组合键，以激活缩放百分比框
在标准屏幕模式、最大化屏幕模式、全屏模式和带有菜单栏的全屏模式之间切换（后退）	Shift+F	放大图像中的指定区域	按住Ctrl键，并在"导航器"面板的预览中拖移
切换（前进）画布颜色	空格键+F（或右键单击画布背景并选择颜色）	使用抓手工具滚动图像	按住空格键拖曳，或拖曳"导航器"面板中的视图区域框
切换（后退）画布颜色	空格键+Shift+F	向上或向下滚动一屏	Page Up或Page Down
将图像限制在窗口中	双击抓手工具	向上或向下滚动 10 个单位	Shift+Page Up或Shift+Page Down
放大 100%	双击缩放工具	将视图移动到左上角或右下角	Home 或 End
切换到抓手工具（当不处于文本编辑模式时）	空格键	打开/关闭图层蒙版的宝石红显示（必须选定图层蒙版	\（反斜杠）

用于选择和移动对象的快捷键			
结　果	快　捷　键	结　果	快　捷　键
选择时重新定位选框	任何选框工具（单列和单行除外）+ 空格键并拖曳	移动选区的拷贝	移动工具+Alt键并拖曳选区
添加到选区	任何选择工具+Shift键并拖曳	将所选区域移动1个像素	任何选区+向右箭头键、向左箭头键、向上箭头键或向下箭头键
从选区中减去	任何选择工具+ Alt键并拖曳	将选区移动1个像素	移动工具+向右箭头键、向左箭头键、向上箭头键或向下箭头键
与选区交叉	任何选择工具（快速选择工具除外）+Shift+Alt并拖曳	当未选择图层上的任何内容时，将图层移动 1 个像素	Ctrl+向右箭头键、向左箭头键、向上箭头键或向下箭头键
将选框限制为方形或圆形（如果没有任何其他选区处于选中状态）	按住Shift键拖曳	增大/减小检测宽度	磁性套索工具+[或]
从中心绘制选框（如果没有任何其他选区处于选中状态）	按住Alt键拖曳	接受裁剪或退出裁剪	裁剪工具+Enter 或 Esc
限制形状并从中心绘制选框	按住Shift+Alt组合键拖曳	切换裁剪屏蔽开/关	/（正斜杠）
切换到移动工具	Ctrl（选定抓手、切片、路径、形状或任何钢笔工具时除外）	创建量角器	标尺工具+Alt键并拖曳终点
从磁性套索工具切换到套索工具	按住Alt键拖曳	将参考线与标尺记号对齐（未选中"视图>对齐"时除外）	按住Shift键拖曳参考线
从磁性套索工具切换到多边形套索工具	按住Alt键并单击	在水平参考线和垂直参考线之间转换	按住Alt键拖曳参考线
应用/取消磁性套索的操作	Enter/Esc或Ctrl+.（句点）		

用于编辑路径的快捷键			
结　果	快　捷　键	结　果	快　捷　键
选择多个锚点	方向选择工具+Shift 键并单击	当鼠标指针位于锚点或方向点上时，从钢笔工具或自由钢笔工具切换到转换点工具	Alt
选择整个路径	方向选择工具+Alt 键并单击	关闭路径	磁性钢笔工具+双击
复制路径	钢笔（任何钢笔工具）、路径选择工具或直接选择工具+Ctrl+Alt并拖曳	关闭含有直线段的路径	磁性钢笔工具+Alt键并双击
从路径选择工具、钢笔工具、添加锚点工具、删除锚点工具或转换点工具切换到直接选择工具	Ctrl		

用于绘制对象的快捷键

结 果	快 捷 键	结 果	快 捷 键
吸管工具	任何绘画工具+ Alt键或任何形状工具+ Alt（选中"路径"选项时除外）	循环切换混合模式	Shift++（加号）或-（减号)
选择背景色	吸管工具+Alt键并单击	使用前景色或背景色填充选区/图层	Alt+Backspace 或 Ctrl+Backspace
颜色取样器工具	吸管工具+Shift键	从历史记录填充	Ctrl+Alt+Backspace
删除颜色取样器	颜色取样器工具+Alt键并单击	显示"填充"对话框	Shift+Backspace
设置绘画模式的不透明度、容差、强度或曝光量	任何绘画或编辑工具+数字键（在启用"喷枪"选项时，使用Shift键+数字键）	锁定透明像素的开/关	/（正斜杠）
设置绘画模式的流量	任何绘画或编辑工具+Shift键+数字键（在启用"喷枪"选项时，省略 Shift 键）	连接点与直线	任何绘画工具+Shift键并单击

用于变换选区、选区边界和路径的快捷键

结 果	快 捷 键	结 果	快 捷 键
从中心变换或对称	Alt	取消	Ctrl+.（句点）或 Esc
限制	Shift	使用重复数据自由变换	Ctrl+Alt+T
扭曲	Ctrl	再次使用重复数据进行变换	Ctrl+Shift+Alt+T
应用	Enter		

用于选择文本、编辑文本和在文本中导航的快捷键

结 果	快 捷 键	结 果	快 捷 键
移动图像中的文字	选中"文字"图层时，按住Ctrl键拖曳文字	选择字、行、段落或文章	双击、单击3次、单击4次或单击5次
向左/向右选择 1 个字符或向上/向下选择 1 行，或向左/向右选择 1 个字	Shift+向左箭头键/向右箭头键/向下箭头键/向上箭头键，或 Ctrl+Shift+向左箭头键/向右箭头键	显示/隐藏所选文字上的选区	Ctrl+H
选择插入点与鼠标单击点之间的字符	按住Shift键并单击	在编辑文本时显示用于转换文本的定界框，或者在光标位于定界框内时激活移动工具	Ctrl
左移/右移 1 个字符，下移/上移 1 行或左移/右移 1 个字	向左箭头键/向右箭头键、向下箭头键/向上箭头键，或 Ctrl键+向左箭头键/向右箭头键	在调整定界框大小时缩放定界框内的文本	按住Ctrl键拖曳定界框手柄
当文本图层在"图层"面板中处于选定状态时，创建一个新的文本图层	按住Shift键并单击	在创建文本框时移动文本框	按住空格键拖曳

用于设置文字格式的快捷键

结 果	快 捷 键	结 果	快 捷 键
左对齐、居中对齐或右对齐	横排文字工具+Ctrl+Shift+L、C 或 R	调整段落（全部调整）	Ctrl+Shift+F
顶对齐、居中对齐或底对齐	直排文字工具+Ctrl+Shift+L、C 或 R	切换段落连字的开/关	Ctrl+Shift+Alt+H
返回到默认字体样式	Ctrl+Shift+Y	切换单行/逐行合成器的开/关	Ctrl+Shift+Alt+T
选择 100% 水平缩放	Ctrl+Shift+X	减小或增大选中文本的文字大小（2 点/像素）	Ctrl+Shift+< 或 >
选择 100% 垂直缩放	Ctrl+Shift+Alt+X	增大或减小行距 2 个点或像素	Alt+向下箭头或向上箭头
选择自动行距	Ctrl+Shift+Alt+A	增大或减小基线移动 2 个点或像素	Shift+Alt+向下箭头或向上箭头
选择 0 字距调整	Ctrl+Shift+Q	减小或增大字距微调/字距调整（20/1000 em）	Alt+向左箭头或向右箭头
最后一行左对齐	Ctrl+Shift+J		

用于切片和优化的快捷键

结 果	快 捷 键	结 果	快 捷 键
在切片工具和切片选区工具之间切换	Ctrl	从中心向外绘制方形切片	按住Shift+Alt组合键拖曳
绘制方形切片	按住Shift键拖曳	创建切片时重新定位切片	按住空格键拖曳
从中心向外绘制	按住Alt键拖曳	打开上下文相关菜单	右键单击切片

用于使用面板的组合键

结 果	快 捷 键	结 果	快 捷 键
设置选项（"动作"、"动画"、"样式"、"画笔"、"工具预设"和"图层复合"面板除外）	按住Alt键并单击"新建"按钮	与当前选区交叉	按住Ctrl+Shift+Alt 组合键，并单击通道、路径或图层缩览图
删除而无须确认（"画笔"面板除外）	按住Alt键并单击"删除"按钮	显示/隐藏所有面板	Tab
应用值并使文本框保持启用状态	Shift+Enter	显示/隐藏除工具箱和选项栏之外的所有面板	Shift+Tab
作为选区载入	按住Ctrl键并单击通道、图层或路径缩览图	高光显示选项栏	选择工具，然后按 Enter 键
添加到当前选区	按住 Ctrl+Shift 组合键并单击通道、图层或路径缩览图	在弹出式菜单中增大/减小 10 个单位	Shift+向上箭头键/向下箭头键
从当前选区中减去	按住 Ctrl+Alt 组合键并单击通道、路径或图层缩览图		

用于使用"动作"面板的快捷键

结　果	快　捷　键	结　果	快　捷　键
打开一个命令并关闭所有其他命令，或者打开所有命令	按住Alt键并单击命令旁边的复选标记	折叠/展开动作的所有组件	按住Alt键并单击三角形按钮
打开当前模态控制并切换所有其他模态控制	按住Alt键并单击	播放命令	按住Ctrl键并单击"播放"按钮
更改动作组选项	按住Alt键并双击动作组	创建新动作并开始记录而无须确认	按住Alt键并单击"新动作"按钮
显示"选项"对话框	双击组或动作	选择同一类型的相邻项目	按住Shift键并单击动作/命令
播放整个动作	按住Ctrl键并双击动作	选择同一类型的不相邻项目	按住Ctrl键并单击动作/命令

用于使用"调整"面板的快捷键

结　果	快　捷　键	结　果	快　捷　键
选择进行调整的各个通道	Alt+3（红）、Alt+4（绿）、Alt+5（蓝）	在曲线上选择上一个/下一个点（用于曲线调整）	=（等于）/ –（减）

用于使用"动画"面板的快捷键

结　果	快　捷　键	结　果	快　捷　键
选择/取消选择多个连续帧	按住Shift键并单击第二个帧	使用以前的设置粘贴而不显示对话框	Alt+面板弹出式菜单中的"粘贴帧"命令
选择/取消选择多个不相邻的帧	按住Ctrl键并单击多个帧		

用于使用"动画"面板时间轴模式的快捷键

结　果	快　捷　键	结　果	快　捷　键
开始播放时间轴或"动画"面板	空格键	增大回放速度	按住Shift键的同时拖动当前时间
在时间码和帧号之间切换（当前时间视图）	按住Alt键并单击时间轴左上角的当前时间显示	减小回放速度	按住Ctrl键的同时拖动当前时间
展开和折叠图层列表	按住Alt键并单击	将某个对象（关键帧、当前时间、图层入点等）与时间轴中最近的对象对齐	按住Shift键拖曳
在时间轴中跳到下一整秒/上一整秒（在回放过程中）	按住Shift键的同时单击"下一帧"按钮或"上一帧"按钮（位于"播放"按钮的两侧）	缩放（均匀分布到压缩或扩展长度）由多个关键帧组成的选定组	按住Alt键并拖动（选区中的第一个关键帧或最后一个关键帧）

用于使用仿制源的快捷键

结　果	快　捷　键	结　果	快　捷　键
显示仿制源（叠加图像）	Alt+Shift	旋转仿制源	Alt+Shift+< 或 >
轻移仿制源	Alt+Shift+箭头键	缩放（增大或减小大小）仿制源	Alt+Shift+[或]

	用于使用"画笔"面板的快捷键		
结 果	**快 捷 键**	**结 果**	**快 捷 键**
删除画笔	按住Alt键并单击画笔	选择上一个/下一个画笔大小	，（逗号）或．（句点）
重命名画笔	双击画笔	选择第一个/最后一个画笔	Shift+，（逗号）或．（句点）
更改画笔大小	按住Alt键，右键单击并拖曳	显示画笔的精确十字线	Caps Lock
减小/增大画笔软度/硬度	按 住Alt+Shift组合键，右键单击并拖曳	切换喷枪选项	Shift+Alt+P

	用于使用"通道"面板的快捷键		
结 果	**快 捷 键**	**结 果**	**快 捷 键**
为"将选区作为通道存储"按钮设置选项	按住Alt键并单击该按钮	选择/取消选择Alpha通道，并显示/隐藏以红宝石色进行的叠加	按住Shift键并单击Alpha通道
创建新的专色通道	按住Ctrl键并单击"创建新通道"按钮	显示通道选项	双击Alpha通道或专色通道缩览图
选择/取消选择多个颜色通道选区	按住Shift键并单击颜色通道	显示复合	~ 键

	用于使用"颜色"面板的快捷键		
结 果	**快 捷 键**	**结 果**	**快 捷 键**
选择背景色	按住Alt键并单击颜色条中的颜色	循环切换可供选择的颜色	按住Shift键并单击颜色条
显示"颜色条"菜单	右键单击颜色条		

	用于使用"历史记录"面板的快捷键		
结 果	**快 捷 键**	**结 果**	**快 捷 键**
创建一个新快照	Alt+新建快照	在图像状态中后退一步	Ctrl+Alt+Z
重命名快照	双击快照名称	复制任何图像状态（当前状态除外）	按住Alt键并单击图像状态
在图像状态中向前循环	Ctrl+Shift+Z	永久清除历史记录（无法还原）	Alt + "清除历史记录"命令（在"历史记录"面板菜单中）

	用于使用"信息"面板的快捷键		
结 果	**快 捷 键**	**结 果**	**快 捷 键**
更改颜色读数模式	单击吸管图标	更改测量单位	单击十字线图标

	用于使用"图层复合"面板的快捷键		
结 果	**快 捷 键**	**结 果**	**快 捷 键**
创建新的图层复合	按住Alt键并单击"创建新的图层复合"按钮	选择/取消选择多个连续的图层复合	按住Shift键并单击
打开"图层复合选项"对话框	双击图层复合	选择/取消选择多个不连续的图层复合	按住Ctrl键并单击
重命名图层复合	双击图层复合名称		

用于使用"图层"面板的快捷键			
结　果	快　捷　键	结　果	快　捷　键
将图层透明度作为选区载入	按住Ctrl键并单击图层缩览图	编辑图层效果/样式、选项	双击图层效果/样式
将滤镜蒙版作为选区载入	按住Ctrl键并单击滤镜蒙版缩览图	隐藏图层效果/样式	按住Alt键并双击图层效果/样式
图层编组	Ctrl+G	停用/启用矢量蒙版	按住Shift键并单击矢量蒙版缩览图
取消图层编组	Ctrl+Shift+G	打开"图层蒙版显示选项"对话框	双击图层蒙版缩览图
创建/释放剪贴蒙版	Ctrl+Alt+G	切换图层蒙版的开/关	按住Shift键并单击图层蒙版缩览图
选择所有图层	Ctrl+Alt+A	切换滤镜蒙版的开/关	按住Shift键并单击滤镜蒙版缩览图
合并可视图层	Ctrl+Shift+E	在图层蒙版和复合图像之间切换	按住Alt键并单击图层蒙版缩览图
使用对话框创建新的空图层	按住Alt键并单击"新建图层"按钮	在滤镜蒙版和复合图像之间切换	按住Alt键并单击滤镜蒙版缩览图
在目标图层下面创建新图层	按住Ctrl键并单击"新建图层"按钮	切换图层蒙版的宝石红显示模式开/关	\(反斜杠），或 按住Shift+Alt组合键并单击
选择顶部图层	Alt+.（句点）	选择所有文字/暂时选择文字工具	双击文字图层缩览图
选择底部图层	Alt+,（逗号）	创建剪贴蒙版	按住Alt键并单击两个图层的分界线
添加到"图层"面板中的图层选区	Shift+Alt+[或]	重命名图层	双击图层名称
向下/向上选择下一个图层	Alt+[或]	编辑滤镜设置	双击滤镜效果
下移/上移目标图层	Ctrl+[或]	编辑滤镜混合选项	双击"滤镜混合"图标
将所有可视图层的拷贝合并到目标图层	Ctrl+Shift+Alt+E	在当前图层/图层组下创建新的图层组	按住Ctrl键并单击"新建图层组"按钮
向下合并	Ctrl+E	使用对话框创建新的图层组	按住Alt键并单击"新建图层组"按钮
将图层移动到底部或顶部	Ctrl+Shift+[或]	创建隐藏全部内容/选区的图层蒙版	按住Alt键并单击"添加图层蒙版"按钮
将当前图层拷贝到下面的图层	Alt+面板菜单中的"向下合并"命令	创建显示全部内容/选区的矢量蒙版	按住Ctrl键并单击"添加图层蒙版"按钮
将所有可见图层合并为当前选定图层上面的新图层	Alt+面板菜单中的"合并可见图层"命令	创建隐藏全部内容/选区的矢量蒙版	按住Ctrl+Alt组合键并单击"添加图层蒙版"按钮
仅显示/隐藏此图层/图层组，或显示/隐藏所有图层/图层组	右键单击眼睛图标	显示图层组属性	右键单击图层组或双击组
显示/隐藏其他所有当前可视图层	按住Alt键并单击眼睛图标	选择 / 取消选择多个连续图层	按住Shift键并单击
切换目标图层的锁定透明度或最后应用的锁定	/（正斜杠）	选择/取消选择多个不连续的图层	按住Ctrl键并单击

用于使用"路径"面板的快捷键

结　果	快　捷　键	结　果	快　捷　键
向选区中添加路径	按住 Ctrl+Shift 组合键并单击路径名	隐藏路径	Ctrl+Shift+H
从选区中减去路径	按住 Ctrl+Alt 组合键并单击路径名	为"用前景色填充路径"按钮、"用画笔描边路径"按钮、"将路径作为选区载入"按钮、"从选区建立工作路径"按钮和"创建新路径"按钮设置选项	按住Alt键并单击该按钮
将路径的交叉区域作为选区保留	按住 Ctrl+Shift+Alt 组合键并单击路径名		

用于使用"色板"面板的快捷键

结　果	快　捷　键	结　果	快　捷　键
从前景色创建新色板	在面板的空白区域中单击	删除颜色	按住Alt键并单击色板
选择背景色	按住Ctrl键并单击色板		

用于使用测量的快捷键

结　果	快　捷　键	结　果	快　捷　键
记录测量	Shift+Ctrl+M	按增量轻移测量	Shift+箭头键
取消选择所有测量	Ctrl+D	延长/缩短选定的测量	向左箭头键/向右箭头键
选择所有测量	Ctrl+A	按增量延长/缩短选定的测量	Shift+向左箭头键/向右箭头键
隐藏/显示所有测量	Shift+Ctrl+H	旋转选定的测量	Ctrl+箭头键
删除测量	Backspace	按增量旋转选定的测量	Shift+Ctrl+箭头键
轻移测量	箭头键		

用于使用3D工具的快捷键

结　果	快　捷　键	结　果	快　捷　键
启用 3D 对象工具	O	滚动3D对象/滚动3D相机	L
启用 3D 相机工具	C	拖曳3D对象/平移3D相机	H
将 3D 对象工具/3D 相机工具限制为沿单一方向移动	Shift	滑动3D对象/步览3D相机	S
旋转 3D 对象/环绕移动 3D 相机	R	缩放3D对象/缩放3D相机	Z

用于处理DICOM文件的快捷键

结　果	快　捷　键	结　果	快　捷　键
缩放工具	Z	选择全部帧	Ctrl+A
抓手工具	H	取消选择全部帧	Ctrl+D
窗位工具	W	导航帧	向右箭头键/向左箭头键

功能键			
结　果	快　捷　键	结　果	快　捷　键
调用帮助	F1	显示/隐藏"图层"面板	F7
还原/重做		显示/隐藏"信息"面板	F8
剪切	F2	显示/隐藏"动作"面板	F9
拷贝	F3	恢复	F12
粘贴	F4	填充	Shift+F5
显示/隐藏"画笔"面板	F5	羽化选区	Shift+F6
显示/隐藏"颜色"面板	F6	反转选区	Shift+F7

04　自定义快捷键

　　在Photoshop中，可以查看所有的快捷键列表，并能够对快捷键进行重新编辑和设置。应用"键盘快捷键和菜单"对话框即可快速重新设置快捷键。执行"编辑 > 键盘快捷键"菜单命令，打开"键盘快捷键和菜单"对话框，如下 ● 所示。在该对话框中的"快捷键用于"下拉列表中选择一种快捷键类型，如果选择"应用程序菜单"选项，则允许用户为菜单栏中的各个项目自定义快捷键；如果选择"面板菜单"选项，则允许用户为面板菜单中的各个项目自定义快捷键；如果选择"工具"选项，则允许用户为工具箱中的各个工具自定义快捷键。

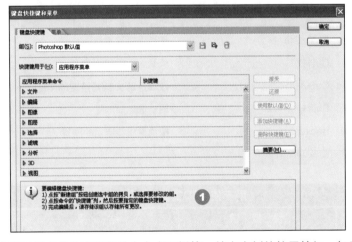

　　在"快捷键用于"下方显示了当前选项的菜单命令或面板等，单击右侧的扩展按钮，打开相应的菜单或工具列表，激活快捷键文本，在文本框中直接输入所要更改的快捷键，单击"接受"按钮，即可更改系统默认的快捷键，如下 ● 所示。单击该对话框中的"添加快捷键"按钮，可以重新添加快捷键；单击"删除快捷键"按钮，可以删除选择的快捷键；若单击"摘要"按钮，则会弹出"存储"对话框，在该对话框中设置文件名和格式，存储快捷键，如下 ● 所示。

Part 13 Photoshop CS4的新增功能

Photoshop CS4既沿袭了Photoshop CS3的所有功能，同时还增加了一些新的功能，使用户在图像的编辑和操作方面能够更自由地进行创造。

在Photoshop CS4中，可以看到更多让人觉得不可思议的全新的功能，例如新增了用于创建可编辑、羽化、密度受控的"蒙版"面板。在"蒙版"面板中，还能够对蒙版的显示方式进行设置和编辑。增强的图像自动混合功能和图层自动对齐功能，对超大图像的支持也更为出色，利用"自动对齐图层"和"自动混合图层"功能，如下 ❶、❷ 所示，合成全景照片变得更加得心应手，而且合成的全景图像更为自然，如下 ❸ 所示。在Photoshop CS4中，还可以直接在三维物体上绘画，应用3D菜单创建3D模型，编辑各种不同的纹理效果，实现3D贴图操作。Photoshop是一个图像处理软件的中心，而Photoshop CS4的新增功能使其功能得到更深层次的表现，可以不需要借助其他的软件而实现网页到3D动画的制作。

01 图像的修剪"调整"和"蒙版"面板

在Photoshop CS4未发布之前，当我们需要对某一选区进行调节时，通常都是通过菜单栏中的调整命令来完成操作，而且每次操作都要使用菜单进行选取，显得很麻烦。而在新版Photoshop CS4中，一个全新的"调整"面板，取代了这些菜单，创新性地把所有调节功能集中在了一起，如下 ❶ 所示。在它的帮助下，只要事先做完选区设置，"调整"面板便会自行弹出。虽然在"调整"面板中各个功能都与原来的菜单命令相一致，但是，集中化的设计与实用的预设效果，给我们带来诸多方便，同时为了操作的需要，单击"切换至标准视图方式"按钮，可以将该面板切换至标准视图方式，如下 ❷ 所示。

"调整"面板

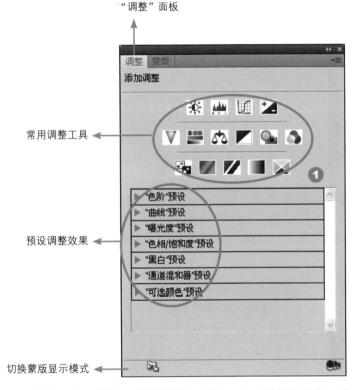

常用调整工具

预设调整效果

切换蒙版显示模式

"标准"视图方式
显示"调整"面板

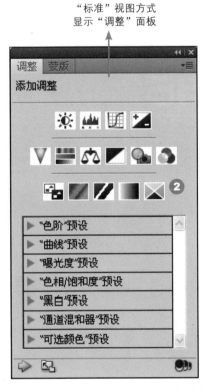

此外，与"调整"面板类似的，还有一个"蒙版"面板。在"蒙版"面板中可以快速创建精确的蒙版。"蒙版"面板提供了具有以下功能的工具和选项：创建基于像素和矢量的可编辑的蒙版、调整蒙版浓度并进行羽化，以及选择不连续的对象等。单击"调整"面板中的调整工具图标，将会弹出该工具的参数面板，在面板中设置参数，即可实现图像颜色或色调的变更，如下 ❸、❹ 所示。

"调整"面板可以轻松存取所需工具，以非破坏的方式调整和增强影像色彩与色调，大幅简化影像调整的操作方法。同时，在"调整"面板中随附的影像控制项和各种预设集，更有助于调整处理，如下页 ❺、❻ 所示。

02　简化的3D上色和构图功能

Photoshop CS4新增了革命性的 3D 上色和构图功能，可以直接为3D模型上色、以2D影像包住 3D 形状、将渐层对应转换为3D物件、增加图层和文字的深度、利用全新光影追踪转换引擎产生列印品质的输出，以及输出常见的3D格式。如下 **1** 所示即为选择一个汽车模型，然后通过3D面板对模型进行上色得到的图像效果。

03　3D工具和面板

如果你是一个设计者，那么Photoshop CS4全新的3D功能可以大大拓展你的设计视野。以前在学习3D技术时，只要学习专业的软件，就会让人非常头疼，这次Photoshop CS4对3D技术的支持进行了更深入的革新，有真功夫。工具箱中增加了两组工具，分别用于控制三维对象和摄影机机位，如下 **1** 、 **2** 所示，可以让你在设计领域大展拳脚。

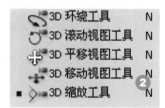

使用图层，执行"3D＞从图层新建三维明信片"菜单命令，可以将普通的图片转换为三维对象，并可以使用工具和操纵杆来调整X、Y、Z轴，以控制对象的位置、大小和角度，如下页 **3** 、 **4** 所示。

Photoshop CS4对3D的支持不仅仅是向大家简简单单地展示，而在实际操作上也有了更大的突破。用户不但可以导入Maya、3ds Max等软件生成的3D图像，还可以在Photoshop CS4中直接生成或转换平面图像为三维形状，包括帽子、易拉罐、葡萄酒瓶等，如下 ⑤、⑥ 所示。用户既可以使用材质进行贴图，也可以使用画笔和图章直接在三维对象上绘画，甚至可以使用快捷键Ctrl+E直接把二维图像压入三维对象中。

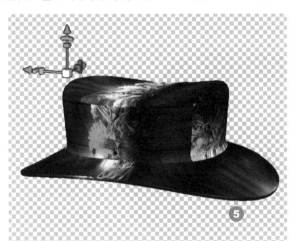

在3D图像的编辑上，最大的突破是新建了3D面板。应用3D面板，可以对3D图像进行更深层次的编辑。使用3D面板可以通过众多的参数来控制、添加、修改场景、网格、材料和灯光等，如下 ⑦、⑧、⑨、⑩ 所示。

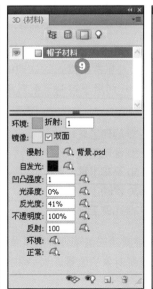

例如在灯光方面，可以进行光源的查看、添加及删除等操作，而且还可以设置光源的类型。单击3D面板下方的"切换地面"按钮，将显示地面，如下**11**所示；单击"切换光源"按钮，将打开光源参考线，拖曳参考线可以对光源的位置进行调整，如下**12**所示。

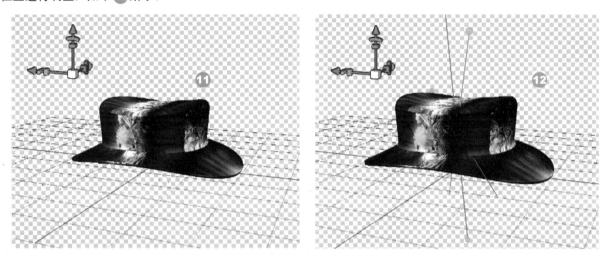

04 更顺畅的平移和缩放功能

在此前，对图像中某一像素点精确定位时，总是出现不太好操作的情况，而到了最新版Photoshop CS4，这个遗憾终于被弥补了。使用全新、超顺畅的缩放和平移功能，轻松导入到图像中的任何区域。同时，在拉近检视个别像素时仍将保持原图像的清晰度，并使用全新的像素格点功能，在放大到最大比例的情况下轻松进行编辑。

执行"编辑＞首选项＞性能"菜单命令，在弹出的"首选项"对话框中选择"性能"选项，并勾选"启用OpenGL绘图"复选框，然后单击"确定"按钮，关闭Photoshop CS4，再重新启用时就可以对图像进行顺畅地平移和缩放了，如下**1**所示。

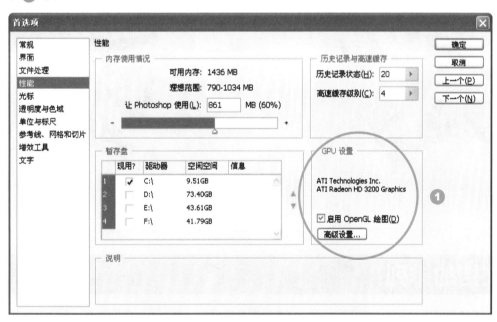

OpenGL是一种软件和硬件标准，可以处理大型或复杂图像，例如3D文件等，并将加速视频处理过程。OpenGL需要有支持OpenGL标准的视频适配器。当启用OpenGL绘图后，打开一幅图像，然后在画布的边缘可看到所打开的图像边缘产生了投影，如下页**2**所示。在启用Open GL绘图后，如果再对图像进行放大或缩小，它将以动画的形式逐步地进行缩放。在放大图像后按下H键，单击并拖曳鼠标即可对图像进行快速平移。同时，将图像放大实际像素以外的时候，就会看到像素网格，即以网格的形式显示每个像素块，如下页**3**所示。

05 旋转画布功能

在新版Photoshop CS4中，还有一项特殊的实用功能，那就是旋转画布功能。此项功能的使用前提就是必须启动OpenGL绘图。使用此功能旋转图像时，只需要按一下鼠标就能将画布旋转至任一角度，且图像不会失真，同时也帮助用户省去了在上色和绘制图像时需要斜着头的麻烦。

单击快速选项栏中的"旋转视图工具"按钮，使用鼠标在图像上单击，就会在图像上出现一个指针的图标，如下❶所示，然后按住鼠标拖曳即可实现画布的旋转操作，如下❷所示。

06 文档的排列

对在Photoshop软件中打开的图像进行排列，以方便图像的编辑，是让人头疼的问题，而Photoshop CS4提供了全新的文档排列方式，则解决了这一问题。应用全新的文档排列方式，不仅方便用户对不同的图像内容进行查看和编辑，同时也能实现原图和效果图的对比查看。启动Photoshop CS4并同时打开多幅图像，然后单击快速选项栏中的"排列文档"按钮▦▾，如下页❶所示，在弹出的下拉菜单中显示了系统提供的多种不同的排列方式，包括双联、三联等24种排列方式，如下页❷所示。

在编辑图像时，用户可以根据个人需要选择合适的文档排列方式，如下 ❸ 所示为"双联"排列文档显示效果，如下 ❹ 所示为"四联"排列文档显示效果。此外还可以选择其他的排列方式。以不同排列方式对文档进行编辑，可以更方便地对图像之间的对比效果进行查看。

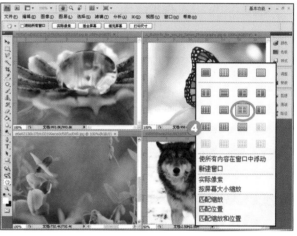

07　内容识别缩放

众所周知，传统的缩放功能，往往会在相片缩减的同时，导致图像主体失真。比如，在对一幅图像进行缩放时，就会非常轻易让图像变形，而全新的内容感知缩放，非常好地解决了这个难题。利用全新的"内容识别缩放"功能，随着图像调整大小重新合成影像，在影像适应新尺寸的同时能够保留重要部分，而不会使图像失真。只要单一步骤就能产生完美图像，而不用裁切和润饰图像。

选择一幅用于缩放的图像，如下 ❶ 所示，再运用选区工具，将不需要缩放的区域创建为保护选区，如下 ❷ 所示。

打开"通道"面板，单击"创建新通道"按钮，新建Alpha 1通道，如下 ③ 所示，然后将前景色设置为白色，将新通道中的图像填充为白色，如下 ④ 所示。

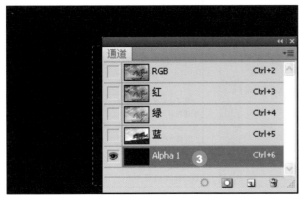

执行"编辑>内容识别比例"菜单命令，然后在"保护"下拉列表中选择Alpha 1选项，如下 ⑤ 所示，显示编辑框，拖曳编辑框四角上的控制点，对图像进行内容识别缩放，如下 ⑥ 所示。

08 自动对齐图层

增强的"图层自动对齐"功能，对全景照片的编辑有了更多的编辑方式。执行"自动对齐图层"命令，建立精确构图，并自动移动、旋转或弯曲图层，应用前所未有的精确度对齐图层中的对象。使用"自动对齐图层"命令，在全景照片的处理上也具有出色的表现，下面就具体看看怎样应用"自动对齐图层"命令制作漂亮的全景照片。选择在同一位置拍摄出来的三张风景照片，并将其导入到Photoshop CS4中，如下 ①、②、③ 所示。

选取打开的照片，选择"移动"工具将三张照片移至同一个图像上，如下页 ④ 所示，再将最底层的"背景"图层转换为普通图层，按下Shift键选中所有的图层，如下页 ⑤ 所示，执行"编辑>自动对齐图层"菜单命令，打开"自动对齐图层"对话框，在该对话框中选择投影方式，单击"确定"按钮，如下页 ⑥ 所示。

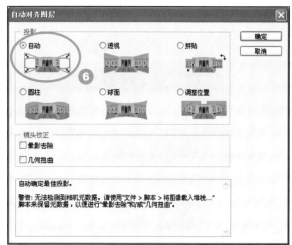

随后会弹出进程对话框,在该对话框中显示拼合的进程,完成后将自动关闭该对话框,此时一张漂亮的全景照片就出来了,如下 **7** 所示。

09 照片处理中的加深景深功能

熟识摄影的人都知道,因为微距拍摄景深太浅,当在面对小尺寸物体时,经常无法获得一幅清晰的照片。而在新版Photoshop CS4中,全新的"自动混合图层"功能轻而易举地解决了这一难题。增强的自动混合图层指令,从一系列焦点各异的照片轻松建立单一影像,能够自然地混合色彩和阴影,更能调整景深,自动校正晕影和镜头失真。应用"自动混合图层"功能时,只需要把所有的浅景深照片,如下 **1** 、 **2** 所示,以图层的形式导入到同一文件内。

同时选中它们所在的图层，执行"编辑>自动混合图层"菜单命令，打开"自动混合图层"对话框，在该对话框中选中"堆叠图像"单选按钮，然后单击"确定"按钮，如下 ③ 所示。只需要经过一段短暂的等待，一张完美的深景深的照片就呈现在我们面前了，如下 ④ 所示。

10　领先的颜色校正

对于图像颜色的校正，Photoshop CS4对加亮、加深和海绵工具进行了全新的改版设计，可以对图像中的各个区域进行颜色校正。同时，在校正颜色时，保留了原图像的色彩和色调细节，并实现了图像的加深或减淡，让用户真正体验到大幅增强的色彩校正效果。另外，还可以使用亮度/对比和曲线控制、色阶分布图、颜色色板线条和剪裁预览进行精确调整。

选择一幅图像，如下 ① 所示，选择"减淡"工具，勾选"保护色调"复选框，如下 ② 所示，在图像上涂抹，减淡图像，如下 ③ 所示；如果未勾选"保护色调"复选框，如下 ④ 所示，涂抹减淡图像后的效果如下 ⑤ 所示。

11　更强大的打印选项

在使用图像处理软件编辑图像后，需要将其进行打印输出。Photoshop CS4与以前的CS3相比，提供了更多强大的打印选项设置。优异的色彩管理、与各大品牌印表机机型更进一步的整合，加上能够预览溢色影像区域，能够获得出色的列印效果；支援Mac OS上的16位元列印，可增加色深和清晰度。执行"文件>打印"菜单命令，打开"打印"对话框，在该对话框中可以对图像的大小进行缩放，以查看正确的打印效果，并对图像进行出血设置，实现所见即所得的打印，而且还可以为所打开的图像设置各种不同的打印标记和定界框，如下页 ① 所示。

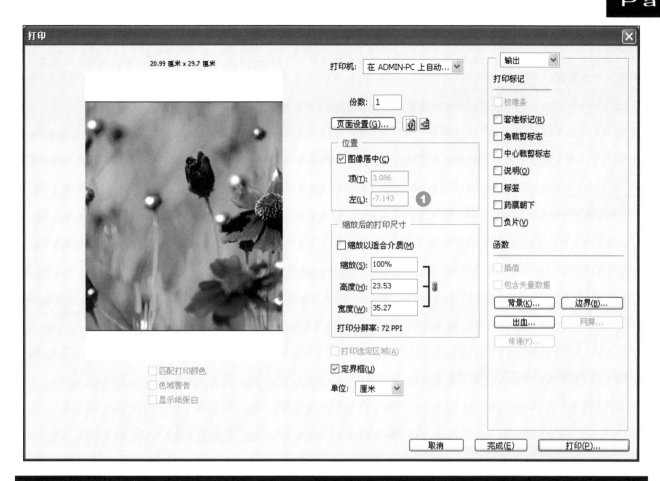

12 增强动态图形的编辑

利用全新的单键捷径，编辑动态图形更有效率；利用全新的音讯同步控制项，让视觉效果与音轨的特定时间点同步，以及将任何 3D 物件转换成视讯显示区域。通过应用"动画"面板对图像进行动态编辑，如下 ①、② 所示。

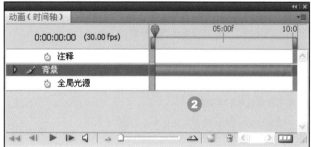

●读者服务●

亲爱的读者：

衷心感谢您购买和阅读了我们的图书。为了给您提供更好的服务，帮助我们改进和完善图书出版，请填写本读者意见调查表，十分感谢。

我们可以通过以下方式之一反馈给我们。

① 邮　　寄：北京市朝阳区大屯路风林西奥中心 B 座 20 层　中国科学出版集团新世纪书局

　　　　　办 公 室　收　（邮政编码：100061）

② 电子信箱：ncpress_market@vip.sina.com

我们将从中选出意见中肯的热心读者，赠与您另外一本相关图书。同时，我们将充分考虑您的建议，并尽可能给您满意的答复。谢谢！

●读者资料●

姓　名：　　　　　　　　性　别：□男 □女　　　　　年　龄：

职　业：　　　　　　　　文化程度：　　　　　　　　电　话：

通信地址：　　　　　　　　　　　　　　　　　　　　电子信箱：

●意见调查●

◎ 您是如何得知本书的：
　　□别人推荐　□书店　□出版社图书目录
　　□杂志、报纸等的介绍（请指明）　□其他（请指明）

◎ 影响您购买本书的因素重要性（请排序）：
　　(1) 封面封底　　(2) 版式装帧　(3) 价格　　　　(4) 前言及目录
　　(5) 出版社声誉　(6) 作者声誉　(7) 内容的权威性　(8) 内容针对性
　　(9) 实用性　　　(10) 书评广告　(11) 讲解的可操作性

●对本书的总体评价●

◎ 在您选购本书的时候哪一点打动了您，使您购买了这本书而非同类其他书？

◎ 阅读本书之后，您对本书的总体满意度：
　　□5分 □4分 □3分 □2分 □1分

◎ 本书令您最满意和最不满意的地方是：

●关于本书的装帧形式●

◎ 您对本书的封面设计及装帧设计的满意度：
　　□5分 □4分 □3分 □2分 □1分

◎ 您对本书正文版式的满意度：
　　□5分 □4分 □3分 □2分 □1分

◎ 您对本书的印刷工艺及装订质量的满意度：
　　□5分 □4分 □3分 □2分 □1分

◎ 您的建议：

●关于本书的内容方面●

◎ 您对本书整体结构的满意度：
　　□5分 □4分 □3分 □2分 □1分

◎ 您对本书的实例制作的技术水平或艺术水平的满意度：
　　□5分 □4分 □3分 □2分 □1分

◎ 您对本书的文字水平和讲解方式的满意度：
　　□5分 □4分 □3分 □2分 □1分

◎ 您的建议：

●作者的阅读习惯调查●

◎ 您喜欢阅读的图书类型：
　　□实例类 □入门类 □提高类 □技巧类 □手册类

◎ 您现在最想买而买不到的是什么书？

●特别说明●

如果您是学校或者培训班教师，选用了本书作为教材，请在这里注明您对本书作为教材的评价，我们会尽力为您提供更多方便教学的材料，谢谢！